Economic Affairs────9　日本政策投資銀行設備投資研究所

地球温暖化と経済発展
持続可能な成長を考える

宇沢弘文・細田裕子［編］

東京大学出版会

Global Warming and Sustainable Development
Economic Affairs, Vol.9
Hirofumi UZAWA and Yuko HOSODA, Editors
University of Tokyo Press, 2009
ISBN978-4-13-040243-9

口絵1　芦生の森（初秋）
落葉広葉樹が多いため，たくさんの光が入って，明るく美しい芦生の森（丹波山地）．林床にもさまざまな植物が生息してきたが，近年はシカの食害が激しくなっている．本書第1章．（2003年9月，守田敏也撮影）

口絵2　芦生の森（晩冬）
豪雪の中，幾重にも枝分かれして育った，樹齢1000年を越える芦生の森のアシュウスギ．本書第1章．（2002年2月，守田敏也撮影）

口絵3　中国の植林活動（退耕還林）
中国では，植林が温暖化対策の一つの柱となっている．写真の貴州省古勝村の女性は，農業と林業を両立させるアグロフォレストリーの手法で植林をしてきた（写真は植栽後3年）．政府はアグロフォレストリーを違法として取り締まったが，この女性は自分が正しいと信じた方法を貫いた．2007年，アグロフォレストリーは合法化された．本書第2章．（2005年2月，関良基撮影）

1978年

1989年

1998年

2004年

口絵4　ヒマラヤ・シャロンのAX010氷河（ネパール）の変化
本書序章．（写真提供：名古屋大学環境学研究科・雪氷圏変動研究室）

はしがき

　1980年代を通じて，地球環境に大きな変化が起きつつあり，気象条件も大きく変動しつつあることが数多くの気象学者，海洋学者たちによって指摘された．世界中いたるところで，異常気象が起こり，ハリケーン，サイクロン，台風がいずれも，これまでとは異なった強さとルートをもって頻繁に発生し，雨の降り方が大きく変わり，海水面の上昇もいっそう高いペースで起こりつつあり，海流の流れにも大きな変化が見られはじめた．この，地球的規模で起こりつつある自然環境の大きな変化は地球温暖化という現象に集約される．地球温暖化はもっぱら，大気中の二酸化炭素をはじめとする温室効果ガスの濃度が異常なペースで高くなっていることに起因する．化石燃料の大量消費と森林，とくに熱帯雨林の消滅がその原因である．地球環境が取り返しのつかない形で破壊され，人類の将来を危うくする危険を持つ．この危機意識を共有する経済学者がローマに集って，地球温暖化に関する，世界で最初の国際会議を開いたのは1990年10月のことであった．その成果を受けて，日本開発銀行設備投資研究所では，もっぱら経済学的な視点に立って，地球温暖化について，地球科学，海洋学などに関わる専門的研究者との協同的研究が積極的に進められた．その結実をまとめたのが，1993年に刊行された *Economic Affairs* No. 3『地球温暖化の経済分析』（宇沢弘文・國則守生編）である．その後，設備投資研究所のなかに地球温暖化研究センターが創設されて，地球温暖化問題に関する研究が自然科学的，政策的視点をも含めて総合的に行われることになった．この研究的営為を通じて，ローマ会議で提起された比例的炭素税と大気安定化国際基金を基調とする地球温暖化対策に関する国際会議への動きが起こり，京都会議につながっていったのである．京都会議はもともと，理性的，科学的な討議を経て，社会的合意の得られるような制度的ないしは政策的枠組みを模索することをその主要な目的と

して企画された．しかし現実は，各国が空虚なスローガンを掲げて，自国だけの利益を主張し，政治的な取り引きを行う場になってしまった．このたび，京都会議の最初の高邁な志を具現化することを求めて，地球温暖化研究センターにおける研究的営為を中心として，地球温暖化に関わる研究成果の一部をまとめたのが，この *Economic Affairs* No. 9『地球温暖化と経済発展』（宇沢弘文・細田裕子編）である．

　本書の作成に当たっては，日本政策投資銀行設備投資研究所の花崎正晴，内山勝久のお二人をはじめ，研究所のスタッフの方々の全面的ご協力をいただいた．また，同志社大学社会的共通資本研究センターにおける科学研究費補助金・基盤研究（S）「社会的共通資本の理論的，制度的，歴史的研究」の全面的なご支援を受けた．さらに，東京大学出版会の黒田拓也，大矢宗樹のお二人には，企画，編集の段階から刊行にいたるまでの過程でたいへんなお世話になった．ここで，改めてこれらの方々に心からの感謝の意を表したい．なお，現在日本経済のおかれている危機的な状況のもとで，本書のようなアカデミックな性格のつよい書物を出版していただいた東京大学出版会に心から感謝するとともに，そのご厚意に背かないよう，今後とも社会的共通資本に係わる研究的営為に力を尽くしたい．

　なお *Economic Affairs* の論文における意見，見解は，いずれも個々の執筆者のものであって，その属する機関の考えを反映したものではないことをお断りしておきたい．

　　2009年3月

宇沢弘文
細田裕子

目　次

はしがき　i

プロローグ　　　　　　　　　　　　　　　　　　　　　　　　宇沢弘文　1

序　章　地球温暖化と異常気象の発生　　　　　　　　　　　　細田裕子　15
  1. はじめに ……………………………………………………………………… 15
  2. 異常気象と自然災害 ………………………………………………………… 16
    2.1　近年の異常気象（2002〜05年）　16
    2.2　異常気象とは　21
    2.3　異常気象の長期的変化　24
    2.4　異常気象と自然変動　27
    2.5　近年の自然災害から見た被害状況について　29
  3. 海洋と雪氷の長期変化と影響 ……………………………………………… 37
    3.1　海洋の長期変化　38
    3.2　海氷・氷床の融解　39
    3.3　山岳氷河の後退　43
    3.4　海面水位上昇の影響　47
  4. おわりに ……………………………………………………………………… 50

第Ⅰ部　地球温暖化と森林の再生

第1章　森林にしのびよる地球温暖化の影響　　　　　　　　　守田敏也　55
  1. 古木が茂る芦生の森 ………………………………………………………… 55
    1.1　「原生林」と呼ばれる森　55
    1.2　森の中のドラマ　58

1.3　クマハギに彩られた針葉樹の林　59
　2. 森にしのびよる温暖化 ……………………………………………………… 61
　　　2.1　温度変化の影響を受けやすい芦生の森　61
　　　2.2　垂直分布における植生のあり方　64
　　　2.3　ブナの正常種子の減少　65
　3. 芦生の森が壊れていく ……………………………………………………… 67
　　　3.1　ミズナラの集団枯損　67
　　　3.2　雪害の進行　69
　　　3.3　シカによる食害の拡大とクマの異常行動　70
　4. 芦生は全国の明日を予兆している ………………………………………… 71
　　　4.1　花の咲く時期が変わる　71
　　　4.2　崩れる共生関係　74
　　　4.3　森からの声に耳を傾けて　75

第2章　アジアの森から考える温暖化対策　　　　関　良基　79

　1. はじめに ……………………………………………………………………… 79
　2. アジアの森林とCO_2 ……………………………………………………… 82
　　　2.1　森林部門に期待されること　82
　　　2.2　森林の増える国々と減る国々　84
　　　2.3　アジアにおける造林事業の性格　88
　3. 資本主義的造林事業の問題点 ……………………………………………… 91
　　　3.1　在来種が植わらず早生樹種ばかりが植わる　91
　　　3.2　植林する必要性のない場所が選択される　92
　　　3.3　本来植えるべき場所で植わらない　94
　4. 社会主義的造林事業 ………………………………………………………… 96
　　　4.1　一律基準による造林地の設定　98
　　　4.2　造林地から農民を排除する　99
　　　4.3　農民の要求を無視した苗木の配布　103
　5. 造林事業の改善政策の提起 ………………………………………………… 105
　　　5.1　資本主義的造林の改善策　105
　　　5.2　社会主義的造林の改善策　106
　6. 結　語 ………………………………………………………………………… 108

目　次　　　　　　　　v

第3章　地球温暖化とベトナムの森林政策　　　　緒方俊雄　111

1. 地球温暖化と IPCC ……………………………………………………… 111
2. ベトナムの気候と生態系 ………………………………………………… 113
   2.1　ベトナムの地形　113
   2.2　モンスーン気候と地球温暖化　114
   2.3　森林生態系とモンスーン林　116
   2.4　ベトナム戦争と枯葉剤被害　117
3. ベトナムの森林政策 ……………………………………………………… 118
   3.1　森林と土地政策　118
   3.2　「プログラム 327（1992–1998）」　121
   3.3　「プログラム 661（1998–2010）」　122
4. 「コモンズの森」の再生と CDM の役割 …………………………… 124
   4.1　地球温暖化と「京都議定書」　124
   4.2　排出源 CDM と吸収源 CDM　125
   4.3　森林の持続可能性と「エコビレッジ（生態村）」の形成　127

第II部　地球温暖化の経済理論

第4章　地球温暖化と持続可能な経済発展　　　　宇沢弘文　135

1. 自然環境と経済発展 ……………………………………………………… 135
2. ジョン・スチュアート・ミルの『経済学原理』と定常状態 ………… 137
3. 地球温暖化 ………………………………………………………………… 138
4. 地球温暖化の動学モデル ………………………………………………… 143
5. 大気中の CO_2 の帰属価格（imputed price） ……………………… 147
6. 森林と地球温暖化 ………………………………………………………… 149
7. 多数の国々を含む一般的な動学モデル ………………………………… 151
8. 比例的炭素税と大気安定化国際基金 …………………………………… 153

第5章　持続可能な発展と環境クズネッツ曲線　　　　内山勝久　159

1. はじめに …………………………………………………………………… 159

2. 地球温暖化と効率性・衡平性 ………………………………… 161
　2.1　効率性　161
　2.2　世代内衡平性　162
　2.3　世代間衡平性　165
3. 温暖化問題と経済発展の関係 ………………………………… 167
　3.1　環境クズネッツ曲線とは　167
　3.2　先行研究(1)――理論的研究　171
　3.3　先行研究(2)――実証的研究　172
　3.4　環境クズネッツ曲線の問題点　176
4. 環境クズネッツ曲線からの示唆 ……………………………… 179
5. 結びにかえて――ジョン・スチュアート・ミルの定常状態に向けて ………… 180

第6章　地球環境と持続可能性　　　　　　　　　　大沼あゆみ　185
　　　　――強い持続可能性と弱い持続可能性――

1. はじめに ………………………………………………………… 185
2. 経済と地球環境とのかかわり ………………………………… 187
3. 持続可能な経済と持続可能な発展 …………………………… 187
4. 資本ストック間の代替可能性と持続可能性 ………………… 190
5. 強い持続可能性と弱い持続可能性のどちらが望ましいのか ………… 192
6. 弱い持続可能性の経済学 ……………………………………… 193
7. 弱い持続可能性は実現可能か――強い持続可能性の経済学 ………… 197
　7.1　定常経済と環境容量――デイリーの主張　198
　7.2　レジリアンスと攪乱――アロウらの主張　200
8. 弱い持続可能性から強い持続可能性へ ……………………… 202
9. おわりに ………………………………………………………… 208

第Ⅲ部　温暖化対策の効力と展望

第7章　気候変動は抑制可能か　　　　　　　　　　赤木昭夫　215
　　　　――道筋と選択――

1. 事態の緊急性の認識――2035年か2050年か ………………… 216

2. 排出量取引か炭素税か——削減誘導策の選択 ………………… 218
  3. 世代間の衡平性——低い割引率 ………………………………… 222
  4. 持続可能性——究極の判断基準 ………………………………… 226
  5. 戒め——彌縫策の矛盾が集中する排出量取引 ………………… 230
  6. 排出量取引市場の構造と動向 …………………………………… 231

第8章 排出権取引制度の射程　　　　　　　　　　岡　敏弘　237
　　——2010年代に向けての機能と限界——

  1. はじめに ……………………………………………………………… 237
  2. 学　説 ………………………………………………………………… 237
  3. 現実の制度 …………………………………………………………… 239
  4. EU排出権取引制度 ………………………………………………… 242
  5. 理想的な制度 ………………………………………………………… 244
  6. 一国排出権取引制度 ………………………………………………… 246
  7. 世界排出権取引制度 ………………………………………………… 252
  8. むすび ………………………………………………………………… 253

第9章 環境保全型社会の構築と環境税　　　　　　日引　聡　257

  1. はじめに——地球環境問題の現状 ……………………………… 257
  2. 加害者はだれか？ …………………………………………………… 260
  3. 汚染ゼロは最適か？ ………………………………………………… 261
  4. なぜ環境は守られないのか？——外部費用の存在と市場の失敗 ……… 263
  5. 環境税を導入した社会システム構築の必要性 ………………… 268
  6. おわりに ……………………………………………………………… 271

第10章 地球温暖化問題と技術革新　　　　　　　有村　俊秀　273
　　——政府と市場の役割——

  1. はじめに ………………………………………………………………273
  2. 温暖化対策技術 …………………………………………………… 274
　　2.1　エネルギー需要に関する技術——省エネルギー技術　274

2.2　エネルギー供給に関する技術——再生可能エネルギーを中心として　277
　　2.3　CO_2 回収・貯留技術　280
　3.　温暖化対策技術の革新と政府の役割——技術政策 …………………… 281
　　3.1　研究開発と政府の役割　282
　　3.2　技術の普及と政府の役割　284
　4.　温室効果ガス排出抑制策と技術革新 ………………………………… 288
　　4.1　温室効果ガス排出抑制策と技術の普及　288
　　4.2　温室効果ガス排出抑制策と研究開発　288
　5.　結　論 ……………………………………………………………………… 291

第11章　比例的炭素税と大気安定化国際基金　　　宇沢弘文　295
　　　　　——京都会議を超えて——

　1.　排出権取引市場の虚構 …………………………………………………… 295
　2.　反社会的，非倫理的，そして実効性の全くない京都会議の結論 ……… 297
　3.　京都会議に何が期待され，求められていたか ………………………… 298
　4.　社会的共通資本としての大気を守る …………………………………… 299
　5.　比例的炭素税と持続可能な経済発展 …………………………………… 301
　6.　大気安定化国際基金 ……………………………………………………… 303

エピローグ　　　　　　　　　　　　　　　　　　宇沢弘文・細田裕子　307

執筆者紹介　310

プロローグ

宇沢弘文

地球温暖化は進む

　21世紀に入って，地球温暖化の現象はますます，その深刻度を深めてきた．世界中のいたるところで起こりつつある異常気象は，さまざまな形で現れている．全世界的に，降雨のパターンが大きく変わりつつある．大ざっぱにいって，これまで雨の少なかったところの降雨量がますます減少し，雨の多いところの降雨量がますます増大している．大洪水と大干ばつが交互に起こり，数多くの生命が失われ，自然が破壊されている．世界各地の農業に大きな，ときとして壊滅的な影響が出るのではないかと懸念されている．ハリケーン，サイクロン，台風もこれまでよりずっと頻繁に起きつつあり，その強さとルートも大きく変わりつつある．また世界各地の氷河が少しずつ溶けはじめている．なかでも深刻なのは，ヒマラヤの氷河が溶けはじめていることである．海水面の上昇も一層高いペースで起こりつつある．とくに南極の氷が溶け出し，さらにはロス湾の奥にある棚氷が溶け出す危険も現実のものとなりつつある．海流の流れにも大きな変化がみられはじめ，世界の漁業に深刻な影響が現れつつある．大気のオゾン層破壊効果の高いフロンに代わって使用され始めた代替フロンは，二酸化炭素より強力な温室効果ガスであり，深刻な問題ともなっている．現在，起きつつある地球温暖化は，人類はじまって以来最大の地球環境の激変をもたらしつつある．

　地球温暖化の主な原因は，大気中の二酸化炭素をはじめとする温室効果ガスの濃度が異常なペースで高くなっていることである．大気中の二酸化炭素の濃度は，産業革命時に比べ37％上昇している．現在の経済構造が維持されるとすると，21世紀の終わり頃には，大気中の二酸化炭素の濃度は850 ppmの水準に達し，産業革命以前に比べて約3倍になると予測されている．

二酸化炭素をはじめとする温室効果ガスの大気中の濃度がこのように急速に上昇してきた主な原因は，化石燃料の大量消費と森林，とくに熱帯雨林の破壊である．

わずか300年ほどの間に大気中の二酸化炭素をはじめとする温室効果ガスの濃度がこうした高いペースで変化したのはもっぱら，先進工業諸国の経済活動，とくに工業的生産の過程を通じて，二酸化炭素，その他の温室効果ガスを大気中に排出することによって引き起こされるのが主な原因であるが，さらには，熱帯雨林の伐採を中心とする陸上植物圏の破壊も地球温暖化の原因となっている．とくに20世紀を通じ工業化と都市化がかつてない速度で進行し，石油，石炭などの化石燃料の消費もそれに応じて急速に増えてきた．現代文明は化石燃料の大量消費に支えられていて，地球温暖化はまさに，現代文明の生み出した病理学的症候といってもよい．

このように，地球温暖化の原因は主として，先進工業諸国の経済活動にあるが，その被害はもっぱら，発展途上諸国が負わなければならない．地球温暖化はまた，現在の世代の経済活動によって引き起こされ，その被害はもっぱら将来の世代がこうむる．現在の世代が，一見高い消費生活を享受するために行っている経済活動によって，大気の均衡が大幅に破壊され，将来の世代が地球温暖化によって，その実質的生活水準が大きく低下するという結果を招来しつつある．地球温暖化の問題はこのように，国際間の公正にかかわるとともに，世代間の公正とも重要なかかわりをもつ．

地球温暖化と炭素税

地球温暖化の抑制にもっとも効果的な手段は炭素税の導入である．炭素税は二酸化炭素の排出に対し，炭素含有量1トン当たり何円の形で課税しようというものである．このとき，企業も個人も常に，炭素税の支払いがいくらになるかを計算に入れて選択することになり，結果として二酸化炭素の全排出量を抑制して，大気の均衡を回復できる．

炭素税の制度を世界で初めて本格的に導入したのはスウェーデンである．1991年1月のことであるが，平均1トン当たり150ドルという高率な炭素税であった．地球温暖化を効果的に防ぐには，スウェーデンなみの炭素税を

採用しなければならないと考えられている．しかし，1トン当たり150ドルという炭素税は，発展途上諸国にはとても耐えられるものではない．

　この点に配慮したのが比例的炭素税である．炭素税率を1人当たり国民所得，またはそれに関連する国民経済的指標に比例させるものである．比例的炭素税のもとでは，発展途上国もあまり大きな負担を感じることなく参加でき，しかも地球温暖化を効果的に防ぐことができる．たとえば，日本，米国，EU諸国がそれぞれ，1トン当たり310ドル，420ドル，320ドルとすれば，インドネシア，フィリピンは30ドルとなる．

　しかし，炭素税の導入は産業によってその影響が極端に異なり，大きな経済的混乱を引き起こしかねない．したがって，短期的な経済的影響に十分配慮して導入すべきであることはいうまでもない．

　1997年12月，地球温暖化をいかに効果的に防止するかについての国際会議が京都で開かれた．しかし，この京都会議では米国の強い反対で，比例的炭素税はおろか，炭素税一般も議論にはならなかった．代わりに，各国に対して二酸化炭素の全排出量を1990年のレベルから何％削減するかという目標が掲げられ，その議論に終始した．このとき，炭素税を使って2000年までに二酸化炭素の全排出量を1990年のレベルに落とそうとすると，米国は1トン当たり20ドルから30ドル程度の炭素税で済むが，日本では1トン当たり300ドルから400ドルという高率を必要とする結果であった．この極端な差は，米国は省エネルギー対策を全くとってこなかったのに対し，日本の場合，1973年のオイルショック以来省エネルギーのために大きな努力が払われてきたため，これ以上節約しようとすると，多額のコストがかかり，大きな痛みをともなうからである．

　京都会議では米国が最終的には多少の譲歩をしたが，それでも怠けるものが得をし，努力するものは報われない結論となってしまったことは否めない事実であろう．しかも，ブッシュ政権になってから，米国は自国の短期的な経済的利益だけを考慮して，一方的に京都会議の枠組みを放棄した．これほど国際信義にもとる行為はない．

帰属価格と持続的経済発展

　地球温暖化をはじめとする地球環境問題を，実質的所得分配の世代間の不平等性という観点から分析し，世代間を通じて公正な消費と資本蓄積の時間的経路が，どのような制度的ないしは政策的な条件の下で実現するかを考察しようとするとき，大気をはじめとする自然環境の帰属価格が重要となる．帰属価格の考え方は，大気中の二酸化炭素の濃度を安定化させ，地球温暖化の問題を解決するためにもっとも効果的で，しかも行政的コストが最小限に抑えられる政策的手段を与えるものともなっている．

　各時点における大気中の二酸化炭素の帰属価格は，その時点における大気中の二酸化炭素が限界的に1トン増加したとき，それによって引き起こされる地球温暖化によって将来のすべての世代がどれだけ被害を受けるかを推計し，その限界的被害を，適当な社会的割引率で割り引いた割引現在価値によって表わす．このようにして，大気中の二酸化炭素の帰属価格を求めるためには，将来の世代が，地球温暖化によってどれだけの効用の損失をこうむるかを推計するという作業をともない，その計測は理論的にも，現実的にも不可能に近い．しかし，持続的経済発展の下における自然環境の帰属価格は，社会的共通資本の理論に基づくとき，現実に計測することが可能となる．

　持続的経済発展は一般に，各時点での資源配分が効率的に行われ，消費と資本蓄積の時間的経路が世代間を通じて公正であるときを指す．持続的経済発展は，完全競争的な市場制度の条件の下で自然環境の各種類について，その帰属価格が，各時点において持続可能な水準に保たれているときに実現される．このとき，各種類の自然環境について，その帰属価格は，1人当たりの国民所得に比例することが示される．もちろん，この命題が成立するためには，生産活動と自然環境との間に存在する関係について，ある一定の前提条件がみたされなければならない．

　完全競争的な市場制度の条件の下で，帰属価格の持続可能性を実現するためにもっとも効果的な政策的手段が，比例的環境税の制度である．比例的環境税というのは，自然環境の各種類について，その破損ないしは減耗をともなう経済行為に対して，自然環境単位当たり，帰属価格に見合う額を環境税として賦課するものである．帰属価格が1人当たりの国民所得に比例するの

で，比例的環境税と呼ばれる．

大気安定化国際基金

　比例的炭素税の制度は，地球大気の安定化に役立つだけでなく，先進工業諸国と発展途上諸国との間の不公平を緩和するという点でも効果的である．この制度の下では，化石燃料の消費に対して排出される二酸化炭素の量に応じて炭素税が掛けられると同時に，森林の育林に対しては，吸収される二酸化炭素の量に応じて補助金が交付される．しかし，炭素税自体，発展途上諸国の経済発展を妨げるものであって，比例的炭素税の制度をとっても，南北問題に対して有効な解決策とはなり得ない．

　大気安定化国際基金の構想は，地球大気の安定化をはかり，地球温暖化を効果的に防ぐとともに，先進工業諸国と発展途上諸国の間の経済的格差をなくすために，効果的な役割をはたす．各国の政府は，比例的炭素税からの収入から育林に対する補助金を差し引いた額のある一定割合を大気安定化国際基金に拠出し，発展途上諸国に対して，各発展途上国の人口1人当たりの国民所得に応じて配分される．各発展途上国は，大気安定化国際基金から受け取った配分額を，熱帯雨林の保全，農村の維持，代替的なエネルギー資源の開発などという地球環境を守るために使うことを原則とする．しかし大気安定化国際基金は，各発展途上国に対して，配分金の使い方については強い制約条件を設けるべきではない．地球環境の保全は決して，先進工業諸国の立場から行うべきではない．先進工業諸国のこれまでの経済発展，工業活動が，地球温暖化をはじめとして，地球環境の危険を招いたことを，私たちは心に止めておくことが肝要だからである．

スウェーデンの炭素税

　スウェーデンは他の国に先駆けて，炭素税の導入に踏み切ったが，それはどのようにして可能となったのであろうか．スウェーデンでの炭素税の制度が導入された過程は，民主主義的な政治の理想像が描かれているように思われる．

　スウェーデンの炭素税の制度は広範な税制改革の一環として導入された．

1988年に国会のなかに税制改革のための委員会が設けられたが，環境税の導入はその一環として行われたものであった．国会のなかに設けられた税制改革委員会は与党，野党を含めて，国会議員の人数に比例して，その構成メンバーが決められた．税制改革委員会は，その下に専門委員会を作り，関係省庁の代表，専門家，一般市民の代表などを任命した．専門委員会は，税制改革一般について，2年間にわたって調査・研究し，税制改革の原案を作成して本委員会に提出した．本委員会ではさらに議論を重ねて，1年間かかって，税制改革案を作ったのである．

スウェーデンでは，税制改革に限らず，国会で重要な法案を決めるときに，同じような手続きを経て審議される．1991年の炭素税の制度は，このような国会の民主的でしかも理性的な手続きのもとではじめて実現できたものである．スウェーデン国会のあり方はまさに，リベラリズムの理想が実際の政治の基調となっていることを示している．

本書の各論文の要約

序章「地球温暖化と異常気象の発生」（細田裕子）では，近年の異常気象の状況および地球温暖化の主要な現象に関するさまざまな科学的知見についての主要な現象を整理し，顕在化しつつある地球温暖化の悪影響を考察するさいの基本的資料を提供する．地球温暖化は将来世代のみならず，現世代にも緊急度の高い問題となってきている．地球温暖化の影響は，たんに平均気温，太陽放射量，大気エアロゾル，温室効果ガスの変化だけに止まらず，気候システムの諸過程で蒸発量の増加，海水温の上昇，雪氷の広範囲にわたる融解，風の分布の変化となっている．従来の自然変動に人為的な温暖化が重なり，変動は激しくなって，ハリケーン，集中豪雨，洪水，熱波，干ばつ等の異常気象の頻度や規模の増大が予測されている．本章ではまず，近年大きな被害をもたらしつつある異常気象を紹介し，異常気象の長期的傾向やその背景となる自然変動，さらにその結果である自然災害の状況について解説する．つづいて，温暖化により変化しつつある海洋および雪氷の長期変化について触れ，過去100年の世界の主要地域における異常気温および異常降雨の変化をみる．また，地域的な降水量や気温の変動の高まりによると見られる

干ばつ，洪水，異常気温，森林火災，暴風雨などの自然災害数は増大傾向にあることをみる．

干ばつは自然火災，農作物等の収穫減少，飢饉，疫病，砂漠化などへ発展する．逆に中国，インド，バングラデシュでは，洪水被害がきわめて深刻であり，拡大する傾向をもつ．これらの異常気象の頻度の増加は，短期的かつ地域的な被害をもたらす．さらに，海面水位の上昇を始めとして，海洋と雪氷の長期変化とその影響を概観する．

IPCC が最初にレポートを出した1990年の時点から比較すると，温暖化問題の深刻さは程度を増し，危機感は深まり，広がっている．災害被害は先進国，途上国を問わず，各地域で増加し，異常気象の発生は，その頻度や強度が変化している．地球温暖化の進行を効果的に防ぐために，温室効果ガスの大幅で迅速な排出削減と，本格的な異常気象への適応策の緊急性が強調される．

第1章「森林にしのびよる地球温暖化の影響」（守田敏也）は，芦生の森を取り上げて，地球温暖化の影響が森林に及ぼしている深刻な様相をくわしく描写する．

芦生の森は，京都府と福井県，滋賀県境にまたがる広大な森林で，原生状態に近い植生もみられ，関西の秘境といわれる地である．芦生の森は多くの動植物に住処を与えるとともに，古くから木材の搬出地でもあり，またこの地を訪れる人々に深い感動と想いを与えてきた．この森にも，地球温暖化の影響はさまざまなかたちで現れている．地球温暖化の影響で，平均温度1℃上昇してしまったため，ブナやミズナラの分布の下限の位置を越えてしまった．またブナやシラカシも，生存の危機に立っている．温暖化にともなって南方からやってきた昆虫による被害や温暖化による雪害，シカによる食害の問題も深刻化している．地球温暖化の及ぼす影響は，それぞれ様相は異なるが，日本各地の森林について見られる．

第2章「アジアの森から考える温暖化対策」（関良基）は，アジア諸国の造林事業に焦点を当てて，資本主義諸国と社会主義諸国ともに，これまでの取り組みの問題点を検証し，市場の失敗と官僚の失敗を乗り越えて，社会的共通資本としての森林を再生していくために，どのような政策の改善が必要

なのかを考察する．とくに，注目すべきことは，京都議定書で排出削減義務を負うことを拒み続けてきた中国が主導国となって，APECの森林数値目標を課すことに尽力しはじめたことである．中国はもっぱら砂漠化防止，洪水防止を主要な動機として大規模な植林活動を展開してきたが，これまで，植林を地球温暖化対策として位置づけることは決してしなかった．しかし，実際の森林保全活動は机上のコスト計算で示されるほど容易な道のりではない．市場の失敗と官僚の失敗を乗り超える制度的な枠組みの構築が必要である．

第3章「地球温暖化とベトナムの森林政策」（緒方俊雄）は，ベトナムの森林を対象として，地球温暖化と森林管理政策の問題を具体的に考察する．ベトナムの歴史において森林減少とベトナム人民の生存にもっとも大きな影響を与えたのは，ベトナム戦争である．とくに，米国軍による枯葉剤作戦によって，広範囲の森林が枯れ，多くの人々に深刻な健康被害を引き起こした．散布された枯葉剤は森林全体の17.8%にも及んでいる．熱帯雨林やモンスーン林では，樹冠から降り注ぐ落葉や落枝は地面で短期間に分解され，土壌の養分となって再び樹木に吸い上げられる．この栄養循環は2年位の短期間であり，脆弱である．したがって，いったん，森林が破壊されると，自然生態系の作用で森林が再生することは極めて困難となる．さらに枯葉剤に含まれているダイオキシンは人体にも致命的な悪影響を与え，とりわけ山岳民族や少数民族に多くの犠牲者が出ている．当時，枯葉剤の散布を直接浴びた森の民の多くは生命を失うか，たとえ一命を取り留めても，その子孫に奇形児が産まれ，いまでもコモンズの森の環境破壊と人体の悪影響で経済的に自立が困難な状態に陥り，生活に苦しんでいる．この状況のもとで，森林の持続可能性を求めて展開される森林管理政策は，困難な道を歩まざるを得ない．本章では，京都議定書の議論のなかで先進国と途上国との間を取り結ぶ唯一の温室効果ガス削減の仕組みであるクリーン開発メカニズム（CDM）に焦点を当てて，ベトナムにおける森林管理政策にかんする詳しい研究を展開する．

第4章「地球温暖化と持続可能な経済発展」（宇沢弘文）は，大気均衡を安定化し，地球温暖化の問題を解決するためにどのような政策的，制度的手

段が存在するかについて，たんに資源配分の動学的効率性だけでなく，国際間および異なる世代間の所得配分の公正性にかんしても留意しながら議論を展開する．

本章では，地球温暖化にかんする単純な動学的モデルを使って，経済発展のプロセスと大気均衡の不安定化がどのような形で連関しているかについて動学的な分析を展開する．大気均衡の長期的安定化をはかり，同時に調和的な経済発展を可能とするために有効な政策的手段として，1人あたりの国民所得に比例的な炭素税を二酸化炭素の排出あるいは森林の伐採に対して賦課し，同時に，育林に対しては同じ率の補助金を支払うことによって，持続的な経済発展を実現できることを証明する．

第5章「持続可能な発展と環境クズネッツ曲線」（内山勝久）は地球温暖化と経済発展に焦点を当てて分析を展開する．地球温暖化は人類が化石燃料の大量消費を始めた18世紀半ばの産業革命期から徐々に進行しはじめ，20世紀の終わり頃からは世界各地がさまざまな異常気象に見舞われるようになった．そして，地球温暖化という環境面での犠牲のもとで豊かな生活環境，すなわち経済発展を享受してきたという視点に立って考察を進める．

環境問題と経済成長・発展の関係を考察し，基本的視点を与えたのが，ローマ・クラブの『成長の限界』である．環境問題と経済成長がトレード・オフの関係にあるということを説得的に，かつ啓蒙的に主張したことの意味は大きい．成長の限界に代わって1980年代半ばに提起された概念が「持続可能な発展」である．この概念は環境問題と経済発展は両立しうるという考え方，すなわち，環境と発展をトレード・オフではなく共存し得るものとして捉え，環境保全を考慮した節度ある発展が重要であるという考え方に立つものである．

本章では，この基本的視点に立って，「持続可能性」を世代間の分配問題の一側面として捉え，衡平性の概念が重要な役割を果たすことに留意して考察を進める．

さらに，持続可能な発展の可能性を模索するための一つの仮説である環境クズネッツ曲線を取り上げる．そして，持続可能性の概念を，アダム・スミスに始まる古典派経済学の基幹的な概念として位置づけたジョン・スチュア

ート・ミルの定常状態の考え方に遡って考察する．

第6章「地球環境と持続可能性——強い持続可能性と弱い持続可能性」（大沼あゆみ）は，持続可能性を人間の福利の決定要因をベースに，規範としての世代間公平性を経済で実現することとして理解し，弱い持続可能性と強い持続可能性の2つの概念を中心として考察を展開する．

弱い持続可能性は，自然資本ストックのいずれか，あるいはすべてが減少していても，将来世代の福利が減少しないほど人工資本・技術資本ストックが十分に増加していれば，持続可能である．一方，強い持続可能性は，本質的自然資本が劣化していないこととして捉える．強い持続可能性は，地球環境の劣化に心を痛める人々にとって魅力的であるが，その実現のために，世代間公平性だけではなく，さらに新たな規範を付け加える必要があるであろうか．むしろ，制約度合いがより小さい規範である弱い持続可能性の立場に立ちながら，結果として自然資本を維持する性質が導き出されるような経済システムの構築が望まれる．

第7章「気候変動は抑制可能か——道筋と選択」（赤木昭夫）は，さまざまな地球温暖化対策の効果について，事態の緊急性の認識，温室効果ガスの削減誘導策，衡平性，持続可能性の4つの規準の下に比較，検討する．地球温暖化対策が，この4つの規準をそれぞれ，どの程度充たすかに，その実現に向けての筋道と途中での選択の可能性を考慮しながら，気候変動の抑制効果を比較，検討しようというのである．ここで，取り上げられる地球温暖化対策は，ノードハウス，スターン，セン，宇沢によるものである．

事態の緊急性の認識については，1850年に始まって平均気温が1℃上昇するまでの第1段階を経て，2℃上昇して第2段階に入る時点，すなわちティッピング・ポイントを規準として考える．この概念は『スターン報告』で最初に導入されたものであるが，スターン自身は2035年から2050年をとり，ノードハウスは2100年を目処としている．これに対して，宇沢が1990年のローマ会議で提案したのは，温室効果ガスの蓄積が産業革命時の2倍，560 ppmになるときである．

温室効果ガスの削減誘導策については，排出権取引制度の問題点を分析して，炭素税の優位性を強調する．とくに，投機的取引の反社会的，不安定的

役割が強調され，排出権取引市場におけるバブル形成の危険が指摘されている．

異なる世代間の衡平性は，社会的割引率に表現されるが，ノードハウスが極めて高い割引率を強調する反面，スターン，セン，宇沢は極めて低い割引率を念頭においていることが指摘される．持続可能性との関連では，低い社会的割引率のもつクリティカルな役割が強調される．この点に関連して，最適な資本蓄積の概念を最初に厳密なかたちで考察したフランク・ラムゼイが社会的割引率はゼロでなければならないことを強調したことを改めて想起したい．

第8章「排出権取引制度の射程——2010年代に向けての機能と限界」（岡敏弘）は，EUが導入した二酸化炭素の排出権取引制度について，その考え方の系譜を振り返り，現実の制度導入の歴史に触れる．次にEUの排出権取引制度を説明し，現実の制度との関連に触れる．そして，理想に近づけるとすればどういう案が考えられるかを述べた上で，2010年代におけるその意義と限界を考察する．

自由な市場のもっとも重要な機能は発見と創造である．物と物との，物と用途との新しい組み合わせを発見し，新しい欲望と必要性を作り出すという機能である．環境問題では，市場の失敗の結果として問題が起こり，何が必要かは公共的意思決定によって市場の外から与えられる．もっとも重要な決定は公共が行うほかない．必要性が定まり，それに向かって規制や補助金などの政策がとられたとき，それに対応するなかに，自由な経済活動の余地があり，それが新しい技術を生むであろう．しかし，それを行うのに排出権という人工的な稀少資源の価格信号に頼る必要はない．その作用によって期待できるのは，微小な重要性しか持たない静学的効率性だからである．

第9章「環境保全型社会の構築と環境税」（日引聡）は，環境税を導入した社会システム構築の必要性について，説得力のある議論を展開する．企業や消費者に外部費用を負担させることが，環境を保全していく上で重要である．そのためのカギとなる政策は環境税である．環境税とは，汚染物質の排出者に対して，汚染物質排出量に応じて課される税金をいう．温暖化を例にすると，化石燃料の消費量に応じて二酸化炭素が排出される．このため，二

酸化炭素を対象とした環境税，すなわち炭素税を導入した場合，二酸化炭素を2倍排出する企業は総額で2倍の環境税を支払わなければならなくなる．このとき，汚染物質の排出量1単位あたりの環境税の水準を外部費用に対応して設定することによって，企業が外部費用を負担した場合と同じ効果を引き出すことができる．環境税は，外部費用の直接的な発生者に対して，強制的に外部費用と同じ額の費用負担を強いることによって，外部費用を負担した場合と同じ効果を企業や消費者に与えることができる制度である．

環境税は，企業の生産構造や消費者のライフスタイルを環境保全型へ移行し，産業構造自体も環境低負荷型に移行する機能をもち，これらの3つのプロセスを経て，社会全体を，エネルギー節約的で環境低負荷型の社会に移行させていく．

環境問題の解決には技術開発が重要な役割を果たす．いくら環境を保全するという観点から望ましい技術であっても，開発された技術の導入費用が高ければ普及しない．社会的に望ましい技術であっても，それが社会に普及しない限り，これらの技術は汚染物質の削減に貢献できない．環境税は，企業や消費者に外部費用を負担させる役割を果たしているのである．環境税の導入は，私たちの負担を大きくする．しかし，それは将来の環境汚染の被害によって発生する費用負担を抑制するための投資であることを忘れてはならない．

第10章「地球温暖化と技術革新——政府と市場の役割」（有村俊秀）は，地球温暖化問題の対策を考察するとき，技術革新の重要性とともに，政府と市場の役割について明確な理解を持たなければならないことを強調する．温暖化対策の技術革新を，研究開発の段階と開発された技術の普及の段階とに分け，それぞれについて，公共部門の役割，技術政策について考察する．温暖化対策の技術革新において公共部門と市場が果たす役割を考察して，政府が2つの政策を実施する必要があることを説明する．第1に，政府は，研究開発および技術普及の技術革新の二局面において，技術政策を実施しなければならない．第2に，温暖化対策の技術革新のためには，技術政策だけではなく，温室効果ガス排出抑制政策が必要である．

第11章「比例的炭素税と大気安定化国際基金——京都会議を超えて」（宇

沢弘文）は，京都会議で提起された温暖化対策のあり方に対して，根元的な批判を展開した上で，社会的共通資本としての大気を世界のすべての国々が協力して守るという視点に立つことの重要性を強調する．

経済的合理性と国際的公正という視点を充分考慮に入れて，しかも各国の持続可能な経済発展を実現するためにもっとも有効な政策的手段は1人あたりの国民所得に比例させる比例的炭素税の制度である．この制度のもとでは，化石燃料の消費に対して，排出される二酸化炭素の量に応じて炭素税がかけられると同時に，森林の育林に対しては，吸収される二酸化炭素の量に応じて補助金が交付される．さらに，地球大気の安定化をはかり，地球温暖化を効果的に防ぐとともに，先進工業諸国と発展途上諸国の間の経済的格差をなくすために，有効な役割をはたすことを期待して考え出されたのが，大気安定化国際基金である．

大気安定化国際基金は，比例的炭素税の制度を使ったものである．各国の政府は，比例的炭素税の税収から育林に対する補助金を差し引いた額のある一定割合を大気安定化国際基金に醵出する．大気安定化国際基金は，各国の政府からの醵出金をあつめて，発展途上諸国に配分するが，その配分方法は各発展途上国の人口，1人あたりの国民所得に応じて，ある一定のルールにしたがっておこなわれるものとする．

序　章　地球温暖化と異常気象の発生

細田裕子

1. はじめに

　気候変動に関する政府間パネル（IPCC）により最新の科学的知見が徐々に明らかにされるにつれ，温暖化問題は将来世代のみならず現世代にも非常に差し迫った問題となってきている．

　2007年に公表されたIPCC第4次評価報告書では，近年の気候変化における人為的原因が再確認され，今世紀末までに予測される地球の平均気温の上昇量について，6つのシナリオから1.1～6.4℃の予測幅が示された．また新たに気候システムへのエネルギー収支の変動が報告され，すでに異常気象の影響が多くの地域で起こり，今後この頻度は増加するとの報告がなされている．

　地球温暖化の影響は単に全球平均地表気温，太陽放射量，大気エアロゾル，温室効果ガスの変化だけにとどまらず，気候システム[1]の諸過程で蒸発量の増加，海水温の上昇，雪氷の広範囲にわたる融解，風の分布の変化となる．従来の自然変動に人為的な温暖化が重なり，変動は激しくなって，ハリケーン，集中豪雨，洪水，熱波，干ばつ等の異常気象の頻度や規模の増大が予測されている．そこで本章では，近年の異常気象の状況および地球温暖化の主要な現象に関するさまざまな科学的知見についての主要な現象を整理し，顕在化しつつある地球温暖化の悪影響を考察する上での情報提供を目的とする．

　構成は以下の通りである．第2節では，近年大きな被害をもたらし温暖化

---

[1] 気温や降水量などの気候値とその変動に直接影響を及ぼすのは大気であるが，大気や水の循環の変動には海洋・陸面・雪氷の変動が深くかかわり，相互に関連する一つのシステムと捉え「気候システム」と呼ぶ．

との関係が懸念された異常気象を紹介し，続いて異常気象の長期的傾向やその背景となる自然変動，さらにその結果である自然災害の状況について解説する．第3節では気象に影響を与えるとともに気候システムの構成要素であり，温暖化により変化しつつある海洋および雪氷の長期変化について触れる．第4節は結語である．

2. 異常気象と自然災害

2.1 近年の異常気象（2002〜05年）

近年，異常気象の出現回数が増加したといわれることがある．異常気象の発生とともに温暖化との関連を指摘する論調も多く見られる．ここではまず，異常気象と温暖化との関係が議論される機会が多くなっていることを踏まえ，大きな被害をもたらしたことで世界的に注目を集めたいくつかの異常気象を取り上げ，その概要を整理する．

洪水（2002年・ヨーロッパ）

2002年8月に北海から移動してきた低気圧が，スカンジナビア半島付近で停滞していたブロッキング高気圧[2]のためにイタリア半島まで南下して，地中海の大量の水蒸気を吸収しながら停滞し，エルベ川やドナウ川の流域で長期にわたり広範囲に降雨をもたらした．降雨によりドイツ，チェコスロバキア，オーストリア等の中欧・東欧では相次ぎ洪水，土砂崩れなどの被害に見舞われ，80人の死者が出たほか，60万人以上に被害を与え，市街地および歴史的建造物の浸水および農業の被害額は約150億ユーロに達した．9月にはフランス南部で集中豪雨があり，ニームでは1日で1年間の降水量に匹敵する雨量が記録された．

熱波（2003年・ヨーロッパ）

地球温暖化による異常気象の現れではないかとして大きく報道されたのが，2003年8月にフランスを中心としヨーロッパの各地で猛威をふるった熱

---

[2] ブロッキング現象については 2.4 節を参照．

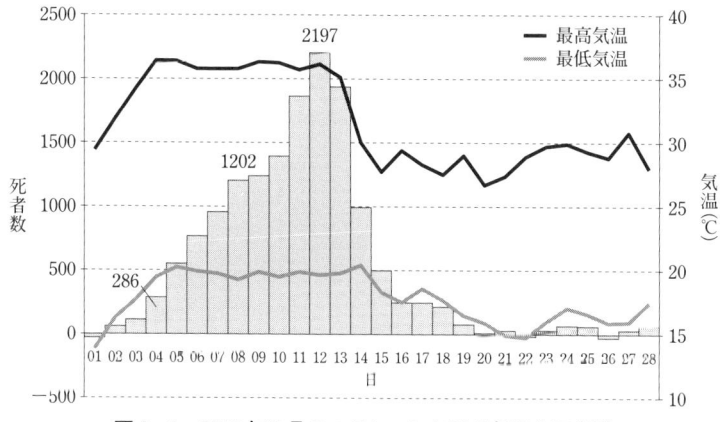

図 0-1　2003年8月のフランスにおける気温と死者数

表 0-1　2003年欧州の熱波による死者数（熱中症および過剰死亡）

	世界保健機関（WHO） (推計, 2004)	EPI: Earth Policy Institute (推計, 2003)
フランス	14,802	14,802
ドイツ	—	7,000
スペイン	59*	4,230
イタリア	3,134	4,175
ポルトガル	2,106	1,316
英国・ウェールズ	2,045	2,045
オランダ	—	1,400
ベルギー	—	150
総計	22,146	35,118

注：*WHOによると6000人以上の過剰死亡がスペインの熱波時に非公式に報告されているが，59人だけが熱波が原因であると認められた．（世界災害報告，2004）
出所：図，表ともに Eurosurveillance.
　　　(http://www.eurosurveillance.org/em/v10n07/1007-224.asp)

波[3]である．ヨーロッパでは6月以降広い範囲で高温が続いていた．この熱波でもっとも多くの犠牲者を出したフランスにおいては，8月のパリの平均最高気温は約24.5℃であるが，8月1日から5日まで急激な最高気温の上昇があり，その後15日まで35℃以上を超える日が続き，オルリー空港では40℃を記録している．気温の増加とともに死者も増え，気温のピークとなった12日には2197人の死亡が確認された（図0-1）．この熱波による熱中症

---
3)　最高気温が35℃を超す日が5日以上連続する現象．

の死者は，世界保健機関（WHO）によると約 2 万 2000 人に上ると報告されている（表 0-1）．また，被害総額は 130 億ユーロとなり，森林火災による焼失面積はポルトガル（39 万 ha），スペイン（12 万 7000 ha），フランスなどで計 64 万 7000 ha に及んだ．

　この極端な高温がもたらされた要因として，中高緯度偏西風帯のジェット気流が大きく南北に蛇行，分流して高気圧の移動が阻害されるブロッキング現象という大気の流れが確認されている．7 月末から亜熱帯高気圧がヨーロッパ南西部で長く停滞し，影響を受けた偏西風の蛇行がちょうどヨーロッパを覆い続け，高温で乾燥した状態が長く持続した（図 0-2）．この異常気象によりヨーロッパでは西暦 1500 年以降もっとも暑い夏となり，Schar et al. (2004) は最近の傾向と信頼度を考慮してもこの熱波は 9000 年に 1 回の出現可能性であると指摘した．また Stott et al. (2004) は，人間活動の影響により熱波の発生リスクが倍増したと結論づけた．

　ヨーロッパでは今後高気圧性気候が強まり，乾燥状態の発現頻度が高まって，気温上昇と降水量の減少，乾燥化というフィードバックにより熱波の発生リスクはかなり増加すると予測されている．

ハリケーン・カタリーナ（2004 年・南米）

　南大西洋では 2004 年 3 月に観測史上初めてのハリケーンが発生し，ブラジル沖に到達したことが注目を集めた（図 0-3）．このハリケーンはカタリーナと命名され，中心付近の最大風速は 43 m/s に達している．

　熱帯地方の海洋上で発生する熱帯低気圧はその発生場所によって呼び名が異なる．国際的には最大風速が 33 m/s 以上の熱帯低気圧で，北太平洋西部で発生するものをタイフーン，北東太平洋，大西洋で発生するものをハリケーン，インド洋・南太平洋で発生するものをサイクロンと呼ぶ．日本国内では最大風速 17 m/s 以上の熱帯低気圧を台風という．

　いずれも熱帯低気圧の構造を持ち，海面からの持続的な水蒸気の供給が可能な海水温 27℃以上の熱帯の海洋で発生する．熱帯低気圧は海面からの水蒸気が凝結し雲粒を形成する際に放出される熱エネルギーによりエネルギーを得て増大・成長し，一方で移動の際の海面および地上との摩擦によりエネ

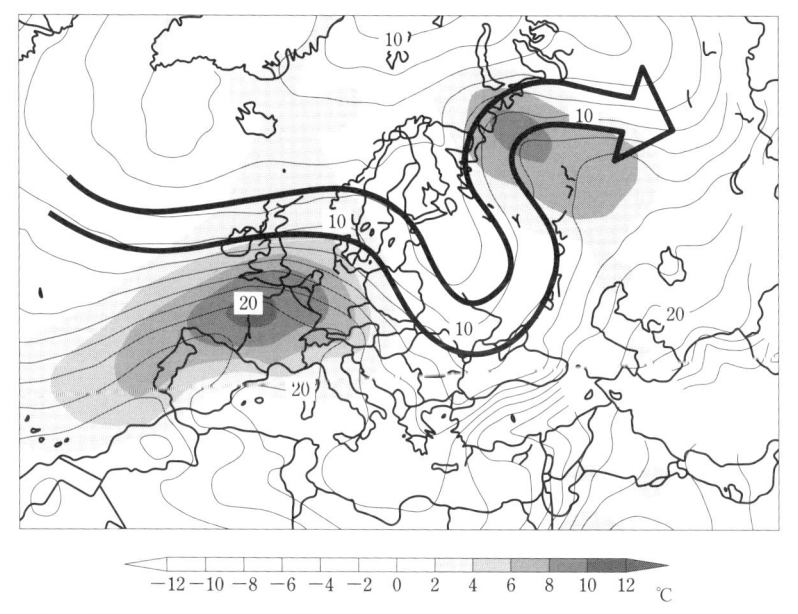

出所：気象庁（2005）のデータから高温度地域のみを表記.

図0-2　気圧配置（偏西風の蛇行とブロッキング現象）

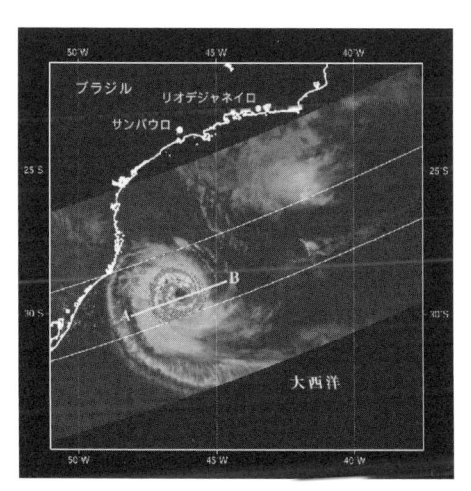

出所：宇宙航空研究開発機構（JAXA）.
(http://www.eorc.nasda.go.jp/imgdata/topics/2004/tp040423.html)

図0-3　南大西洋で発生したハリケーン

ルギーを消費する．上陸後急激にその勢力が衰えるのはエネルギーとしての水蒸気供給がなくなってしまうからである．主な熱帯低気圧が発生し成長するには，コリオリの力が必要であるため，この力が弱い緯度5度以下の赤道直下地域を除いた5度から35度までの海域において発生する．通常，南大西洋では海面水温は約24℃と低く，大気の上空と地上の風速の差が大きいため，ハリケーンが観測されたことはなかったが，カタリーナが発生したときの海域の水温は26.5℃にまで上昇していたことが確認されている．非常に珍しい熱帯低気圧であるが，今後の極端な気象現象が起きる警告とみなすこともできるであろう．

ハリケーン・カトリーナ（2005年・北米）

2005年8月末にはハリケーン・カトリーナが米国南部に上陸した．高い海水温はハリケーンの発生に必要な潜熱エネルギーの供給源となるが，カトリーナが発生したときのメキシコ湾海表面は平年より約1〜2℃高かったことが確認されている．また海洋上層のかなりの深さまで高温であったため湧昇による水温の低下もなく，カトリーナは強度を増して最大時にはカテゴリー5となった．大西洋における過去のもっとも強烈なハリケーンのうち10位までに近年のハリケーンが入る[4]．大西洋北部で2005年に発生した熱帯暴風雨は観測史上最多の27個となり，このうち14個がハリケーンとなっている（図0-4）．

カトリーナはルイジアナ州に上陸時にはカテゴリー3となったが，低い気圧を維持したままミシシッピ川河口付近を通過し，ルイジアナ，ミシシッピ，アラバマの3州を中心として海抜ゼロメートルのこの地帯に3〜7mの高潮とそれに加わる高波をもたらした．この災害で多くの建物は破壊され，被害は50万人に及び，うち死者1833人，被害額は1250億ドルを上回るという米国史上もっとも大きな経済的損失をもたらすこととなった．ハリケーンの進路となりやすく海抜の低い地域でありながら，水の供給，洪水対策，下水処理システムの改善等の予見的政策対応を怠ったことが大きな被害につなが

---

[4] 2005年ウィルマ（882hPa），同年リタ（897hPa），同年カトリーナ（902hPa），2007年ディーン（906hPa），2004年アイバン（910hPa）．

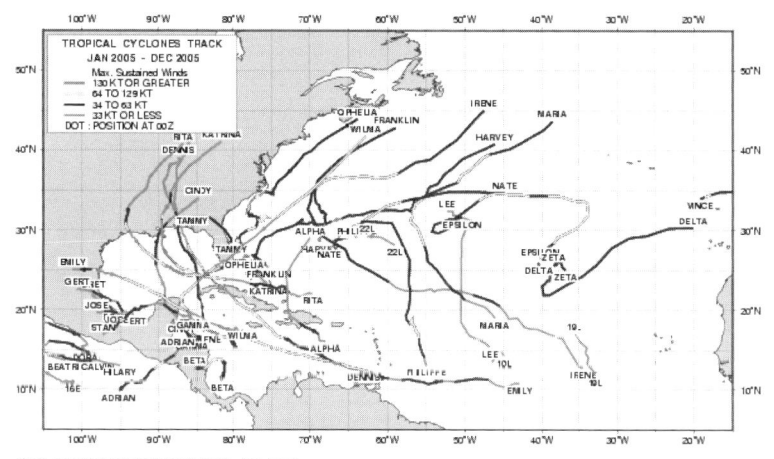

出所：宇宙航空研究開発機構（JAXA）.
(http://sharaku.eorc.jaxa.jp/cgi-bin/typ_db/typ_track.cgi?lang=j&area=AT)

図 0-4　北大西洋におけるハリケーンの経路（2005 年）

ったともいわれている[5]．今後暴風雨の強度が強まると予測される中で，沿岸域の人口および社会基盤は増加傾向にある．顕在化しつつある温暖化の影響に対する適応策はさまざまであるが，増加する沿岸域の災害に真摯に受け止める政策の重要性が各国政府に示されたといえよう．

2.2　異常気象とは

地球の表面温度は，太陽からの短波放射と地球がそれを宇宙に向けて反射する長波放射との差で決定される．低緯度地域では太陽からの入射が宇宙への放射を上回って暖かくなり，高緯度では逆に宇宙への放射が太陽からの入射を上回って寒くなる．この温度差によって大気と海洋に循環が生まれ，低

---

5)　海抜 0m 以下の地帯が国土の 4 分の 1 を占めるオランダでは，1954 年に高潮による大災害を経験したのを契機に「デルタプラン」が立てられ，予見的政策対応による取組みを続けている．海水の熱膨張による変化，季節，嵐や強風等あらゆる気象変化に耐えうる設計により，海に面した暴風関門の堤防は平均海水面よりも 16～20m の高さに張り巡らせる一方，水吸収の目的で設けられるエリアは美しい自然を保つ国立公園として，貯水場や多種多様な動植物の保護に役立つ環境への取組みを行ってきた．加えて，今後の避けられない海面上昇に対し河川からの塩害被害に向けた取り組みをしている．

緯度から高緯度へと熱が運ばれて気温差の平均化がなされる．このとき海洋は大気に比べ温まりにくく冷えにくいため，タイムラグを持って熱を輸送する．陸域では降水と蒸発を繰り返しながら熱は輸送されるが，土壌水分，雪氷・凍土，植生などがタイムラグの要因として，また時に循環を促進・緩和する作用として働く．この循環による長年の時間規模の平均状態が「気候」である．近年，この過去の平均的状態から大きく偏る異常気象の発生が増えているといわれる．

異常気象は，平年の天候状態から大きくかけ離れた状態であり，気象機関では「ある場所で30年に1回程度発生する現象[6]」と定義されている．異常気象の基準である30年に1回の出現頻度は，それが統計的に正規分布で表される場合，平均値から標準偏差の1.83倍以上偏った現象が出現する確率に当たり，異常気象として扱われる気象事象としては冷夏，暑夏，寒冬，暖冬，熱波，寒波や長雨，大雪，少雨などがあげられる．またIPCCでは気象機関の定義を含めたより広範囲な現象を指して「極端な気象現象」(Extreme Weather Event)と呼び，「特定地域における気象現象の確率分布から見て稀な10%以下あるいは90%以上の現象，また一定期間の気象現象発生数の平均で，その平均自体が極端なこと」と定義しており，気象事象としては，気象機関で扱われるもののほかに熱帯低気圧，集中豪雨，干ばつ，竜巻・雹（ひょう），エルニーニョ現象，その他局地的な激しい事象なども含まれる．

異常気象は大気循環に大きな偏りが生じたときに発生するが，この原因は，大きく外因と内因が考えられる．外因としては太陽活動の変化や火山噴火などがあり，これらは異常気象の間接的要因となる．また人間活動によりもたらされる温室効果ガス濃度の増大や森林伐採，エアロゾルの増加なども気候システムに間接的に影響を及ぼし，異常気象の一因となる．一方，内因には大気自身の変動や気候システムの相互作用があり異常気象の直接的原因となる．ここで異常気象を引き起こす内因となる自然変動として，代表的なもの

---

[6] 一般に過去の数十年間に1回程度で発生する現象であり，「過去」の時期や期間の長さについて明確に規定しているものではないが，統計的な取り扱いの必要性と人間の平均的な活動期間を考慮し，期間の長さは30年間としている．

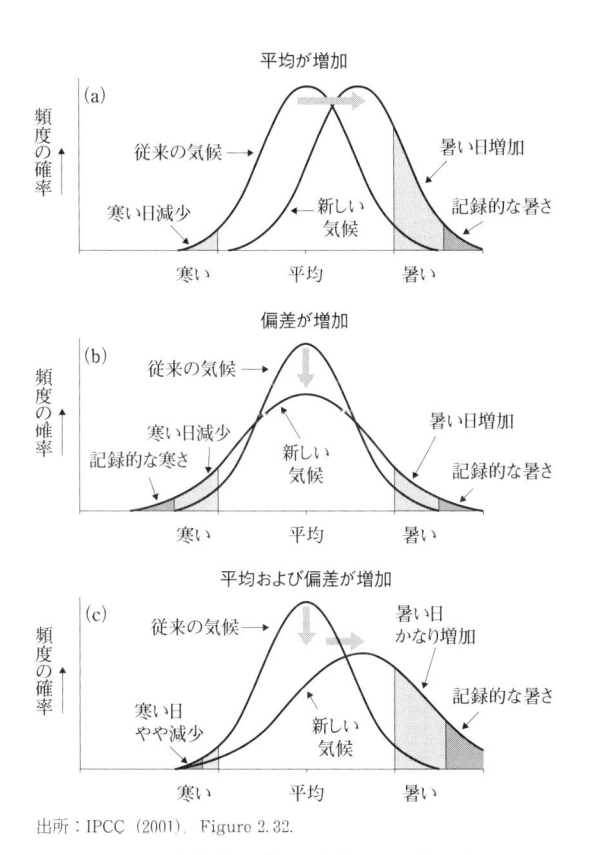

図 0-5 気候変動時の平均気温と偏差の変化

出所：IPCC (2001), Figure 2.32.

はエルニーニョ/ラニーニャ現象，インド洋ダイポールモード現象，ブロッキング現象，アジアモンスーン変動，テレコネクション[7]などが知られている．

　さて近年の地球温暖化は異常気象の発生頻度にどのような影響を与えるのであろうか．図 0-5 は気候変動による平均気温と偏差の変化を表したものであり，平均と偏差の一方のみあるいは両方が，新しい気候で変化した場合

---

[7] 地球上の遠く隔たった場所で，地上気圧が互いに連動し変動する現象であり，中高緯度対流圏の大気で 2 週間から数ヵ月程度の時間スケールで現れる現象のこと．主なものは南方振動，太平洋北米パターン，北大西洋振動，北極振動などがある．

の気温とその出現頻度を簡略化して示している．たとえば(a)気温が上昇し平均値が高まるとき，新しい気候では異常高温の発生は高まり，異常低温の発生は低くなり，(b)気温の偏差が大きくなる場合には異常高温と異常低温の発生はともに増え，さらに(c)平均値と偏差がともに高まる場合には，平均値が高まっただけの場合よりも異常高温の頻度は非常に高まり，異常低温の頻度は平均値が高まるときよりやや増えることになる．このように，平均気温の上昇では熱波が増加して寒波の頻度は減少し，変動幅も増加したときは熱波の頻度は極端に増大する可能性が高くなると考えられる．

2.3 異常気象の長期的変化

過去100年の世界の主要地域における異常気温および異常降雨の変化[8]が，『異常気象レポート』（気象庁，2005）により報告されている（表0-2）．

表0-2　異常気象の長期変化傾向

異常高温・異常低温出現数の長期変化傾向

地域名	異常高温		異常低温	
	回／100年	(%)	回／100年	(%)
東アジア域	0.51*	−216	−0.40*	−46
シベリア域	0.50*	−269	−0.35*	−42
インド域	0.78*	−307	−0.51*	−37
ヨーロッパ域	0.52*	−253	−0.43*	−43
アフリカ域	−0.07	−99	−0.22	−59
北米域	0.18*	−208	−0.36*	−52
南米南部域	0.57*	−262	−0.68*	−22
オーストラリア域	0.35*	−165	−0.35*	−48

異常多雨・異常少雨出現数の長期変化傾向

地域名	異常多雨		異常少雨	
	回／100年	(%)	回／100年	(%)
シベリア域	0.06	−113	−0.01	−104
インド域	0.06	−119	−0.01	−92
ヨーロッパ域	0.16*	−135	0.02	−107
北米域	0.14*	−136	−0.04	−87
南米南部域	0.40*	−233	−0.28*	−60
オーストラリア東部域	0.09	−114	−0.27*	−85

正は増加，負は減少を示す．*は変化傾向が統計的に有意であることを表わす．％は1901〜1930年（30年間）の出現数の合計に対する1975〜2004年（30年間）の出現数の合計の比．
出所：気象庁（2005）．

これによると 1960 年までには東アジア，シベリア，ヨーロッパ，インド域と南米南部域で異常高温の出現が見られなかったが，1970 年代頃からこれらの地域で異常高温の出現数が増加し，特に 1990 年代以降の異常高温の出現数は顕著である．一方，異常低温の出現数は変動しながらも次第に減少傾向にある．また，1975 年以降の 30 年間においてアフリカ以外では，異常高温・異常低温出現数の長期変化傾向が見られ，さらに日較差も年々小さくなっている．

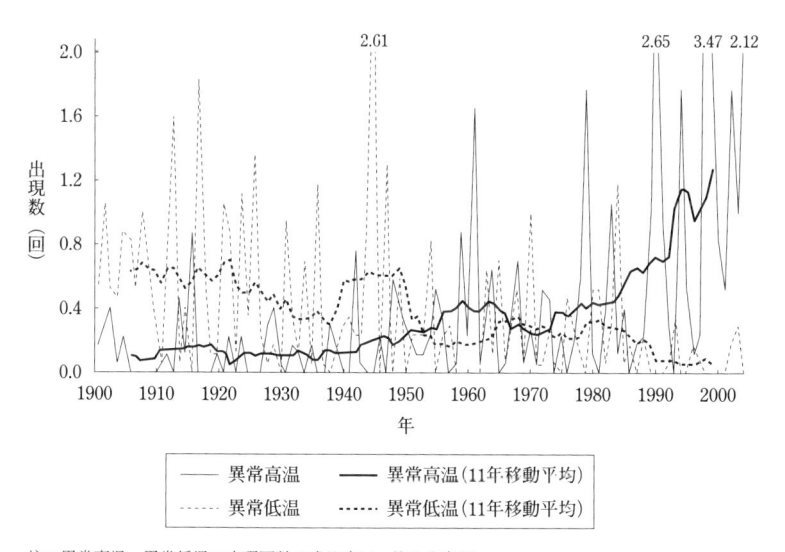

注：異常高温・異常低温の出現回数の求め方は，注8を参照．
出所：気象庁（2005）．

図 0-6　月平均気温の異常高温・低温出現数の経年変化（日本）

---

8) 異常気象の求め方は次による．1901～2004 年の 104 年間で，この間のすべての月で降水量は 90%，気温は 80% 以上のデータが存在する観測地の各月において平均気温（降水量）の高い方，低い方から 1～3 位の値（異常値）をそれぞれ異常高温（多雨）・異常低温（少雨）の基準値とする．ある年の異常高温（多雨）・異常低温（少雨）の出現数は，その年に異常値を観測した地点数の年間合計を観測地点数で割り，1 地点あたりの出現数としている．ある地点のある月に，月平均気温の高い方・低い方から 1～3 位の値が出現する割合は，それぞれ 104 年間に 3 回，つまりおよそ 35 年に 1 回（0.029 回／年）となり，異常気象とされる発現頻度にほぼ相当する（気象庁，2005）．

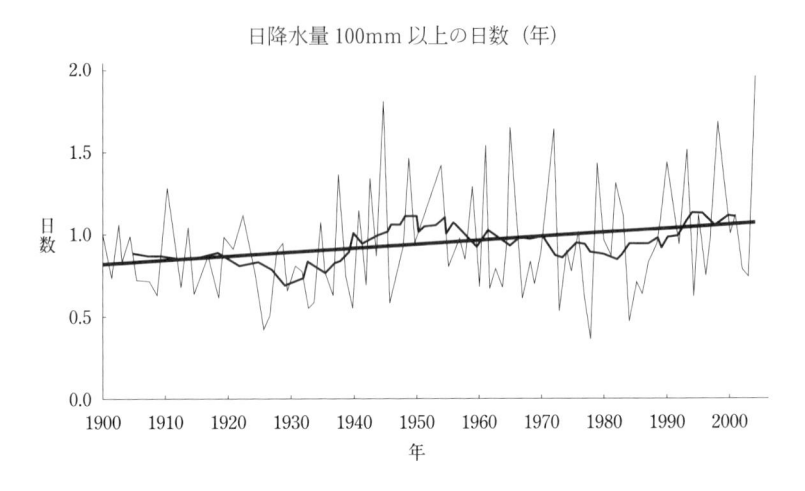

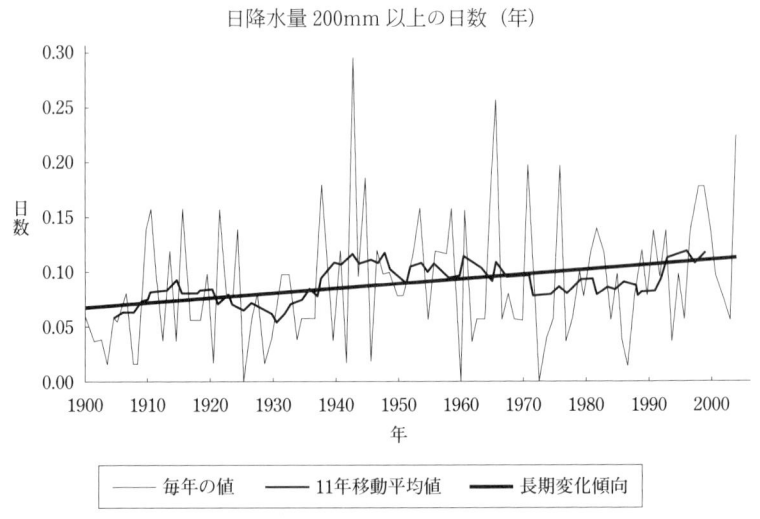

注：1地点あたりの年間日数．毎年の値（細線）と11年移動平均値（太線）を示す．直線（黒）は長期変化傾向．
出所：気象庁（2005）．

図 0-7　日降水量 100mm 以上，200mm 以上の日数の経年変化（日本）

異常多雨，異常少雨傾向は特に南米南部域において見られる．またヨーロッパ域，北米域において異常多雨の出現数に有意な増加傾向が見られ，オーストラリア域では異常少雨の出現数の有意な減少傾向が見られる．

日本では異常高温の出現数は1940年代から増加しはじめ，1990年以降は過去100年にない頻度で出現数が増加している．異常低温の出現数は近年減少しており，1940年代に一時的に高い頻度の出現が見られたが，1990年以降はさらに低下傾向にある（図0-6）．この影響として，1994年頃から熱中症患者数が報告されはじめ，2004年には約1600人の患者が報告されている．また降水量では，20世紀中に年平均降水量がわずかに減少する一方，100 mm／日以上，200 mm／日以上の大雨の出現数は1901〜30年と比較し，それぞれ1.19倍，1.46倍へと増加している（図0-7）．

2.4　異常気象と自然変動

以下では異常気象の内因となる自然変動のうち，特にエルニーニョ現象，インド洋ダイポールモード現象，ブロッキング現象と，これらの現象によって引き起こされる地域的な異常気象を紹介する．

太平洋の赤道付近では，通常は東から西へと向かう貿易風により，暖水の層は西のインドネシア沖に吹き寄せられて厚くなり，上空では積乱雲が発生し，この地域に豊かな熱帯林を育む一方，東のペルー沖では深層からの冷水の層が厚く栄養豊富な海域が広がる．数年に一度，エルニーニョ現象が発生すると，貿易風が弱まり，西へ吹き寄せられるはずの暖水の位置が6000 kmほど東に移動し，ペルー沖の海域では暖水の層が張り出して，赤道域の日付変更線の辺りで最大3〜4℃ほどの上昇となる．太平洋の暖かい気候が東に移動するため雨域も東に移り，通常多雨のインドネシア，フィリピン，オーストラリア北部が干ばつや森林火災に見舞われ，逆に気温が低すぎて降雨が少ない南米の西側地域で多雨，さらに漁業および海域の生態系への影響が大きくなる．

エルニーニョはその強さや持続性によって異常気象となるだけでなく経済的にも深刻な影響を与えてきた[9]．1982〜83年のエルニーニョ現象に起因する世界の被害総額は130億ドルであり，20世紀最大規模といわれた1997

〜98年の被害は約320億ドルである．逆に，同じ海域で海面水温が平年より低い状態が続く現象はラニーニャ現象といわれ，インドネシア周辺の対流活動は平年より活発になる．日本の南で太平洋高気圧が強まるため，ラニーニャが発生すると日本では猛暑，寒冬など異常気象の原因となる．

エルニーニョ現象によく似たインド洋ダイポールモード現象は1999年に東京大学の山形俊男教授らにより発見された．

通常，インド洋の海面水温は東高西低であり，東側のインドネシア域では雨が多いが，数年に一度，南東風が平年より強まり，暖水がインド洋の西側に吹き寄せられ，海面水温は西高東低となる．この東西の海水温が逆転するインド洋ダイポールモード現象が発生すると，東側に位置するインドネシアやオーストラリア西部の大気は乾燥し干ばつなどが発生する．また，海水温の高くなる西インド洋沿岸に位置する東アフリカ諸島では盛んな上昇気流が発生するようになり，インドの豪雨，日本や東アジアでの猛暑，東アフリカの洪水などの異常気象をもたらす．

また近年，中高緯度の上空に流れるジェット気流の異常にともなうブロッキング現象の影響により異常気象が発生しやすくなっている．本来偏西風の対流圏界面には風速が最大となるジェット気流があり，その下にある低気圧，高気圧の盛衰を支配している．偏西風は蛇行しながら中高緯度に暖気や冷気を運んでいるが，偏西風が異常に弱まることによって，蛇行がより大きくなり移動性高低気圧の経路がブロックされ切り離される現象がブロッキング現象である．

大抵の場合は北に低気圧，南に高気圧となる配置が逆転して，北に高気圧，南に低気圧の配置となる．またこの配置が数日間から10日程度の長周期にわたり持続するため，切離低気圧の下の地上では集中豪雨や洪水などの被害や，切離高気圧の下では晴天が続き熱波や干ばつなどの異常気象の原因とな

---

9) 1972〜73年のエルニーニョ発生ではペルー沖で飼料や肥料として捕獲していたアンチョビーが最悪の不漁となり，飼料業界は代替飼料としての大豆の買占めから高騰を招き，わずかな期間で多くの農家がコーヒー豆から大豆の生産への切り替えをしたため，さらに新たな農地開発によりアマゾン熱帯林の伐採が進むこととなった．大豆の収穫面積は1970〜2002年の間に12倍に拡大し，大豆生産量は151万トンから4182万トンへ28倍に増加し，米国に次ぐ第2位の生産国となった．

る．2.1節で言及した2002年8月にドイツおよび中東欧地域を中心とした記録的な洪水被害や2003年の欧州熱波は，ブロッキング高気圧の長期間の停滞により被害が拡大したと見られている．

こうした自然変動，特にエルニーニョ現象は過去100年間に比べ1970年代中頃以降，発現頻度，持続期間および強度が増大していることが確認されている．多くの予測モデルでは地球温暖化にともない，エルニーニョ現象によく似た自然変動に特徴的な海面水温，また気圧の類似パターンが生じることが明らかになっている．

2.5　近年の自然災害から見た被害状況について

2.5.1　全世界の被害状況

近年の地域的な降水量や気温の変動の高まりによると見られる干ばつ，洪水，異常気温（熱波・寒波），森林火災，暴風雨などの自然災害数は増大傾向にある（図0-8，図0-9）．

全世界の災害発生状況に関する統計データを有するベルギーのルーベン・カトリック大学の災害疫学研究所（CRED）の災害データベース（EM-DAT[10]）からまとめた被害件数は，1970年代の67件／年から，2000年代

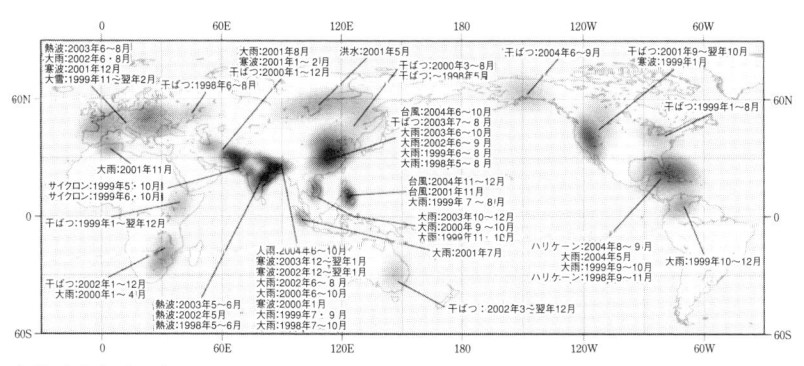

出所：気象庁（2005）．

図0-8　1998～2004年の主な気象災害

---

[10] 1900年以降に世界中で発生した自然災害，人的災害についてデータの蓄積をしている．対象災害としては，死者10人以上，被災者100人以上，国際救援アピールの発生，緊急事態の宣言のいずれかを満たす災害についてのデータを蓄積している．

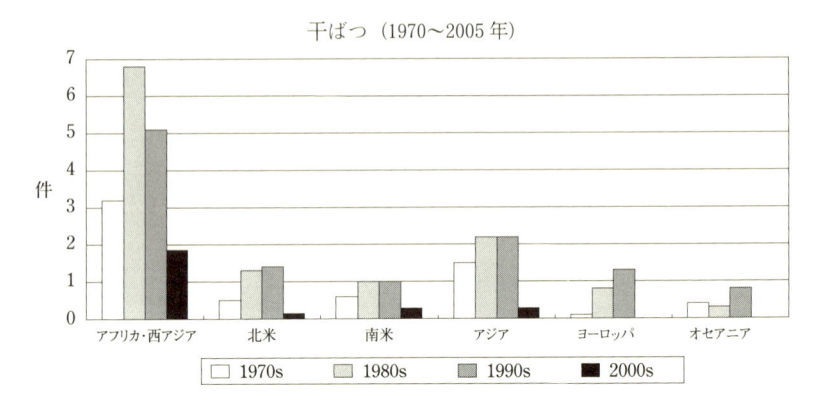

干ばつ（1970〜2005年）

（棒グラフ：アフリカ・西アジア、北米、南米、アジア、ヨーロッパ、オセアニアの各地域における 1970s、1980s、1990s、2000s の件数）

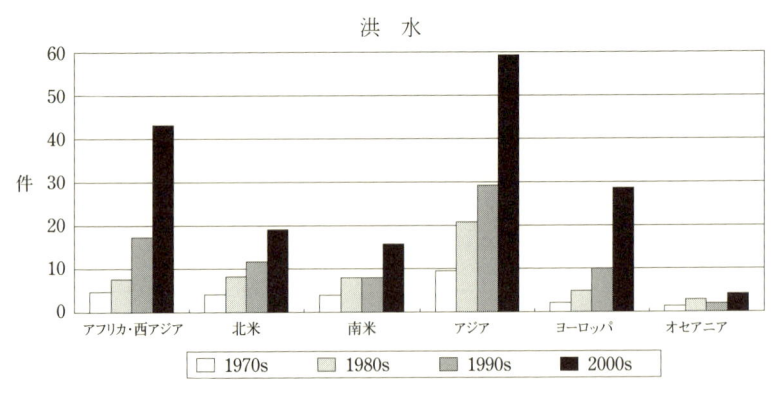

洪　水

（棒グラフ：アフリカ・西アジア、北米、南米、アジア、ヨーロッパ、オセアニアの各地域における 1970s、1980s、1990s、2000s の件数）

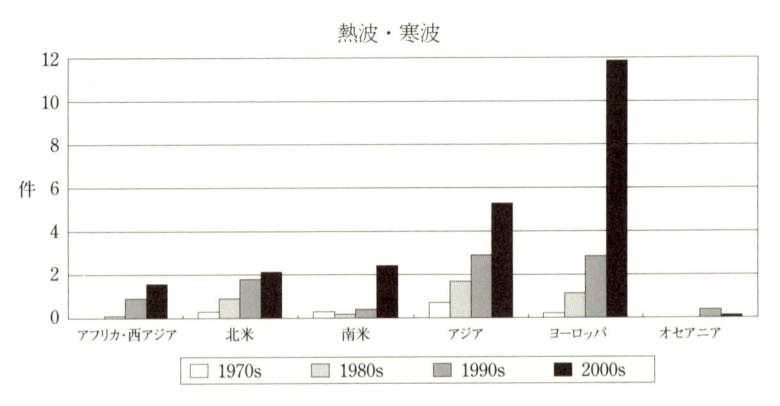

熱波・寒波

（棒グラフ：アフリカ・西アジア、北米、南米、アジア、ヨーロッパ、オセアニアの各地域における 1970s、1980s、1990s、2000s の件数）

熱帯低気圧

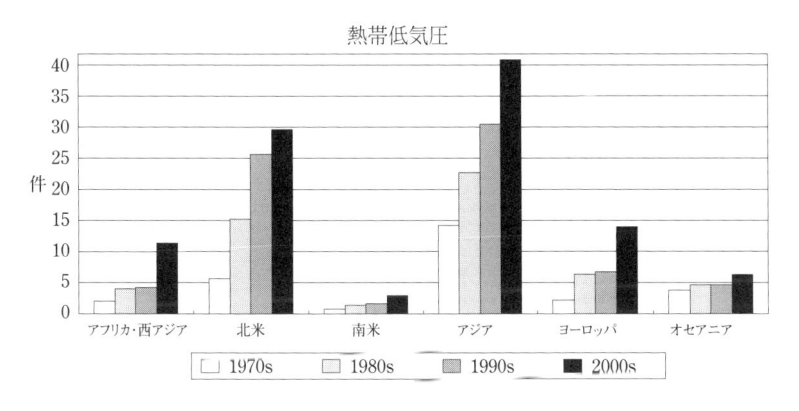

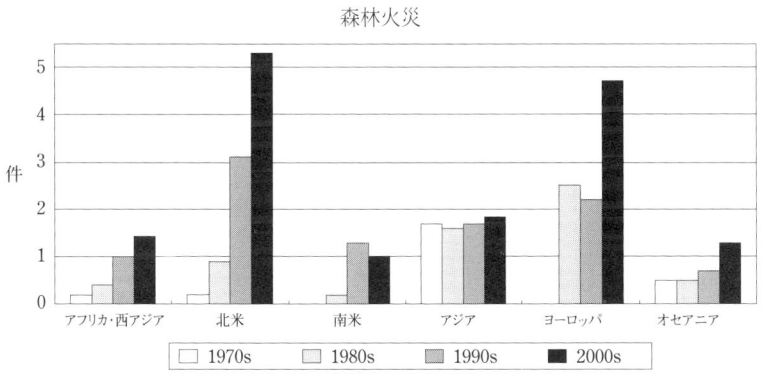

[1970s / 1980s / 1990s / 2000s　地域別件数]

森林火災

出所：EM-DAT Emergency Disasters Data Base.

図 0-9　地域別自然災害件数（1970年代～2000年代：年平均値）

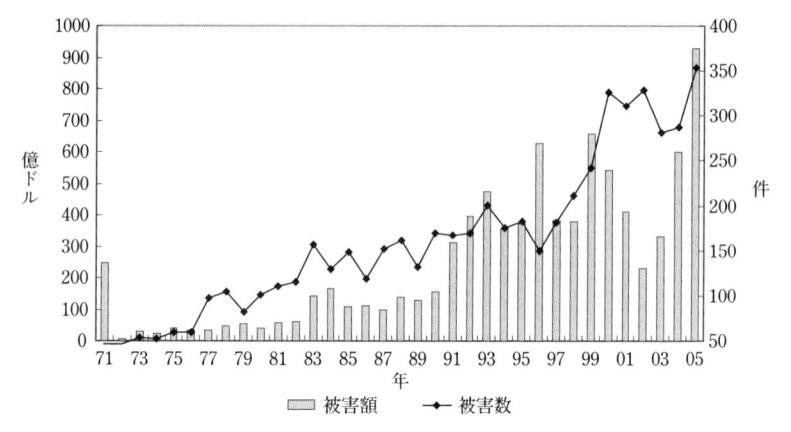

自然災害は干ばつ，異常気象，洪水，暴風雨，森林火災．
出所：EM-DAT Emergency Disasters Data Base.
(http://www.em-dat.net/)

図 0-10　自然災害の被害状況（1970～2005 年）

には 4.7 倍の 315 件／年であり，被害者数では 1970 年代の 5224 万人／年から，1990 年代に 1 億 8528 万人／年へ，被害額は 1970 年代の 58 億ドル／年から，2000 年代には 508 億ドル／年にそれぞれ急増している（図 0-10）．この増加には異常気象自体の増加に加えて，先進国，途上国を問わず人口および資産が沿岸地域に集中していることも影響していると見られる．

2.5.2　自然災害別に見た被害状況

干ばつ

干ばつ（図 0-11）はある地域に起こる長期間の水不足の状態であり，自然火災，農作物等の収穫減少，飢饉，疫病，砂漠化などへ発展する災害である．

2005 年に米国気象学会で発表された論文では，干ばつの被害面積が 1970 年代に世界の陸地面積の 15％ から 2002 年には約 30％ に拡大したことが報告された．1970 年代以降，熱帯・亜熱帯地域でより厳しく長期化した干ばつが観測されており，サヘル地域，地中海，南部アフリカ，および南アジアの一部では深刻な乾燥の傾向が観測されている（IPCC, 2007）．

EM-DAT データによると，1970 年以降干ばつの災害件数はアフリカ 48％，

出所：EM-DAT Emergency Disasters Data Base.
(http://www.em-dat.net/disasters/maps.htm)

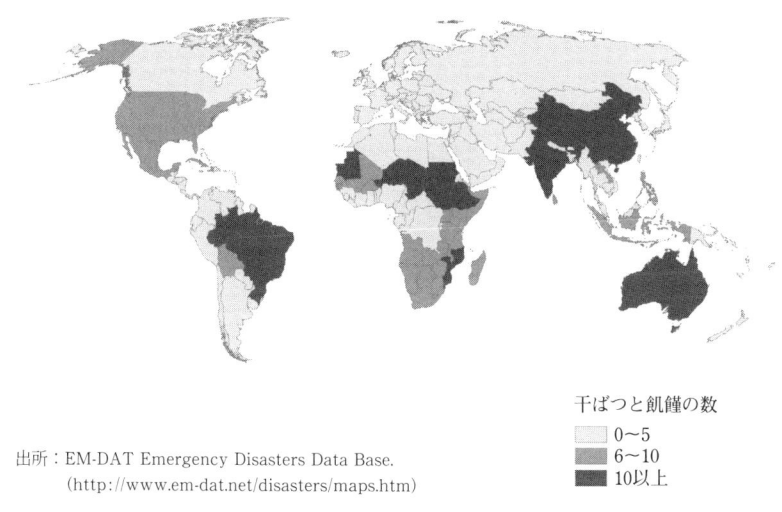

干ばつと飢饉の数
0〜5
6〜10
10以上

図0-11　1974〜2003年における干ばつ発生地域

アジア21％の順で多い．干ばつ被害における死者はアフリカが99％を占め約67万2000人となり，被害者はアフリカ2億6000万人，アジア14億4000万人に達している．

　極乾燥および乾燥地域はアフリカ大陸の40％を占め，北アフリカ・サヘル全域，「アフリカの角」と呼ばれる大陸東端の半島地域，ナミビアからアンゴラ沿岸地域に広がる南部アフリカの西半分が含まれ，干ばつの災害にもっとも脆弱な地域である．

　サヘルはサハラ砂漠の南縁部に位置する半乾燥地域であり，降水は不安定で1950年代〜1980年代中頃に降水の減少傾向は顕著となった．特に1968年からの大干ばつでは100万人が亡くなり，5000万人が被害を受ける深刻な事態となった．この長期の干ばつの原因として，当初は人為的な過放牧により高くなったアルベドと植物からの蒸散の減少による降水量の減少がもたらされたと考えられた．しかし近年の気候の再現実験モデルにより，20世紀後半の長期化した干ばつは世界的規模の温室効果ガスと，工業および自動車からの亜硝酸ガス排出で硫酸エアロゾルが大西洋上空の大気循環を変動させた結果，モンスーンが弱化して干ばつ被害が拡大したことが解析されてい

る．さらに 1981 年からの干ばつにより，エチオピアで 30 万人，1985 年にはモザンビークとスーダンで 25 万人が亡くなり，2003 年からアフリカの角地域で雨季に干ばつの自然災害が続いている．

南米アマゾンの熱帯雨林の面積は日本国土の 10 倍以上であり，世界の森林の約 27% 以上を占める．この地では地球の酸素の 20% が供給されるとともに多様な生物の宝庫でもある．この広大な熱帯雨林では 2005 年 10 月には川の水位が 12m も下がり観測史上最悪という干ばつに見舞われている．この地域では，大西洋上で低気圧の発生で雲が作られアマゾン上空に流れ込み，アンデス山脈にぶつかって降雨となる．熱帯雨林に降り注いだ雨は，樹木からの蒸散と地表からの蒸発によって再び降雨となり，豊かで広大な熱帯雨林を育んでいる．2005 年の大西洋海域では，海水温の上昇により上昇気流が盛んに発生し海上に降雨が起こり，アマゾン上空には乾燥した下降気流のみが流れ込むこととなったことが干ばつの原因と考えられている．

加えてこの地域で 1970 年代以降森林被覆率は年々減少し，2003 年までに全体の 15.8% の 6529 万 ha の森林が消失しており，環境破壊は著しい．この減少は，20 世紀後半の有用木の不法伐採，牧場や大豆栽培農地への開墾と森林焼却，南北に及ぶ物資輸送道の整備，東西を横切るアマゾン横断道路，また無許可で作られた林道の開発などによるものである．この地域の熱帯雨林は炭素の大貯蔵庫として高い成長力を持つが，植物を支える土壌の層は薄く，それほど養分を含まず，水分や養分は極めて速い速度で多様な生物により分解され循環している．そしてひとたび植生を失うと保水力の低下から雨水はそのまま海に流れ，樹木からの蒸散も減少して循環は弱められ，降雨量の低下につながる．熱帯林の損失は，この地に蓄えられていた膨大な炭素が大気への放出と，二酸化炭素の吸収源の喪失と，さらには生物多様性の減少も含み，この影響は例えようもなく大きいといえる．このまま環境破壊が進めば，2050 年までにアマゾンの熱帯雨林の約 40% となる 200 万 km^2 が消失すると報告されている (Soares-Filho et al., 2006)．

オーストラリアでは，2002 年以降干ばつが続き，2006 年には 1000 年に一度という大干ばつに見舞われている．マレー・ダーリング川流域のニューサウスウェールズ州，クィーンズランド州，ビクトリア州のダムは慢性的な渇

水状態となって農作物および家畜飼料も減産となり，飼料を緊急輸入する事態となっている．

また中南部欧州から中央アジアの地域および米国中南部での干ばつは，農業用灌漑のため河川や地下水を使用している地域にとって深刻な問題となる可能性が高いといわれる[11]．

洪水

1970〜2006年の間，アジアで起こる洪水は世界の68%を占めている．1990年代に起こった中国，インド，バングラデシュの洪水被害はきわめて深刻であり，とりわけ中国では南部長江流域の洪水が増えている．また1998年の20世紀最大のエルニーニョ現象時に，中国の被害者は約2億4000万人に上り，被害額はGDPの約2.4%（308億ドル）となった．この大きな被害は1998年までに長江上流域の原生林の85%が伐採されたことが一因とされる．

多くの洪水被害のあった1990年代は10年間で10億人以上に被害が及び，被害額も926億ドルに達している．洪水災害は暴風雨や熱帯低気圧，モンスーン，融雪，エルニーニョ現象といった事象により起こるが，中国ではもともと降水量が一定しておらず，季節および年による変動が大きい．多くの山に森林がなく森林の保水作用が機能していない[12] ことと近年の異常気象の

---

11) 中央アジアに位置しカザフスタンとウズベキスタンにまたがるアラル海はかつて琵琶湖の約100倍の面積を持つ世界で4番目に大きな湖であった．豊富な水を乾燥地帯の周辺地域に与えていたが，灌漑農業の大量取水による塩害で流域の土地の劣化が著しくなった．現在，湖の面積はかつての半分である．中国の黄河では川の上流からの流れが海まで届かない断流が1972年から断続的に起こり，1986年以降は毎年の断流により特に下流域の農家で大きな被害となっている．米国の巨大な穀倉地帯で灌漑農業を支えるオガララ帯水層は，北はサウスダコタ州から南はテキサス州に存在し，総面積は45万km^2，米国農耕地の20%を占める帯水層である．氷河期に長い間かけて蓄えられた「化石帯水層」のため，枯渇はこの地域のみならずの農業生産の終末を意味することになる．この半世紀で水位は平均約30m低下し，特に南部乾燥地帯のテキサス州の低下が著しい．

12) 中国では薪炭材の供給や食糧増産の目的のための過剰な森林伐採と急傾斜地の農地転換により，1949年の建国当時の森林被覆率は8.6%まで減少した．その後の自然災害や生活環境悪化が顕著になる中で全国的な林業重点生態系保全事業を推進し2005年

変動が大規模な水害と干ばつの発生に影響していると考えられる．

アフリカではサバンナ気候の地域で乾季に干ばつ，雨季には洪水の被害が激しくなっている．1970年代には147人／年であった洪水災害による死者は2000年代には896人／年と6倍に増えており，被害者も1970年代の約46万人／年から，2000年代に約209万人／年と4.5倍に増えている．特に2000年以降，アフリカの角（エチオピア，ソマリア，エリトリア，ジブチ）やケニアで乾季と雨季の降水パターンの変化による被害が観測されている．世界の14％の人口を抱え，世界でもっとも高い人口増加率（2.1％, 2005年）のアフリカは深刻な貧困問題を抱え，災害に対してきわめて脆弱である．さらに降水量や温度の変化は，感染症や病原菌の媒体となる蚊の分布域を拡大させ，洪水後にマラリア，デング熱，黄熱病，西ナイル脳炎などの感染症患者数増加に影響を与えている．

熱波・寒波

平均気温の上昇および変動幅の増大によって，これまでに経験したことのないような熱波の頻度は増えていくことが予測されている．

インドは1980年頃から異常高温の出現頻度が高い（表0-2）．1998年以降は毎年4〜6月にかけて熱波被害に見舞われ，2006年までに約7330人の死者が報告されている．欧州では熱波・寒波の災害の増加が見られる．2003年の熱波により約2万2000人の死者が出たほか，アルプスでは氷河が記録的な融解となり，なかでもスイスのブルネック氷河はこの年156.9mの後退が観測された．2006年にもオランダ，ベルギーで計2000人に及ぶ死者が報告されている．一方，寒波の被害として2003〜04年に南米ペルーでは約400万人に被害が及んでいる．

には18.2％（1億7000万ha）と数値的にかなりの回復をしている．しかし，植林分布は不均衡であり，土地の砂漠化，土壌流失，湿地の退化，生物多様性の減少の問題を解決するには至っておらず，いまだ深刻な事態が続いている．世界の森林被覆率は平均29.6％，日本は64％である．

暴風雨

　暴風雨の発生数,死者,被害者数はアジアが多く,洪水とともに被害が大きい[13].アジアの中でも熱帯低気圧の通過する中国,フィリピン,バングラデシュ,日本の被害が多く,1970年以降の被害総額では米国が約3300億ドル,中国約380億ドルに次いで,日本は約340億ドルとなっている.

　日本で観測史上2番目に高温を記録した2004年には,上陸台風は10個を記録し,過去30年の平均2.6個をはるかに上回った.台風の発生数は平均並みであったが,熱帯域の活発な対流活動により北緯20度付近の太平洋で高気圧の大きな張り出しができ,日本に上陸しやすい位置にあったことと,強い勢力が維持されたまま上陸できるための海水温からの十分なエネルギーが供給され続けたことも原因の一つと考えられる.この年の日本の被害額は暴風雨116億ドル,洪水136億ドルである.

　暴風雨による人的被害および被害額の拡大については,世界的な沿岸人口の増加および都市化の影響も考えられる.しかし熱帯低気圧に関しては,最近30年間で海水温の昇温とともに全球のカテゴリー4以上のものが増加傾向にある(Webster et al., 2005).広範なモデル予測によれば,熱帯域の海面水温の上昇にともない,将来の熱帯低気圧は強度が増し,発生数についてもこれまで予測されていた発生数の減少の信頼性は低いとされている.

3. 海洋と雪氷の長期変化と影響

　前節で取り上げた異常気象の頻度の増加は,短期的かつ地域的な被害をもたらすことが懸念されている.

　地球表面の7割を占める海洋は,熱的慣性により将来の気候システムに長期にわたって影響を与え,異常気象,気候変動の一因となる一方で,海面水位の上昇を引き起こすことがわかっている.以下では人間生活のみならず,自然の生態系に大きな影響を及ぼす海洋と雪氷の長期変化と影響について整理する.

[13) ここで使用しているデータのwindstormは,熱帯低気圧(サイクロン,ハリケーン,タイフーン)のほかに暴風雨,竜巻,大雪を含む.

(mm)

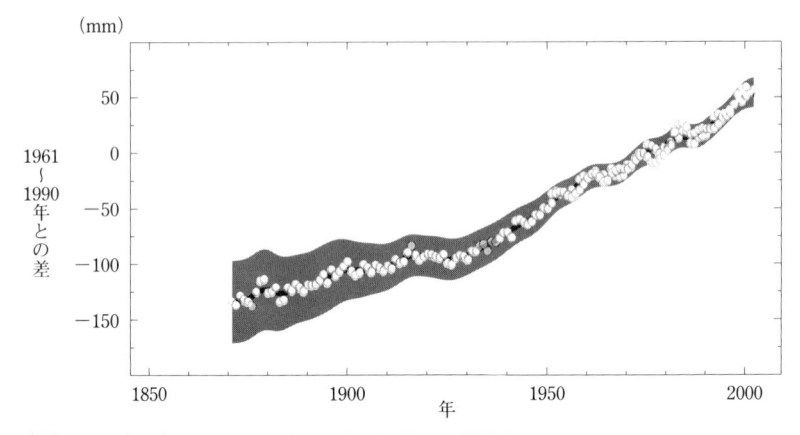

1961〜1990年との差

出所：IPCC (2007). *The Physical Science Basis.* Figure SPM. 3.

図 0-12　全球の海面水位

表 0-3　観測された海面水位上昇率とさまざまな要因による寄与の見積もり

海面水位上昇の要因	海面水位上昇率（mm／年）	
	1961〜2003	1993〜2003
熱膨張	0.42±0.12	1.6±0.5
氷河と氷帽	0.50±0.18	0.77±0.22
グリーンランド氷床	0.05±0.12	0.21±0.07
南極氷床	0.14±0.41	0.21±0.35
海面水位上昇に寄与する個別要因の合計	1.1±0.5	2.8±0.7
観測された海面水位上昇	1.8±0.5*	3.1±0.7*
差異（観測値から気候の寄与の見積もりの総計を差し引いたもの）	0.7±0.7	0.3±1.0

注：*1993年以前のデータは潮位計の観測，1993年以降は衛星高度計の観測による．
出所：IPCC (2007). *The Physical Science Basis.* Table SPM. 1.

3.1　海洋の長期変化

　地球の貯熱量の増加は短期的に海洋温度の上昇に認められる．海水温は短期間では大気からの影響を強く受け，長期的には大気の流れに影響を与える．このため気候変動の大きな要素の一つであるといえる．

　海洋の昇温は海水を膨張させ，海面水位を上昇させることに寄与する．また氷床や氷河など陸上に存在する氷の融解または蓄積にともなう海水の質量増減，ほかに永久凍土の融解，湖水・地下水などの陸水の変動，海底の土砂

堆積などの影響により，海面水位は20世紀中に約17cm上昇している（図0-12）．海面水位の観測には従来検潮儀（潮位の観測器）が使用され，観測地点も北半球に偏るという問題があったが，1993年以降は人工衛星からの海面高度測量が可能となり，全球規模の海面水位変動に関する信頼の高い観測が可能である．この衛星からの高度測量で行われた全球の海面水位の見積もりが表0-3である．1961～2003年は年平均1.8（1.3～2.3）mmの割合で上昇し，特に近年1993～2003年は年3.1（2.4～3.8）mmと上昇率が大きく[14]，熱膨張と，グリーンランド，南極氷床の融解からの寄与が著しい．グリーンランドおよび南極では2003年以降に急激な氷床の融解があったが，これはIPCC第4次評価報告書の21世紀末までの海面水位上昇予測に入っていないため，21世紀末の全シナリオの予測幅18～59cmは不確実性が大きいといえる．

地球表面の7割を占める海洋の水深3000mでは，全球的な昇温が認められ，気候システムに加えられた熱の80％以上が海洋に吸収されている．Levitus et al. (2005)によれば，1955～98年の期間に海洋では14.5×10^{22}Jの熱が貯えられ，温暖化の影響により海水温は平均0.037℃上昇したと観測されている[15]．海水温の変化は熱的慣性のために数十年程度遅れるが，さらに海面上昇にいたってはさらに時間スケールのずれで起こることが予想されるため，海面水位の上昇はすぐに止まらないといわれる．

3.2 海氷・氷床の融解

次に気候変動の影響が敏感に観測される海氷および氷床の融解について見てみる．図0-13によると，世界全体の海氷域面積は傾向的に減少している．とりわけ北極での面積縮小が顕著である．南極はほぼ横ばいのようにも見えるが，一部では大きな棚氷の崩壊なども確認されている．ここでは両極地域の海氷・氷床等の融解の状況について見てみる．

---

14) 1993年からの著しい海面水位上昇率については，海洋の10年規模の変動によるものなのか，温暖化のより長期的な上昇傾向の加速なのかは不明である．
15) 海洋の熱容量は大気の1000倍であり，この熱で大気が暖められるとすると全球の37℃の気温上昇のエネルギーに相当する．

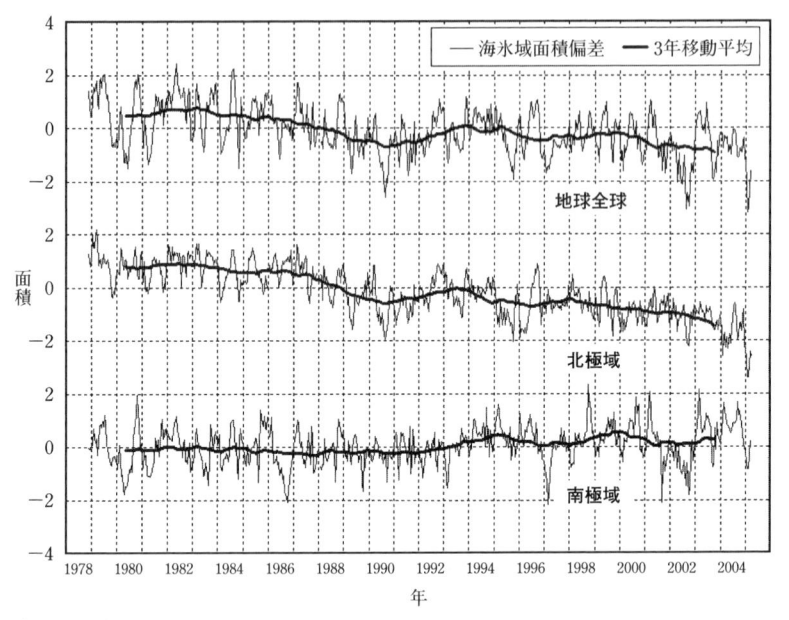

出所：気象庁 (2006).

図 0–13　両極域および世界全体の海氷域面積の推移

北極域

　北極域はグリーンランド大陸を含む，北緯 66.5 度以北の太陽光の届きにくい寒冷の地である．北極海に浮かぶ海氷の面積は 9 月半ば（夏の高温時）に最小となり，2 月末に降雪により最大となる．近年，北極域における海氷面積の縮小は特に顕著であるが，図 0–14 のように 2007 年 9 月中旬には，観測史上最小の海氷面積であった 2005 年 9 月からさらに融解が進み 413 万 km^2 となった．

　北極では世界の他の地域の 2 倍の速さで温暖化が進行しており[16]，この 30 年間で北極では平均気温の上昇幅は約 1℃である．2006 年に米国立大気研究センター（NCAR）は，2005 年までのデータから，夏の北極海氷の消

---

[16]　全球的な温度の上昇は地球全体の温度を一様に上昇させるわけではなく，著しい温暖化が起きると予測されるのは北半球の高緯度域である．

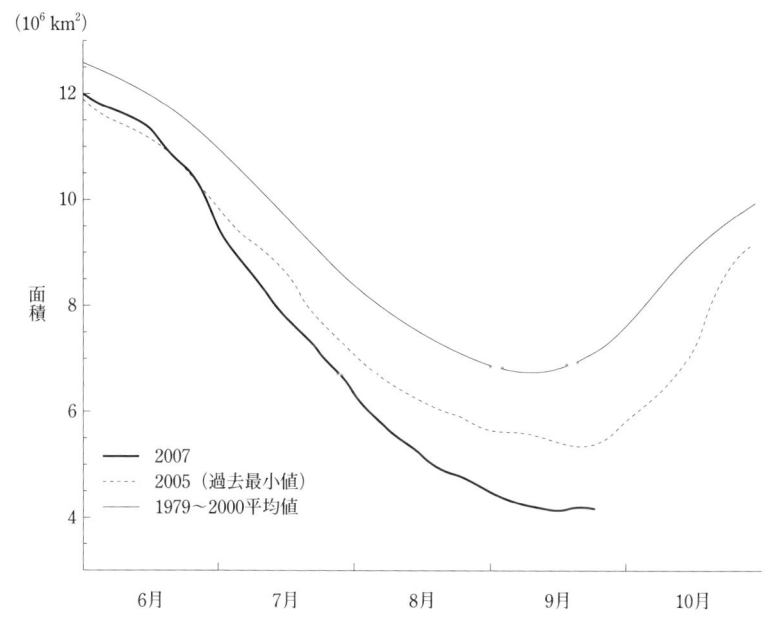

図 0-14　北極域夏季の海氷域面積

出所：National Snow and Ice Data Center.

滅は，これまでの 2070 年の予測を大幅に早め，2040 年になると予測している．

　海面水位上昇に直接寄与するのは氷床・氷冠の融解であり，海氷融解が直接寄与することはない．海氷域や陸上の雪氷域は，太陽放射のアルベドが高く，海氷域・雪氷域が縮小する夏季には太陽放射の吸収率は上昇するため，温暖化の下では，さらなる縮小が起こる．また北極海氷は大陸に囲まれ，大陸からの川の淡水を得て季節や極渦[17]の影響を受けながら変動している．海氷は海洋表面を覆うと大気への熱輸送を遮断するが，逆に海氷が融解すると，海からの大量の熱が大気へ輸送され，さらなる気温上昇となる．

　グリーンランド大陸の大部分は北極圏に位置し，全島の 80％ が大陸を覆

---

[17] 北極の海氷の増減には数年からそれ以上の周期で変動する北極の周囲を北極上空 1 万 m 付近で反時計回りに巡る西風の強さの変化（北極振動）が影響することが知られており，この西風を極渦という．極渦が強まると海氷は減少する傾向がある．

う氷床と雪からなる．氷床の面積は 250 万 km^3 で地球上にある氷床の 10% を占める．グリーンランドのイルリサット氷河（中部西岸）は過去 10 年で 15km 以上後退し，1972 年まで安定していたヘルヘイム氷河は，2001 年以降に 4.5km 後退して，ノルウェー湾に淡水が流入している．グリーンランド氷床は過去 5 年で 3 倍の速さの融解となり，2002 年 4 月〜2005 年 11 月の衛星による観測で年間約 240km^3 が消失し，年間 0.54mm の海面水位上昇に寄与している[18]ことが明らかになった．グリーンランドの氷がすべて融解すると約 7m の海面水位上昇に寄与するといわれる．

　北極海域では高塩分と低温によって高密度化した海水が深層水として循環する．この流れは約 1500 年をかけて地球を一周する大規模な熱塩循環のスタート地点であり，流量はアマゾン川の約 100 倍といわれる．この循環現象により低緯度の熱は高緯度に輸送され，世界の気候に寄与している．2005 年に米ウッズホール海洋学研究所は，1960 年代以降北大西洋の広い範囲で大量の淡水が流れ込み，海水の塩分濃度が低下する一方，赤道付近の塩分濃度が高まっていると発表しており，この北大西洋での塩分濃度の低下が，古気候で確認されているヤンガードライアス期[19]のような急激で不可逆的な気候変化へと転じる可能性も示唆されている．

南極

　南極大陸には地球に存在する氷床の約 9 割が存在する．1400 万 km^2 の面積の 98% は 1 年を通じて氷床という厚い氷体に覆われている．また氷の厚みは平均 2.5km に達しており，氷流は氷床のところどころに切れ込むようにして発達している．ロス湖とウェッデル海を結んだ線の東側に東南極大陸，西側には西南極大陸が存在し，西南極大陸から北に延びるように南極半島がある．東南極大陸では基盤地形の大部分が海面上にあるため安定的である一

---

18) テキサス大学の J. L. Chen らの研究（Chen et al., 2006）による．
19) 1 万 1000 年ほど前に最終氷期が終わり，温暖化が始まってから数十年という短期間で気温が 6°C ほど寒冷化した現象．温暖化が始まり北米にあったローレンタイド氷床が融解して，カナダ北東に巨大なアガシー湖ができたが，更なる温暖化でアガシー湖の決壊により大量の淡水が北大西洋に流入し海洋の大循環が止まった．温かいメキシコ湾流が北上せず，欧州では氷期に逆戻りし，世界的に影響が及んだとされる．

方，西南極大陸はほとんどの基盤地形が海面下にあるため不安定で，気候変動の影響を受けやすい．棚氷は氷床下に基盤がなく，海水の上に氷が棚のようになっている部分である．

相対的に温暖な最北部に位置する南極半島では，1945年以降50年間で年間平均気温は2.5℃上昇し，気温上昇に反応するように，南極海に浮かぶ海氷は約20％減少し，棚氷は北から順に崩壊が進んだ．ラルセン棚氷は1995年にラルセンAが崩壊した．さらに2002年にはラルセンBが崩壊し（写真1），同年ラルセンCにも亀裂が入りはじめ，棚氷は以前の面積の半分以上を失っている．氷流に対し栓となっていた棚氷の崩壊以降，付近の氷河は速度を上げ，最大8倍の速さで流れ始めている．

2004年には西南極大陸西側のアムンゼン海に流れ込む6つの氷河がこの15年間で流速を上げ，その中でももっとも速いパインアイランド氷河は1日約5.5mの速さで流れ，その沿岸近辺の氷河の薄化率は1990年代以来2倍になっている（Thomas et al., 2004）．南極氷床からの氷山の発生が増加しており，2000年以降ロス棚氷から世界最大級の氷山（1万1000km^2）の分離が確認されている．

2006年3月のコロラド大学の研究において，2002～05年の南極大陸西部の氷床の流通速度は152±80km^3／年となり，2006年5月にはNASAによる衛星観測で，1999～2005年までに南極西部内陸高地で過去最大規模の融雪（カリフォルニア州に匹敵する約41万km^2）が確認されている．南極では温暖化により，海からの水蒸気量が増えて降雪量が増加し，氷床の拡大が予測されていたが，近年の研究では，東南極の氷床質量より，西南極の氷床質量の消失のペースが上回っていることも明らかとなっている．

3.3 山岳氷河の後退

20世紀に入り世界各地の山岳氷河も縮小あるいは減少傾向にある．山岳氷河に代表される陸氷の融解は長期的な海面水位上昇に寄与している．

山岳氷河の動態は気候変動の鏡であり，忠実かつ敏感な反応をわれわれは目にすることができる．地球の平均気温は1910年頃の寒冷化の後1945年頃まで急激な温暖化傾向にあった．主にヨーロッパの氷河では1910年まで前

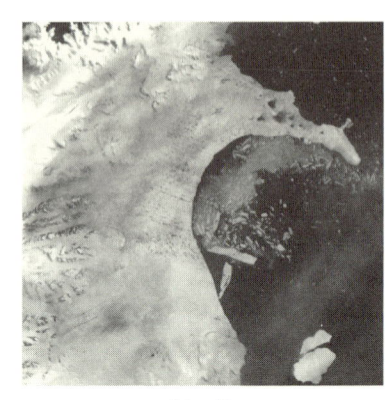

2002年1月31日	2002年2月17日
2002年2月23日	2002年3月5日

出所：National Snow and Ice Data Center.
(http://nsidc.org/data/iceshelves_images/larsen.html)

写真1　ラルセンB棚氷の崩壊（南極）

進し，その後1945年頃までに後退が観測され，さらに1975年まで若干寒冷化した時期には地域的な差があるものの氷河の前進が観察されている．NASAによるとアンデス，ヒマラヤ，アルプス，ピレネーでは20世紀最後の10年間に大幅な氷河の縮小が報告されている．またヨーロッパ地域でも，アルプスなど南部で見られる融解に対して，スカンジナビア半島以北においては，冬季における夏季の融氷量を上回る降雪により前進が見られる（図0-15）．

45

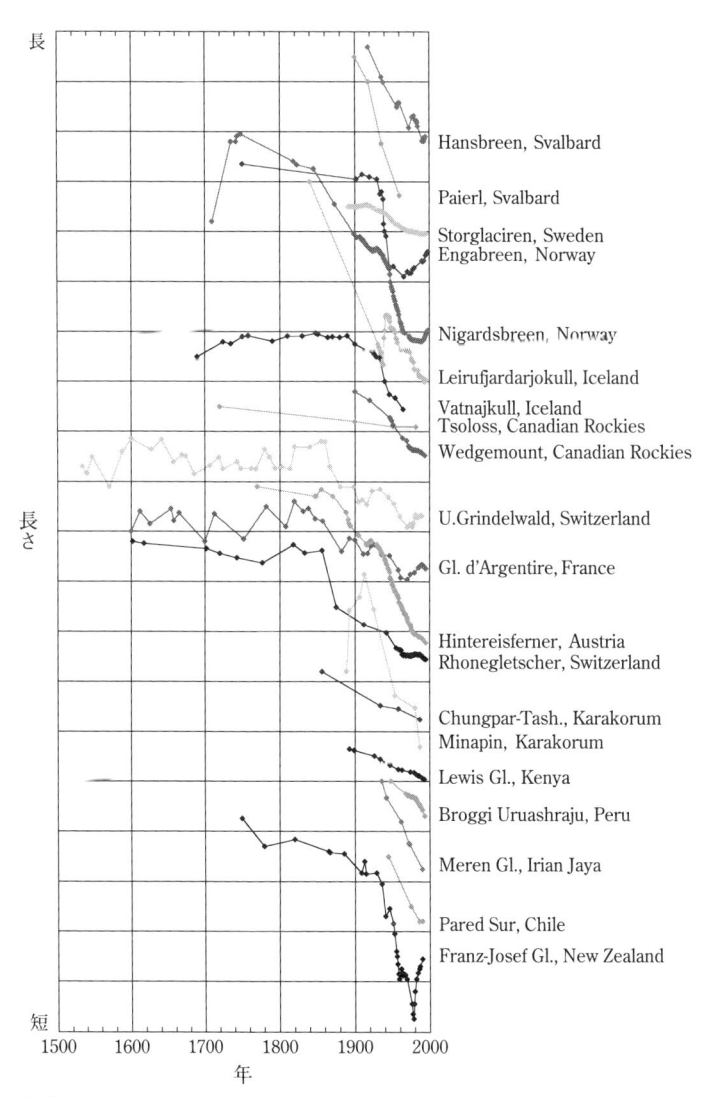

出所：IPCC (2001). Figure 2.18.

図0−15　主要山岳氷河の融解

以下では各地域の山岳氷河の変化と現状を整理してみる．

ヨーロッパ

スイスのローヌ氷河はこの150年の間に約2.5km後退した．スイスのユングフラウなどから流れているアルプス最大の氷河であるスイスのアレッチ氷河は後退し続け，1870〜2006年の間に約2.8km後退している．1850年に1800km^{2}あったスイス全土の氷河面積は42%減少して2000年には1050km^{2}となってしまった．1973年頃から後退が進み1985年以降の後退のスピードはさらに進んでいる．温暖化の進行にともない，アルプス氷河は今世紀末には現在の5%程度となり，ほぼ消滅すると見られている．

南米

チリとアルゼンチンにまたがる南米の南端にあるパタゴニア氷原から流れる氷河は，世界でも5指に入る大氷河域である．1945年以降パタゴニア氷原からの融解は，海面水位上昇に年約0.038mm寄与していたが，最近は約0.1mmに加速している．IPCC第4次評価報告書によると1993年以降の山岳氷河に起因する海面水位上昇率の約13%に寄与している．

アジア

南極，グリーンランドに次いで世界第3位の淡水貯蔵量を持つヒマラヤの巨大な氷雪塊は後退している．中央アジアの小型氷河であるヒマラヤ・シャロンのAX010氷河は，1978〜91年には4.5m／年，1991〜99年には13m／年と大きく後退し，1990年代に入り縮小ペースが速くなり，多くの小氷河の消失と氷河末端での新しい氷河湖の出現，現存氷河湖の拡大という現象が見られる（口絵4）．

山岳氷河は，水を凍った固体で蓄えた天然のダムである．ヒマラヤの氷河はアジアの大河（ガンジス川，インダス川，メコン川，ブラマプトラ川，サルウィン川，長江，黄河）に注ぎ，氷河を水源とする下流の地域に住む十数億の人々の水需要を満たしており，ヒマラヤ氷河の縮小は水力発電，灌漑，飲料水の供給にまで深刻な影響を与えることになる．

氷河の縮小によりネパール，エベレストの南に位置するディグ・ツォ氷河湖では，1985年8月に決壊が起こっている．気温上昇などにより氷河湖は氷河の前縁が運んだ土砂が水路をせき止め湖ができるが，1960年代に大量の水が増し堤防が決壊する氷河湖決壊洪水が生じはじめ，その後，3年に1度以上の頻度で洪水が発生している．現在ヒマラヤの氷河湖のうち，決壊の恐れのある氷河湖は少なくとも44あり，なかでもロウアー・バルン，イムジャ・ツォ氷河湖は決壊の可能性が高く，いまなお下流域には数万人が生活している．

アフリカ

キリマンジャロはタンザニアに北部にある標高5895mの山であるが，山頂には赤道付近にもかかわらず巨大な氷河が存在する．オハイオ州立大学のロニー・トンプソン教授によれば1912年以降，キリマンジャロの氷冠全体の80%以上が失われ，氷河などの面積は約$12km^2$から約$2km^2$となった．1989年以降の消失が著しく，2000年までに氷塊の33%が消失したことが明らかにされている．最新の研究では，2020年頃までには完全に消失すると予測された．

北米

アラスカのグレイシャーベイ国立公園にあるミュアー氷河は1941年以降12km後退し，800m上薄くなっている．かつての氷河は融けて海水と混ざり合い，氷河の先端ははるかかなたに退き，風景は一変している．山には木々が生え，かつての氷河の跡が正面の岩肌に見られる．アラスカの海抜1500m以下の高さにある2000以上の氷河では，その99%が後退している（写真2）．

3.4 海面水位上昇の影響

近年の地球の貯熱量の増加による海水の熱膨張および氷河などの融解を起因として海面水位上昇の影響は，特に海抜の低い赤道近くの島々で大きくなることが予測される．平均海抜約2mのツバルは，天然資源を有せず自給自

1941年

2004年

出所：National Snow and Ice Data Center, W. O. Field, B. F. Molnia.

写真2　グレイシャーベイ国立公園（アラスカ）

足農業および漁業に依存しているが，近年の水位の高まりで地中から海水が湧き出し，影響は海岸線の侵食，地下水の塩化，自給の食糧生産にも及んでいる．1993年以降2006年までに5.8mm／年の海面上昇傾向にあり，これまで75.4mmの上昇が報告されている．1993年以降の世界平均海面上昇率を上回る上昇には，短期的なエルニーニョなどの海洋変動性の影響が強いと見られるため，現時点ではこの海面上昇が温暖化の影響と断定できず，より長期的な観測が必要である．1990年以降には非常に強烈なサイクロンや暴風雨と高潮の被害に見舞われるようになり，隣国のオーストラリアとニュージーランドに救済を求め，2002年以降ニュージーランドでは年間75人のツバル国民の移民受け入れを開始した．しかし移住の申請には，年齢，英語の能力やニュージーランドでの収入面などの条件が付され，かつ年間75人しか受け入れないなどの問題のほか，移住できても民族の生活や文化の問題などを抱えている．

　日本の半分ほどの国土面積に1億4000万人の人口を抱えるバングラデシュでは，ヒマラヤ山脈に水源を持つ河口デルタ地帯に人口が集中している．モンスーンのほか，ほぼ毎年のように起こる洪水やサイクロンにより，土壌劣化，浸食等の影響が深刻である．2004年7月にはヒマラヤの雪解け水と絶え間なく続く降雨による洪水で約3600万人の被害者とGDPの12.5%に相当する70億ドルの被害が生じた．これは，近年ヒマラヤ上流で自然のダムとして機能していた豊かな森林の伐採が進み，保水力の低下を招いたことが大きな一因であるといわれる．今後の予測においても，1mの海面上昇で国土の17.5%が失われ，少なくとも1300万人が浸水被害を受け，水田の半分が水没するといわれている．

　さらにアジア・太平洋地域では，潮汐や高潮の水位以下の面積が61.1万km^2あり，ここに住む人口は2億7000万人に及ぶ．今後予想される海面水位上昇によって大きな影響を受ける地域は，ベトナムのメコン川デルタ地域，ニューギニア島南部の河口デルタ地域，また中国沿岸域の長江河口付近などである．またインド，インドネシア，パキスタン，エジプト等の河口デルタ地帯や湿地を抱える地域も同様の問題を抱えている．また，日本では海に面する市町村に人口の約半分が集中しており，沿岸部に近い都市部地域では海

面水位上昇で地下水の上昇がもたらされると，インフラへの影響も懸念される．最近の研究では 30cm，65cm，1m の海面上昇によって，それぞれ現存する砂浜の 56.6%，81.7%，90.3% が消失し，また 1m の海面上昇により平均満潮時に海抜ゼロメートルとなる地帯は現在の 861km^2 から 2339km^2 へ約 2.7 倍となり，そこに居住する人口は 200 万人から 410 万人へ，水没する資産は 54 兆円から 109 兆円に被害が拡大すると予測されている．この影響からの適応策として，海面上昇と津波高潮からの防護壁等改築費用は 12 兆円が推計されている．

4. おわりに

IPCC が最初にレポートを出した 1990 年の時点から比較すると，温暖化問題の深刻さは程度を増し危機感は深まり広がっている．災害被害は先進国，途上国を問わず各地域で増加し，異常気象の発生状況は近年明らかに発生頻度や強度が変化している．対策を講じなければ人間活動や社会への甚大な被害となることは明らかになってきており，地球温暖化の進行を食い止めるため温室効果ガスの大幅で迅速な排出削減と，本格的な異常気象への適応策が進められるべきだろう．

地球温暖化の問題は，環境政策の国際化，南北問題の公平性，世代間の負担の公平などの原則が必要であるが，いずれも国際協調にいたるには本質的に困難な問題となっている．しかし EU では，気候変動の甚大な被害の可能性を回避すべく，気温上昇を 2℃以内，温室効果ガス濃度を 550ppm 以下に安定化させるための先進的な取組みを始めている．具体的なアプローチとして，EU 全体で 2020 年までに温室効果ガスを 1990 年比で 20%削減することが合意された．この合意は，IPCC や 2006 年の「スターン・レビュー──気候変動と経済」の温暖化抑制政策における経済的合理性によるところが大きい．また欧州の環境政策協調の背景には，20 世紀後半に産業活動から惹き起こされた深刻な環境悪化の経緯からも，大気を土壌や水と同様にかけがえのない公共財ととらえ，環境政策についても政府が積極的に公的責任を果たそうとしている．

美しい自然，種の存続，そして大気の均衡を将来の世代に託すため，気候変動の被害を最小限にとどめることがいまの私たちの責務であろう．

参考文献

Chen, J. L., C. R. Wilson and B. D. Tapley (2006), "Satellite Gravity Measurements Confirm Accelerated Melting of Greenland Ice Sheet," *Science*, Vol. 313, No. 5795, pp. 1958-1960.

IPCC (2001), *Climate Change 2001: The Scientific Basis*, IPCC Third Assessment Report.

IPCC (2002), *Climate Change and Biodiversity*, IPCC Technical Paper V.

IPCC (2007), "Summary for Policy Makers: The Physical Science Basis; Impacts, Adaptation and Vulnerability; Mitigation of Climate Change," *Climate Change 2007*, IPCC Fourth Assessment Report.

環境省 (1997),『環境白書 平成9年版』大蔵省印刷局.

気象庁 (2005),『異常気象レポート2005』気象業務支援センター.

気象庁 (2006),『気候変動監視レポート2005』.

鬼頭昭雄 (2005),「温暖化で大雨は増えるのか」『科学』Vol. 75, pp. 1155-1158.

倉賀野連 (2005),「TOPEX高度計データと検潮データから得られる全球海面水位変動」,『測候時報』, Vol. 71, S101-S107.

Levitus, S., J. Antonov and T. Boyer (2005), "Warming of the world ocean, 1955-2003," *Geophysical Research Letters*, Vol. 32, L02604, doi: 10.1029/2004 GL021592.

三村信夫・原沢英夫編 (2004),『海面上昇データブック2000』国立環境研究所地球環境研究センター.

Schar, C., P. L. Vidale, D. Luthi, C. Frei, C. Haberli, M. A. Liniger and C. Appenzeller (2004), "The Role of Increasing Temperature Variability in European Summer Heatwaves," *Nature*, Vol. 427, pp. 332-336.

Schneider, S. H. (1989), *Global Warming: Are We Entering the Greenhouse Century?* Sierra Club Books.(内藤正明・福岡克也訳 (1990)『地球温暖化の時代——気候変化の予測と対策』ダイヤモンド社).

Soares-Filho, B. S., D. C. Nepstad, L. M. Curran, G. C. Cerqueira, R. A. Garcia, C. A. Ramos, E. Voll, A. McDonald, P. Lefebvre and P. Schlesinger (2006), "Modelling Conservation in the Amazon Basin," *Nature*, Vol. 440, pp. 520-523.

Stott, P. A., D. A. Stone and M. R. Allen (2004), "Human Contribution to the European Heatwave of 2003," *Nature*, Vol. 432, pp. 610-614.

田中正之 (1989),『温暖化する地球』読売新聞社.

Thomas, R., E. Rignot, G. Casassa, P. Kanagaratnam, C. Acuña, T. Akins, H. Brecher, E. Frederick, P. Gogineni, W. Krabill, S. Manizade, H. Ramamoorthy,

A. Rivera, R. Russell, J. Sonntag, R. Swift, J. Yungel and J. Zwally (2004), "Accelerated Sea-Level Rise from West Antarctica," *Science*, Vol. 306, No. 5694, pp. 255-258.

宇沢弘文 (1995),『地球温暖化の経済学』岩波書店.

宇沢弘文・国則守生編 (1993),『地球温暖化の経済分析』東京大学出版会.

Webster, P. J., G. J. Holland, J. A. Curry and H.-R. Chang (2005), "Changes in Tropical Cyclone Number, Duration, and Intensity in a Warming Environment," *Science*, Vol. 309, No. 5742, pp. 1844-1846.

WWF Nepal Program (2005), An Overview of Glaciers, Glacier Retreat and Subsequent Impacts in Nepal, India and China.

山崎孝治 (2007),「地球温暖化にともなう大気・海洋の応答と役割」北海道大学大学院環境科学院編『地球温暖化の科学』北海道大学出版会, pp. 79-99.

2002年ヨーロッパ水害調査団 (2002),『2002年ヨーロッパ水害調査——報告書』河川環境管理財団.

第Ⅰ部

地球温暖化と森林の再生

第1章 森林にしのびよる地球温暖化の影響

守田 敏也

　京都府と福井県，滋賀県境にまたがる「芦生の森」という広大な森林がある．原生状態に近い植生も見られ，関西の秘境と言われる地だ．この森は多くの動植物に住処を与えるとともに，ここを訪れる人々にも，深い憩いを提供してくれる．ところがこの森に，近年，温暖化の影響が，深刻に現れてきている．この森を長年，歩いて調査してきた「北山の自然と文化を守る会」幹事で，日本鱗翅学会会員の，主原憲司氏の研究に学びながら，森林にしのびよる地球温暖化のあらわれを見ていきたい．

1. 古木が茂る芦生の森

1.1 「原生林」と呼ばれる森

　温暖化の影響に触れる前に，まずは芦生の森の姿を伝えたい．この森は，京都市の北山から若狭湾にまで続く丹波山塊の中にある．丹波から福井県南部では谷のことをタンと呼ぶそうだが，芦生の峠に立って遠くを見ると，薄もやの中に谷が波のように続いているのをしばしば目にする（写真1）．谷の波＝丹波の地名の由来は，ここから来ているという説がある．
　その丹波山塊の中にあって，芦生の標高は，概ね300mから960mぐらい．600mから800mの地域がその3分の2ぐらいを占める．日本海側気候に属するが，南に下るにしたがい，太平洋側気候帯に移っていく．
　芦生に生息している生物はとても多様だ．高木層の代表は，冷温帯のブナ，ミズナラ，トチなどの落葉広葉樹．ウラジロガシなどの常緑広葉樹．そしてスギやヒノキなどの常緑針葉樹だ．とくにアシュウスギの中には，推定樹齢1000年を越える大木もある．日本海側のスギは，発芽したあと毎冬に豪雪

筆者撮影.

写真1　芦生地蔵峠から眺める丹波山塊の遠景

を受ける．重みに押しつけられながら，上に伸びていくため，途中で枝分かれすることが多く，また地面についた枝から根が生えて新たな幹が発生し，それらが一緒に，まるで手の指が伸びるような形で成長していく場合もある．伏状台杉と呼ばれるが，何本にも分かれた枝が，張り出しているさまは荘厳である（写真2，口絵2）．

　よく芦生の森は「原生林」と呼ばれるが，正確には原生林ではない．14世紀の昔から，木材の搬出地であり，とくに，太平洋側に流れる安曇川や上桂川に近い地域では，繰り返し伐採が行われた跡が残っている．上述のアシュウスギの，上に伸びた枝の何本かが切り落とされていたり，伐採した木を，川へと落とすために牛などで曳いた木馬道（きんまみち）の跡が見られたりする．

　これに対して，日本海側に流れる由良川流域では，下流に大きな木材消費地が少なかったことがあって，比較的伐採は少なかった．木地師やマタギの

筆者撮影．伏状台杉とも呼ばれる．
写真2 複雑に枝を張り出しながら樹齢を重ねた芦生杉の巨木

　人々がこの森に入った跡はそこかしこに見られ，源流域では，伐採して太平洋側に峰越しに搬出した跡も残るものの，この由良川の中流には，今もブナやミズナラ，トチの巨木が多く存在している．森は古くから人々によってよく守られ，木地師による持続可能な採取生活が営まれていたようだ．

　近代になってからは，1921年に当時の京都帝国大学が，この森を演習林として99年契約で租借したため，現在にいたるまで，大規模伐採の手が入らなかった．そのため，長い間，自然の更新に任された結果として，原生状態に近い植生の森が，一部に残されたのである．「原生林」と呼ばれる由縁だが，正確には自然遷移による極相状態である．原生状態に戻った森林という意味だ．他の日本の「原生林」にも共通することだが，このような人と森の歴史的関わりを考えながら芦生の森を歩いてみると，そのさまざまな痕跡も見ることができる．古の文化の残り香と遭遇することもまた，森を歩く大きな魅力だ．

1.2 森の中のドラマ

　由良川源流域に広がるブナ林や，川の近くに自生するトチノキのことに少し注目してみよう．ブナは漢字では橅と書く．木で無いと書くのである．なぜか．落葉広葉樹であるブナは，針葉樹と比較して，伐採すると非常に早く劣化してしまうため，材木としての価値が低いのである．だから伐採されなかったのかというと，全く反対で，戦後の林野庁の植林政策では，「ブナ退治」という言葉が生まれたほどの伐採が全国で行われ，代わりにスギの植林が行われたのであった．そのため日本では大きなブナ林が，随分，減ってしまった．

　材木としての価値は少ないブナだが，森林の美しさは群を抜いている．それはブナの木が，まっすぐ高く伸びて，枝が左右に張り出していく性質を持っているため，その下に大きな空間が生じるからである．また落葉広葉樹であるブナの葉は，薄くて光をよく通す．てかてかした厚みに覆われている常緑樹の葉との大きな違いだが，そのためにブナ林の中には，明るく美しい緑の空間が出現するのである（写真3，口絵1）．

　今度は，この森を代表するトチノキの巨木の傍らに立って周囲に目を凝らしてみよう．すると所々に，この木から落ちた実が転がっていることに気がつく．トチノキの実の種皮はとても硬い．それはこの木が実をつけるまでに何十年という月日がかかることと関連している．高く伸び上がった枝から勢いよく地上に落ちて皮が破れ，はじめて種子が地面に転がるのだ．しかもそれを生で食べると胃がよじれるほど痺れるという．栄養豊富な果実が動物たちに食べられてしまわないために，サポニンという物質が含まれているのである．トチノキがさまざまな「知恵」を凝らしているのだ．

　このような「知恵」は，樹木ばかりではなく，谷に豊富なヤマアジサイなどにも見られる．虫媒花であるこの花は，受粉のために，マルハナバチやカミキリの飛来が必要だ．そのために花の色は，紫外線をよく感知するこれらの昆虫に見えやすい青色になっている．そしてそれが見る者の心を和ませる．ところが受粉が終わった花は，まだ受粉を待つ花の邪魔にならないようにと，次々と裏返って，紫外線を吸収する白緑色に変わる．そこには受粉に忙しい

筆者撮影.

写真3　緑の光に彩られた若いブナ林

ヤマアジサイの姿がある．

　鬱蒼とした森の中には，そんな動植物たちの共生とかけひきのドラマがたくさん隠されている．その一つ一つを知るとき，不思議な自然の摂理は見る者の心を奪っていく．

1.3　クマハギに彩られた針葉樹の林

　動物ではシカはむろんのこと，ツキノワグマやニホンカモシカが古くから住んでいる．鳥も豊富であり，昆虫も多様で，生物種の宝庫とも言われているのだが，芦生の森に特徴的なことの一つが，クマハギという行動が多く見られることである．

　クマがスギやヒノキの表面を，硬いつめで剝いでしまうのがクマハギだ．傷をつけられた樹木は，そこを防ぐように周りがせり出してきて自分を守るが，クマに剝がされた部分の中心は剝き出しのままに残ってしまう．さらに

筆者撮影.
写真 4　クマハギの末にできた大きな穴（かつてここでクマが捕獲された）

そこに雑菌が入るとやがて内部が腐りはじめ，樹が成長するにしたがって，徐々に洞（うろ）が作られていく（写真4）．そこはミツバチに絶好の巣の場所を提供するが，さらに樹が大木になるにしたがい，クマ自身が入れるほどの空洞が形成されていく．事実，クマはこの穴を越冬に利用することが多い．

　クマハギをされた樹は，材木としての価値をなさなくなるため，植林地では，対策として樹にビニールテープが巻かれていることが多い．ビニールがつめにひっかかるのを嫌がるクマが，その樹に近づかないと言われているか

らだ．

　クマハギはなぜなされるのだろうか．実はいくつか説があり，定まった答えがない．ツキノワグマの生態そのものが，多くの謎に包まれているからでもある．動物行動学者の中には，クマが甘皮を求めてするのだという人々がいるが，その場合も栄養を求めてという説と，生殖への刺激を受ける物質が樹液に含まれているからだという説がある．

　だが芦生の森や，丹波山塊では，クマハギが頻繁に行われてきたが，それは必ずしも全国の生息地で一様に行われていることではない．むしろクマハギが行われない地域の方が多いのである．

　これに対して昆虫学者の中には，クマハギの跡が，やがてクマの好物のハチの巣になり，さらには洞が大きくなると，今度は越冬用の場になっていくことに注目し，クマはそれを初めから狙っているのではないかと考える人々がいる．ところがクマハギをしてから洞ができて，やがて越冬用に拡大したころには，当のクマはもう存在していない．クマは次世代のためにクマハギをしていることになる．つまり芦生の森や丹波山塊のクマには，世代間倫理があるとこれらの人々は推論するのである．その真偽は分からない．だがクマハギによって生じた洞が，クマの世代を超えた生活サイクルを大きく支えてきたのは確かな事実である．

　このように，芦生の森の魅力は，語っても，語っても尽きることはない．ぜひ一度は訪れて欲しいと思うが，この美しく，たくさんの生物に溢れ，人々が織り成してきた穏やかな暮らしの跡が残る森が，近年急速な変化を見せはじめている．森を守る人々からは，美しいブナ林の更新の危機がささやかれ，ツキノワグマがめっきり見られなくなったという声も聞こえる．いずれも温暖化の影響である．次にこの深刻な事態を検証していきたい．

2. 森にしのびよる温暖化

2.1　温度変化の影響を受けやすい芦生の森

　温暖化の具体的な兆候を見ていく前に，芦生の位置の，気温から見る特殊性についておさえておきたい．日本列島はその主要な部分が温帯に属するが，

もう少し細かく分類すると、水平分布では次のようになる。図1-1から見ていこう。
　まず沖縄本島以南の亜熱帯。年平均気温が21℃以上で、植生帯で見るとヤシやタコノキなどが生息している。続いて九州南部や、四国南部、紀伊半島南部に広がる暖温帯（あるいは南部暖温帯）。平均気温は17℃から21℃ぐらいで、ソテツやアコウが中心だ。さらに関東平野から、中部山岳地帯を除いて、四国、中国、九州にいたる中間温帯（あるいは北部暖温帯）。平均気温が13℃から17℃ぐらいになり、シイやカシなどの常緑広葉樹が多い。その北から北海道の西半分ぐらいまでが冷温帯で、平均気温は6℃から13℃。ブナやミズナラなどの落葉広葉樹が主流になる。そして北海道の東半分を占めるのが亜寒帯。平均気温は6℃以下になり、エゾマツ、シラビソなどの針葉樹林が茂る。
　この西から東、南から北へと移り変わっていく温度変化に、もう一つ加わるのが垂直分布である。一般に気温は100m上昇するごとに0.6℃下がっていく。1000m上がれば平地より6℃下がるのである。この点から、芦生を見ると、この森は標高がおよそ300mから960mの間にあるため、平地より気温がおよそ1.8℃から5.8℃低いことになる。そのため芦生の森は、中間温帯と冷温帯が重なりあう地域となっているのである。常緑広葉樹から、落葉広葉樹が、高度を変えて徐々に連なって出現するのもそのためであり、そこにそれぞれ特有の植生や、昆虫種などが生息している。また気候的にも冬の雪の多い、日本海側の要素が入っているため、森の植生はさらに多様になっており、そこに生物種が豊富な根拠がある。
　ところが地球の平均気温は、前世紀で1℃上ったと言われている。このことで温度帯の分布は、北に押し上げられている。仮に平均気温が3℃から4℃上昇すると、関東平野から西の中間温帯は暖温帯になり、九州南部は亜熱帯に変わるだろう。温暖化はこのように日本列島のあり方を変えていくと予想されるのである。
　さてこれに再度、垂直分布の観点を持ちこんでみよう。1℃を標高に直すと166mである。つまり平均気温が1℃上ったことは、それまでより166m下がった地点に移動したことと同じである。仮に4℃上がれば、664mも下

63

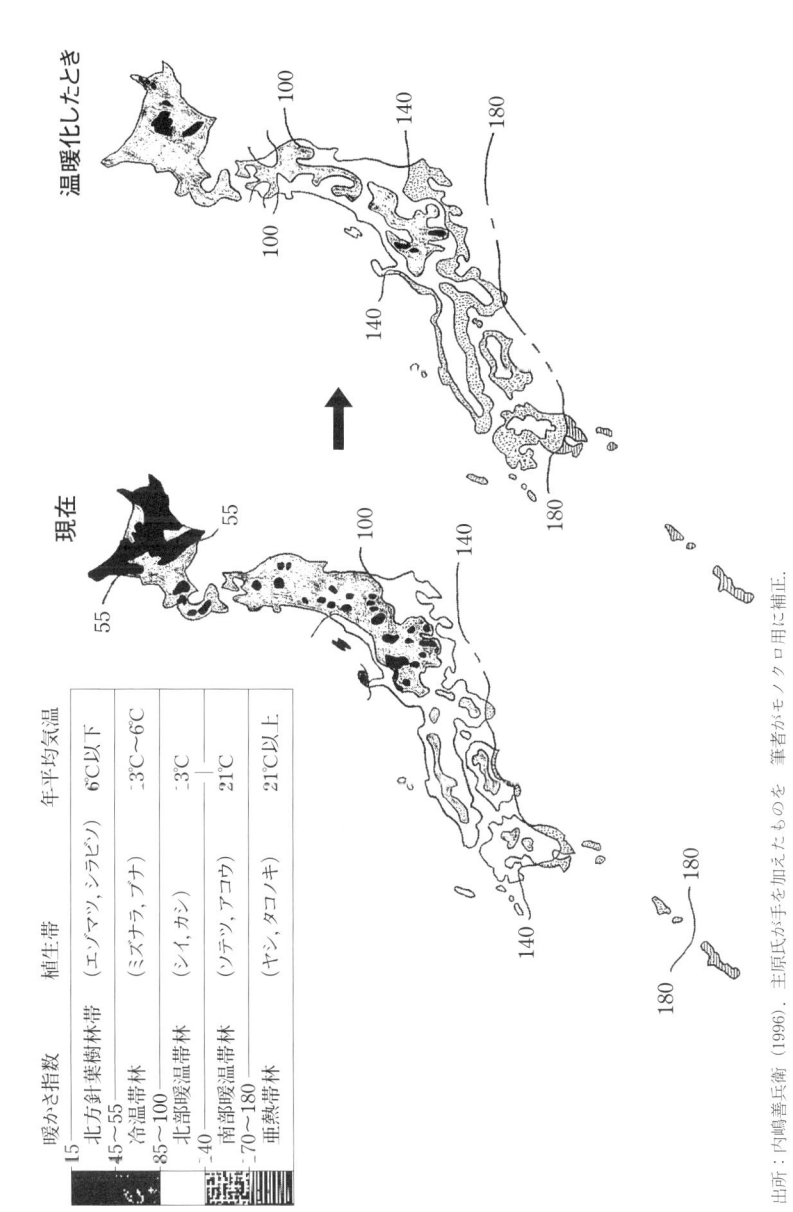

暖かさ指数	植生帯	年平均気温
15	北方針葉樹林帯（エゾマツ、シラビソ）	6℃以下
45〜55	冷温帯林（ミズナラ、ブナ）	-3℃〜6℃
85〜100	北部暖温帯林（シイ、カシ）	-3℃
-40	南部暖温帯林（ソテツ、アコウ）	21℃
-70〜180	亜熱帯林（ヤシ、タコノキ）	21℃以上

図1-1　平均気温が変わった場合の森林植生条件の変化

出所：内嶋善兵衛（1996）．主原氏が手を加えたものを，筆者がモノクロ用に補正．

がることになる．

　ところが，長い年月をかけて世代交代していく樹木は，この温度変化に対応することができない．多くの樹木は，果実を食べた鳥や獣が，先々で糞をすることによって種子が運ばれることでしか移動できないからだが（動物を利用しないトチの場合は種子が斜面を転がったり，川に流れるなどして移動），樹木が対応できないことが，それと共生しているさまざまな動植物のあり方に，大きな変化をもたらす．生命の連鎖が大きく崩れてしまうのである．このために山間部では，平地よりも温暖化の影響が具体的に見えやすい．とくに中間温帯と冷温帯の重なる芦生には，影響が顕著に見られるのである．

2.2　垂直分布における植生のあり方

　芦生の森を含む京都府内全体の，ブナ属，ナラ類，カシ類，シイ属の垂直分布を見てみよう（図 1-2）．

　中間温帯と冷温帯の境になる年平均気温 13℃の線は，標高にして約 350m．芦生の森の下部にあたる．ところがすでに温度は平均で 1℃上ってしまったため，現在のこの線は標高にして約 520m 辺り，すでにブナやミズナラの分布の下限の位置を越えてしまっている．標高の低いところに位置するブナは，本来自生に適した地域ではない，中間温帯に存在することになってしまっている．

　地球温暖化では，この先 30 年で 1℃ずつの平均気温の上昇が予想されている．するとどうなるのか．丹波山塊では 2030 年に冷温帯は標高約 700m 以上になり，2060 年には約 850m 以上．そして 2090 年にはどの山よりも高い地点に，冷温帯の始まりのラインが上がってしまう．この山域から冷温帯はなくなってしまうのである．

　当然にもブナやミズナラ，トチノキなどの落葉広葉樹は存在することができなくなる．森に特有の美しさを提供しているブナ林も，この地域から完全に消滅してしまう．

　それでは暖温帯になるこの地域には，カシやシイなどの暖温帯林が発生するのだろうか．非常に長い周期で言えばそうなるかもしれないが，樹木は数十年という単位で，高いところに移動することなどできない．

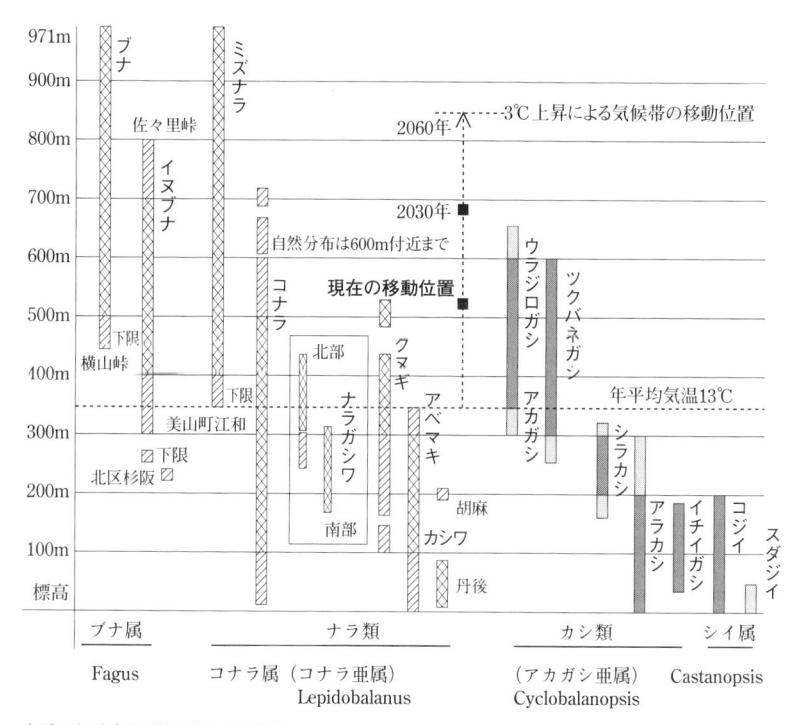

図 1-2 京都府内に自然分布するブナ科樹種の垂直分布

出所：主原氏が現地調査により作成．

それに樹木には，それぞれに生息可能な温度帯がある．それが垂直分布の下限と上限を決めている．例えば図の中にあるシラカシは，現在，概ね標高200mから300mの地域に分布している．平均温度幅では1℃にもならない差異の中である．シラカシ自身もまた，すでにこれまで生息したことのない，高温にさらされることになっている．中間温帯林のシラカシも，生存の危機に立っているのである．

2.3　ブナの正常種子の減少

これまで温暖化による平均気温の上昇を取り上げてきたが，すでに観測されているように，温暖化は，異常な高温や，異常な冷え込みなど，大きな振

幅を伴いながら進行している．つまり平均気温1℃上昇と言っても，ある月にはもっと高くなったり，反対に低くなったりもしている．それも年によって大きな違いが記録されている．動植物は，この生育環境の激しい変化に繰り返しさらされている．

そのため，芦生の森のブナを例にとると，すでにここ数年，正常種子率が激減してしまっている．ブナは数年に1回，一斉開花するのだが，ブナの下に行って種子を拾って中を開けてみると，成長が途中で止まってしまうシイナ現象にさらされているものに多く出会うのである．正常種子を見つけるのが珍しいほどである．

主原氏が，1990年から2005年まで，実際に森に入ってブナの種子を拾い集め，中を割って正常種子率を調べたデータによると，1990年30％，1993年25％，1995年28％，1997年0％，1999年0％，2001年6％，2003年8％と推移してきたという．ただし2005年は突然，どんな小さなブナまでが種子をつけ，正常種子率が80％に跳ね上がった．

このうち1997年と1999年は，ブナヒメシンクイの病虫害にさらされたためでもあるが，これではとても世代交代などできない状態にブナはいたっている．2005年に突然，正常種子率が極端に上昇したことの原因は解明されていないが，あるいは絶滅の危機への激しい抵抗なのかもしれない．

シイナ現象は，温暖化による生理障害によってもたらされていると考えられる．種子の中には6つの胚があり，通常はその一つが成長して正常種子にいたっていくのだが，温暖化にさらされた種子は，全部の胚がいっぺんに成長しはじめ，途中で成長しきれずに止まってしまう．このためブナのドングリを割って見ると，実に貧弱で糸のような，成長しかけの胚ばかりが見えるのである．

ブナの正常種子の激減は，他の生物にも大きな影響をもたらしている．とくに大きな打撃を受けているのが，ツキノワグマだ．クマは秋になると大量のドングリを食べ，脂肪を蓄えて，冬ごもりに備える．ブナの豊富な芦生では，その実もエサとして，たくさんのクマが生息してきたのだが，ブナの正常種子の激減は，クマたちの冬の備えに重大な支障をきたしているのである．

このように森では一つの生物の変化が，他の生物に大きな影響を与えてい

く．事実，温暖化は，森の見事な調和システムを，激しく破壊する結果を，すでにもたらしはじめている．次に，すでに始まっている森の崩壊を見ていこう．

3. 芦生の森が壊れていく

3.1 ミズナラの集団枯損

　芦生の森では，近年，激しい勢いでミズナラの樹が集団で死滅し，倒木する現象（ナラ枯れ）が相次いでいる．原因を作っているのはカシノナガキクイムシ（カシナガ）という昆虫である．

　カシナガはもともと南方に生息していて，九州から沖縄，台湾，ニューギニアなどにも分布している．自分たちの食物になるナラ菌を培養し，メスのマイカンギアと呼ばれる器官に乗せて運び，樹木に穴をあけて植え付け，住処を作り出すのである．主に利用してきたのはカシ類やシイ類などの暖温帯や中間温帯の樹木である（写真5）．

　このカシナガが温暖化の影響で北上を開始し，日本各地で観測されるようになってきた．1990年代に入って丹波山地にも侵入してきたが，劇的なことが起こった．カシナガはカシやシイとは長い共生関係を保ってきたので，宿り木を枯死させてしまうことはなかった．ところが宿る相手を変える事態が生じた．先ほど参照した図1-2の中からミズナラとコジイの関係を見てみると，その下限と上限の差は約150mある．そのためかつてカシナガは，ミズナラと触れることがなかったのだが，温度上昇が加わってカシナガの行動範囲も上がりだし，ミズナラと接触してしまうことになったのである．

　ミズナラとカシナガは，これまで一度も共生関係になったことがない．そのためカシやシイは枯らさずに上手に利用するカシナガは，ミズナラの場合は枯死させてしまうのである．ミズナラにとっても初めての経験で対応できず，カシナガの培養するナラ菌によって，通水作用を阻害されて，やがて立ち枯れて倒木にいたるのである．するとカシナガたちは，次の住処を求めて近くのミズナラに移ってしまう．そこでも同じことが繰り返され，ナラ枯れと呼ばれる被害が，東に，東にと凄いスピードで進行しだしたのである．芦

68

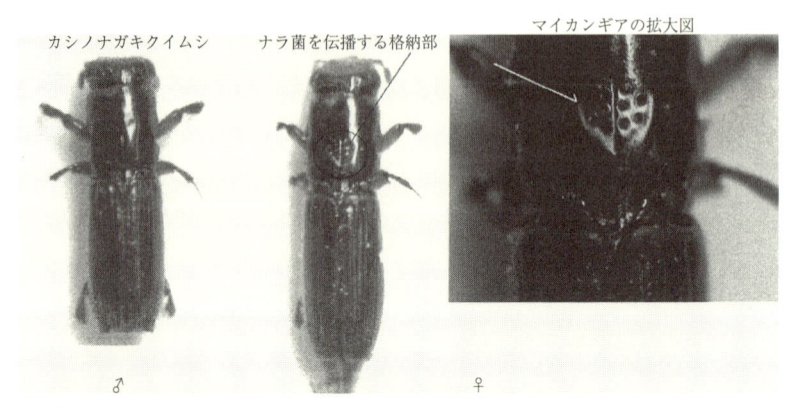

カシノナガキクイムシ　　ナラ菌を伝播する格納部　　マイカンギアの拡大図

♂　　　　　　　　　　♀

主原氏撮影.
写真5　カシノナガキクイムシ（カシナガ）のオスとメス

筆者撮影．爪楊枝をさしこんでカシナガのコロニーを封印する．爪楊枝の先にカシナガがいる．
写真6　カシナガ駆除の試み

生では2000年代に入って被害が拡大し始めたのだが，わずか数年のうちにミズナラ絶滅の危機に立っている．

　ミズナラは，クマにもっとも大量のドングリを供給してきた樹木だ．クマはブナの実があてにできないばかりか，ミズナラの集団枯損によって，大好物のミズナラのドングリを失い，ますます窮地に立っている（写真6）．

3.2　雪害の進行

　ミズナラをはじめ，落葉広葉樹には，また違った災難も襲ってきている．雪害である．

　この間の平均気温の上昇は，春や夏よりも秋に集中して現れている．図1－3の『京都大学農学部演習林気象報告』から主原氏が作成したグラフによれば，標高330メートルに位置する芦生の須後での1950年代と，1990年代の最高気温の推移を見ると，1月が8.7℃対11.0℃と温暖化の影響が顕著だが，2月は12.3℃対11.3℃と逆転し，4月ぐらいまでは1950年代の方が高い．意外な感じも受けるが，8月をとってみても33.5℃対33.1℃であり，平均最高気温だけで見れば，春夏はそれほど温暖化の影響は，現れていないのである．

　激しく違ってくるのは秋である．9月に29.5℃対30.2℃と逆転した平均最高気温は，10月には23.6℃対26.0℃と大きな差異を作り出す．そして11月に再び両者が交錯し，12月に15.0℃対13.6℃となりながら，前述のごとく前者が1月に8.6℃にまで下がっていくことに対して，後者は11.0℃でとどまるのである．

　つまり秋の温度が高く，その終わり頃には急激に温度が下がりながら，冬に冷え切らないというカーブが，芦生で計測された温度変化の現れ方である．

　このことが落葉広葉樹に深刻な影響を与えている．落葉の遅れである．このところ全国的に紅葉の遅れが顕著になってきているが，問題なのはその先で，従来よりも遅く紅葉を始め，まだ落葉が終わっていないのに晩秋の冷え込みで降雪を迎えるため，葉の上にたくさんの雪が積もり，枝が重さに耐えられず折れてしまうことが多発しているのである．これが雪害である．もともと落葉樹が葉を落とすのは，冬の降雪期を生き抜くためでもあるのに，こ

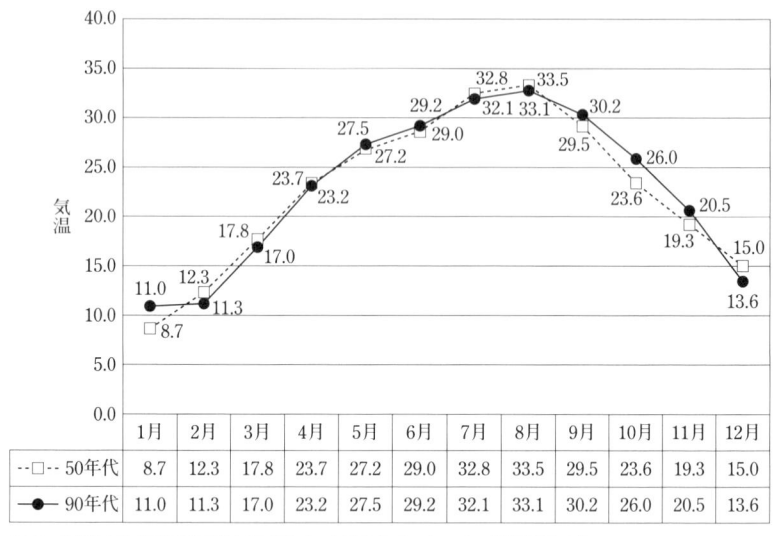

	1月	2月	3月	4月	5月	6月	7月	8月	9月	10月	11月	12月
‑‑□‑‑ 50年代	8.7	12.3	17.8	23.7	27.2	29.0	32.8	33.5	29.5	23.6	19.3	15.0
‑●‑ 90年代	11.0	11.3	17.0	23.2	27.5	29.2	32.1	33.1	30.2	26.0	20.5	13.6

出所:「京都大学農学部演習林気象報告」．主原氏作成のものを，筆者が簡略化．

図1-3 芦生須後における極最高気温の年度間推移

の自然の摂理に障害が出ているのだ．

3.3 シカによる食害の拡大とクマの異常行動

冬に気温が下がりきらなくなっていることは，シカにも大きな影響を与えている．越冬できる個体数が増え，異常繁殖をもたらしているのである．

シカは一日一度は，水を飲みに沢場に降りてくる習性を持っている．例年，厚い雪に閉ざされる芦生の森では，エサの不足に加え，沢場で足を滑らして死ぬシカがたくさんいた．それが自然な，頭数調整となっていたのである．ところが雪が少なく，越冬が容易になったシカは，春の雪解けとともに，山にあるあらゆるものを食べ尽くし始めるのである．

芦生の森は，広葉樹の葉に覆われて，下まで光が入りやすいため，ササなどの植物が豊富に林床に生えているのだが，そこが下草の少ない，ガランとした森に変わりつつある．シカは，ようやく発芽したブナやミズナラの苗木も根こそぎ食べてしまう．それでも頭数が多くてエサが足りず，樹木の皮が食べられている跡も多く見られるようになった．

シカの異常繁殖は，あらゆる植物に甚大な影響をもたらしている．シカが通ったあとには，トリカブトなど毒性が強い植物ばかりが残されているが，最近は，その中の毒性の少ないものまで，シカに食べられ始めている．それによって森の構成種も大きく変化している．

クマをはじめとする他の動物たちも，多大な影響を受けてしまう．ブナの実が凶作で，ミズナラは次々と枯死して木の実が激減しているのに，残ったエサを，異常繁殖しているシカが，根こそぎ食べてしまう．

エサが全く得られなくなったクマは，やむを得ず，人間の住んでいる里に降りて行って，食物を漁るようになった．近年，北陸や福井県などで，獣害が多く発生しているのは，里山が荒廃したためという説もある．しかしエサの激減が影響していることも間違いないだろう．もともとクマは頭がよくて用心深く，人間を極度に恐れて，遠くから姿を見ただけでも逃げていく習性を持っているのだが，恐怖を冒してまで里に降りて行くのは，もはやそれ以外に生き残る道がないからだと思われる．

このように人里で騒ぎが繰り返されていることに比して，すでに芦生の森では，クマの目撃例や，糞や足跡を見かけることは，めっきり減っているという．相変わらず多くのスギにはビニールテープが巻かれ，林道には「クマ注意」の看板もたくさん立っているが，芦生にはもはやクマの生活を支えるエサがほとんど残っていないのである．丹波山塊のツキノワグマは今，生息地を奪われつつある．

4. 芦生は全国の明日を予兆している

4.1 花の咲く時期が変わる

中間温帯と冷温帯の接する位置にあり，温暖化の影響を受けやすい芦生の森の，厳しい現実の一部を見てきたが，ここで起こっていることは全国で始まりつつあることの予兆でもある．続いて芦生で観測されたことに踏まえながら，大きく広がりつつある温暖化の影響を考えていきたいが，その筆頭に挙げられるのは，近年，さまざまな樹木の花の咲き方に，異常が見られることである．

世界的にも暖冬の傾向が著しい2007年1月には，アメリカのニューヨークで，日中の気温が20℃にもなり，桜が開花してしまったことが報道された．1月のこの高温は明らかに異常気象であり，この時期に桜が咲くことは，人々に大きな不安を抱かせたと伝えられた．明らかな温暖化の影響と思われるが，一方で懸念されるのは，これまで花が咲いていた地域が暖かくなることにより，やがて花が咲かなくなること，種が存続できなくなることである．
　例としてやはり著しい暖冬の後に春を迎えた2002年4月18日と4月19日に，京都市内と，芦生中部で採取した花の比較を挙げたい．両地点は温度差にして4℃前後の違いがあり，通年は7日から10日，芦生の方が，花が遅く咲いていた．だが主原氏の調査によれば，この年は18日に京都市内で採取したヤマツツジがつぼみだったことに対して，19日に採取した芦生のものは開花していた．順番が反対になっていたのである．
　これと同じ現象を全国規模で確認しやすいのは，桜（ソメイヨシノ）の前線の推移である．旧来であれば九州南部から開花が始まり，日本列島を東に，北にと進んでいった前線は，ここ数年大きく崩れてしまっている．
　例えばこの2002年，東京都では3月18日に早くも桜の開花が見られた．京都ではそれに遅れて3月21日，鹿児島では，さらに遅れること6日，3月27日が開花日であった．桜前線は，この年，関東から西と北に向かって行ったのである．このことから見られるのは，温暖化によって，中間温帯から徐々に暖温帯に変わりつつある地域で，旧来の花の開花が遅れ出していることである．
　これはこれらの種の生理現象と関係している．桜に代表される落葉広葉樹は，秋になるとアブシジンというホルモン物質が代謝され，成長活動を抑制していく．そのため葉が落ちて，休眠活動に入っていくのだが，そのアブシジンが冬の低温にさらされるなかで，次第に分解されていき，やがて活動が再開されて，春の芽吹きを迎えるのである．
　ところが温暖化によって冬の温度が高くなってしまったため，より南方の落葉樹が，十分な低温にさらされないで冬を越してしまう．つまり春化作用があまり受けられず，開花時期の遅れというフェノロジー（季節変化）の異常が起こるのである．それが結果として，より北部の樹木の方が先に開花す

出所：気象庁 (2007).

図1-4 2007年の桜の開花予想の等期日線図

る事態を生み出している．変化しているのは南方の植物なのだ．

　暖冬の著しい2007年の春もこの影響が大きく出た．2007年3月14日に，気象庁によって発表された開花予想（第2回）によれば，桜前線は関東から東海を中心に，東西，南北へと移っていくと予想されていた（図1-4）．

　同時に発表された地点ごとの予想で，平年との差と開花日を見ると，水戸が−10日（3月25日）ともっとも差が大きく，発表されているほとんどの地点でマイナスが予想された．これに対して平年より数日以上遅れるとされた地点は，八丈島の＋6日（4月8日），宮崎の＋5日（3月30日），鹿児島の＋6日（4月1日），種子島の＋3日（3月30日）だった．九州南部と八丈島で開花の遅れが予想されたのである（なお実際の開花も水戸3月24日，八丈島4月13日，宮崎3月26日，鹿児島3月30日，種子島4月1日と予想に近かった）．

　このような事態が続けば，やがて南方の春化作用を必要とする植物は，開花そのものができなくなり，種が存続されなくなってしまう恐れがある．そ

のため桜（ソメイヨシノ）がこの先，関西以西で失われていく可能性が懸念される．桜だけでなく，小麦などの食用作物も，同じく春化作用を必要としている．桜前線の異常は，冬の寒さを必要とする，あらゆる植物の生態異常を象徴している．

4.2 崩れる共生関係

このようにあらゆる種の開花が，従来と大きくずれだしたことは，たくさんの生物，とくに昆虫と鳥類に大きな影響を与えている．

日本には，例年4月頃からたくさんの渡り鳥が，南方から訪れて来る．なぜ暖かい南からやって来るのだろうか．四季のある日本では，この時期に爆発的に昆虫が発生するからである．ではなぜ昆虫はこの時期に一斉に発生するのだろうか．エサになる花や新緑がやはり一斉に芽吹いてくるからである．

この関係には絶妙なバランスがある．鳥から見ると，この時期に，一斉に行うのは子育てである．ヒナを成長させるためには，たくさんのタンパクを急速に与えることが必要だが，それを虫の幼虫が支えてくれる．しかも都合のいいことに，ヒナの成長に伴って，幼虫も大きくなっていく．やがて幼虫が蛹となるころに，鳥たちは子育てを終え，ヒナたちが巣立つのである．

このバランスが崩れるとどうなるか．かりに開花が早くなり，先に昆虫が発生してしまった場合，ヒナははじめから大きくなった幼虫を食べなければならない．しかもヒナが十分に大きくなる前に，幼虫が蛹になってしまうと，見つけることが困難で，しかも固くて食べられないエサしかなくなってしまう．

そのため2002年の春，芦生の森では，鳥たちの子育てが困難となった．失敗も多かったため，夏になってもう一度，生殖行動を呼びかける鳴き声が，多く聞こえたというが，2007年はどのようになるのだろうか．

昆虫も同じような微妙なバランスの中にいる．かりに新緑の時期からずれて昆虫が発生すると，食物である葉が，すでに幼虫には固くてかじれない．また花粉の運搬を昆虫に委ねている虫媒花にとっても，昆虫の羽化のずれは，受粉の可能性を奪われることにつながる．花と昆虫の対応関係は思ったよりも狭く，このずれは受粉に大きく響くのである．

このような樹木や草花と，昆虫，鳥たちの生物連鎖は，全体像がつかみにくく，また大規模調査も行われていないため，その変化の実相をデータ的に示すことは難しいが，芦生の森で見られることが，すでに全国的な規模で起こっていることは，十分に想像できることである．温暖化は，生態系の見事な連鎖に多大な打撃を与えつつあるが，その実態がよりはっきりと現れてくるときには，カシナガによるミズナラの，劇的な枯損にも見られるように，激しい自然の崩壊となって現れてくるのではないだろうか．

4.3　森からの声に耳を傾けて

温暖化は地球的規模で起こっていることであるため，この問題を捉えるときに真っ先に目に付くのは，北方の氷山の崩壊や，その結果としてのツバルなどの南洋の島々の水没の危機である．その一つ，一つがとても重大なことであり，そこから温暖化のことを考察することは大切である．だがそれだけではまだ温暖化の影響は，日本から遠く離れたところで起こっているかのような印象でしか迫ってこない面もある．

しかし，これまで述べてきたように，一度，身近な里山に入り，奥山にまで入って自然を観察すれば，この日本でもすでに温暖化のさまざまな影響が現れていることを知ることになる．それだけではなく，温暖化の影響は，ミズナラが大量に枯れていく現象や，クマが頻繁に里に下りてきてしまう現象，桜前線が東京から西と北に広がっていく現象などの形で，さまざまに，目につき始めている．

それらが温暖化という大きな連なりの中に，相互関連している事態であることを知るためには，森の植生や生物の状態と不断に向き合うことが大切である．人間は平均気温1℃ぐらいの上下には，あまりピントこないところがある．暑ければエアコンをつけ，寒ければストーブを焚いて凌げてしまうからである．しかし自然界はそうではない．さまざまな避けがたい影響が出ている．植物は逃げることができずに生理障害を起こし，その植物をエサにしている昆虫や動物も，やはり逃げる先がなく，共倒れしてしまう．あるいはカシナガのように，これまで共生関係にないところに侵入した昆虫が，他の植物を大きく害してしまう場合もある．そこから新たな共生関係が生まれる

筆者撮影.

写真7　美しい由良川源流の風景

ためには，また長い時が必要になるのである．

　生態系は，一度バランスが崩れれば，一挙に崩壊の危機に立つ．人間に憩いを与えてくれる森が縮小し，春に花見の楽しみをくれる桜が咲かなくなり，その他，たくさんの影響がいつしか人間にも必ず降りかかってくる．自然界からしか得られない食料の危機も懸念される．

　芦生の森を歩いていて知るのは，そんな森の掟を知り，森と大事に向かい合い，謙虚な生活を行ってきた人々の生活が，かつてそこにあったことである．例えば狩人の漢字は，獣を守る人と書く．マタギの人々は，奥山の動物たちの生態を経験的に知り尽くし，決して種としての動物たちが滅ぶことはしなかった．樹木の伐採を含む採取活動にも，さまざまな掟が設けられ，生態系のバランスが畏敬の念を持って尊重されてきた．山林はまさに社会的共通資本として，地域の人々に大切に保全され，今日に受け継がれてきたのである（写真7）．

　その大切なものが，近代の生産活動による温暖化によって，激しく壊され

ようとしている.芦生の森の痛々しい姿は,そのことを人間に訴えかけている.森の中から聞こえる声に耳を傾けて,温暖化を止めるための努力を重ねていきたいと思う.

参考文献
芦生の森を守り生かす会(1996),『関西の秘境——芦生の森から』かもがわ出版.
気象庁(2007),「2007年さくらの開花状況」5月16日発表.
気象庁(2007),「さくらの開花予想(第2回)」(北陸・関東甲信越・東海・近畿・関西・中国・九州)3月14日発表.
西口親雄(1996),『ブナの森を楽しむ』岩波新書.
内嶋善兵衛(1996),『地球温暖化とその影響——生態系・農業・人間社会』裳華房.
宇沢弘文(1995),『地球温暖化を考える』岩波新書.
山本卓蔵(2002),『芦生の森——山本卓蔵写真集』東方出版.

第2章　アジアの森から考える温暖化対策

関　良基

1. はじめに

　本章は，地球温暖化対策のために森林部門で何をすることが可能なのか，また何をしなければならないのか，筆者がこれまで調査をしてきたアジア諸国を事例に論じていく．

　IPCC（気候変動に関する政府間パネル）の推計によれば，1850年から1998年のあいだに2700億炭素トンの炭酸ガスが地球に放出され，その約半分の1360億トンは森林の土地利用転換によって放出されたものである（IPCC, 2000）．化石燃料消費と並び，森林減少は産業革命以来の地球温暖化の二大要因の一つであった．

　農業革命以来の人類の歴史の中で，森林面積は一貫して減少の一途をたどり，森林がストックしてきた炭素が大気中に放出されてきた．森林を炭素の排出源から吸収源に転換するためには，これ以上の森林消失を抑え，新規造林を進め，世界の森林面積を減少から増加へと反転させなければならない．それに加えて化石燃料の使用を削減するための一手段として，木材資源をカーボンニュートラルな再生可能エネルギー源として活用することが求められている．温暖化対策として森林部門が何をなすべきか，一般論としては以下の5点の対策が必要となろう．

　①天然林の土地利用転換（農地・放牧地などへの転用）を抑制する．
　②天然林からの木材伐採量を，年間生長量に見合う持続可能な水準に抑制する．
　③裸地・荒廃地において，新規造林・再造林を推進する．

④天然材供給の減少分は，造林地からの人工材供給で代替する．
⑤化石燃料を代替するため，木材のエネルギー利用を推進する．

　しかし，これらを現実に達成することは容易ではない．現実には，WTO（世界貿易機関）体制下の自由貿易システム，国の法律や土地制度，政府の財政状況，林産物の市場状況，森林に依存して暮らす地域住民の文化的・経済的諸条件など，さまざまな制約条件の存在によって一筋縄ではいかない．
　外部不経済効果が考慮されない純然たる市場原理に任せておけば，上記の5点は決して実現されないだろう．市場原理に従って企業が利潤の最大化を求め続ける限り，企業は人工造林よりも天然林伐採への投資を選択するだろうし，伐採が終わった後の森林の更新と維持管理よりも森林の農地転用への投資を選択するであろう．故に，地球温暖化対策の観点からそれらを回避するためには，国際機関や各国政府など公的部門の政策的努力が必要となる．
　目下，「ポスト京都」の枠組み構築作業の中で論じられているのは，天然林の土地利用転換を食い止めるという保全行為に対して排出権クレジットを認めるという新しい制度の構築である．これは，森林保全による炭酸ガス削減効果を排出権取引の対象とし，市場メカニズムに組み込もうという発想である．森林保全に排出権クレジットが認められれば，各国政府は保全か農地開発のどちらが得かを費用対効果で判断して選択することになる．どちらが選択されるのかは，その時点での当該農産物と排出権の相対価格如何ということになる．
　この制度が実現すれば，森林開発の外部不経済効果が考慮されないまま，市場原理に任せて土地利用転換が行われている多くの国々の状況は，若干は改善されるだろう．しかし，どれほど効果があるのかは，排出権クレジットの価格に依存するため，現段階では未知数である．
　世界を俯瞰すると，今世紀に入って中国，ベトナム，キューバの3カ国が，年率2%を超える速度で森林面積を増大させ，世界最速である（FAO, 2006）．これら3カ国がいずれも社会主義国であるという事実には興味深いものがある．この3カ国に特徴的なのは，森林面積を増大させるという計画目標が，経済的価値からは独立した独自の重みを持つ価値として位置づけられ，強力

に推進されている点であろう．

　森林保全に排出権クレジットを認めるという制度は，森林の価値を経済価値に従属させて損得勘定を各国に迫ることである．基本的には市場メカニズムに依拠して問題の解決を促そうという試みである．上記の社会主義諸国がそれと違うのは，森林面積の増大を，それ自体として社会的に価値のあるものと意味づけて追求している点であり，森林の価値を経済価値に従属させてはいない点にある．

　しかしながら，表面的には良好なパフォーマンスを示している社会主義諸国における森林再生プロジェクトも，その内容を現場で調査していくと大きな問題があることが浮かび上がる．社会主義国では，国家主導のトップダウンで強力に造林を推進しているが，地元住民の視点が軽視されている場合が多いのである．国家官僚の意識と地元住民の意識のあいだに大きな乖離があり，造林政策は地元住民の生活を圧迫している現実がある．

　宇沢弘文は社会的共通資本を，資本主義と社会主義の双方の経済システムの失敗を乗り越えるため，つまり人間の尊厳と市民的権利を尊重し，文化的・経済的生活を守り，社会を安定させるための装置として提起している（Uzawa, 2005）．森林は社会的共通資本として管理すべき自然環境の一部であり，「決して国家の統制機構の一部として官僚的に管理されたり，また利潤追求の対象として市場的な条件によって左右されてはならない」（宇沢，2000：5）．社会的共通資本としての森林の管理は，社会主義的な官僚主導のトップダウン・システムでもいけないし，資本主義的な市場原理に任せきりの状態でもいけないのである．

　本章では，筆者がこれまで調査対象としてきたアジア諸国の造林事業に焦点を当てて，資本主義国と社会主義国のこれまでの取り組みのどこに問題があるのかを検証し，市場の失敗と官僚の失敗を乗り越えて，社会的共通資本としての森林を再生していくために，どのような政策の改善が必要なのか提起していく．

2. アジアの森林と CO_2

2.1 森林部門に期待されること

IPCC の第四次評価報告書によれば,1990 年代に年間平均で 16 億炭素トンの炭酸ガスが,森林の土地利用転換によって放出されていた.同時期,化石燃料の消費とセメント生産による排出は年間 64 億炭素トンであった.IPCC の推計によれば 1990 年代の人為的な炭素排出に占める森林消失の割合は 20% を占めていたことになる(IPCC, 2007).

逆に考えると,世界の森林蓄積量を定常状態に持っていくことができれば,年間炭酸ガス排出量を一挙に 20% も削減できることを意味する.さらに,新規造林によって森林蓄積量を増加させていけば,それによる炭素吸収効果もあわせ合計 30% 程度の炭酸ガス削減も可能となるだろう.地球温暖化対策として森林部門が果たすべき役割はこのように大きく,国際的な期待も高まっている.

2006 年 11 月にケニアのナイロビで開かれた第 2 回京都議定書締約国会議では,ポスト京都議定書の新しい枠組みとして森林からの炭酸ガスの排出をいかに抑制するのかが話し合われた.熱帯林を擁する発展途上国グループは,天然林破壊のこれ以上の進行を抑制するために,天然林の過剰伐採や農地転用を思いとどまるという保全行為に対しても排出権クレジットを認め,先進国との間の排出権取引の対象として森林保全のインセンティブを高めていくというスキームを提案した.

2007 年 9 月の APEC(アジア太平洋経済協力)首脳会合の特別声明の中では,温暖化対策として 2020 年までに APEC 域内の森林面積を 2000 万 ha 増大させるという数値目標が盛り込まれた.これが実現すればじつに人為的な炭酸ガス排出量の 11% 程度の削減が可能になると試算されている(APEC, 2007).注目すべきは,京都議定書において自国が排出削減義務を負うことを拒み続けてきた中国が主導国となって森林数値目標の設定に尽力した点である.APEC の森林目標は,温暖化対策の国際的枠組み構築に中国が主導的役割を果たした初めての事例であり,中国のスタンスが変わったことを示

す象徴的な出来事であった．

　中国はもっぱら洪水防止・砂漠化防止を主要な動機として大規模な植林活動を展開してきたが，植林を温暖化対策として位置づけることはなかった．植林と温暖化対策を結びつけて論じることにより，排出削減義務を背負う口実に使われる可能性を警戒したのであろう．2007年に入って中国政府が，「温暖化対策としての植林」を打ち出したことは，強まる国際的な圧力の中で，ポスト京都議定書の枠組みに積極的に参加すると覚悟を決めたことを意味している．

　APECの動きに触発されたように，2007年11月にシンガポールで開かれた第13回 ASEAN首脳会議では，「環境の持続可能性に関するASEAN宣言」が採択され，「2020年までに ASEAN 域内の森林面積を1000万 ha 増加させる」という努力目標が入った（ASEAN, 2007）．ASEAN 諸国は，インドネシア，フィリピン，カンボジアなど年率2%を超える世界最悪の速度で熱帯林の減少が続く国々が多く，森林消失はとどまる気配すらない．この現状からすれば，「2020年までに1000万 ha の森林増加」という目標は，とてつもなく困難な課題に思える．しかしながら，ASEAN 首脳がこのような決意表明をしたことは大きな歴史的意義を持つ．国際社会の積極的なバックアップがあれば決して不可能なことではない．

　天然林保全にしても，新規造林にしても，比較的割安な温暖化対策と評価されている．実際，イギリス政府が2006年に発表した温暖化対策の経済評価報告書『スターン・レビュー』によれば，熱帯林消失を食い止めることによる炭酸ガス排出削減のコストは1トン当たり1〜2ドルであり，化石燃料の消費抑制による排出削減コストのじつに30分の1程度と評価されている（Stern, 2006）．天然林保全および新規造林は，化石燃料消費の削減と同等の炭酸ガス排出削減効果を持つが，そのコストは格段に割安であり，途上国にも比較的取り組みやすいと考えられている．

　しかしながら，熱帯林破壊や植林活動の現場で調査活動を続けてきた筆者の目から判断すると，実際の森林保全活動は机上のコスト計算で示されるほど容易なものではない．コストのみでは問題は解決しない．「市場の失敗」と「官僚の失敗」を乗り越える制度的な枠組みの構築が必要なのである．

表 2-1 アジアで森林が炭素吸収源になっている国々
(2000年から05年までの平均値)

国名	森林による炭素蓄積の増減 (100万トン／年)	年間森林増減面積 (1000ha／年)	年間森林増減率 (%)
中国	86	4058	2.2
日本	41	-2	n.s.
ベトナム	19	241	2.0
韓国	10	-7	-0.1
インド	4	29	n.s.
ブータン	2	11	0.3

出所：FAO (2006), *Global Forest Resources Assessment 2005.* より作成．
注1：森林による炭素蓄積量とは，生きている樹木の地上部と地下部に蓄積されている炭素量の合計を指す．枯死した樹木や土壌中に含まれる炭素量は含まない．
注2：アジアは西アジアと中央アジアを除くアジア諸国を指す．

2.2 森林の増える国々と減る国々

熱帯諸国の多くでは現在も激しく森林消失が進行している一方で，森林面積を均衡状態ないし増加に転じさせることに成功した国々もある．アジア諸国の中で現在，森林面積が増加しているのは，中国，ベトナム，インド，ブータンの4カ国である[1]．これら4カ国は，市場原理を度外視しても，中央政府の強い意志によって，強力な森林保護政策を採用し，森林を再生しようとしている点で共通する．とくに中国とベトナムは今世紀に入って大規模な造林プログラムを開始し，2000年から05年までの平均で年率2%以上という世界最速の勢いで森林面積が増加中である（写真1，写真2）．

全世界を見渡しても，100万ha以上の森林面積を持つ国々の中で，年率2%以上の速度で森林面積が増加しているのは中国とベトナムの他には，同じく社会主義のキューバしか存在しない[2]．

---

[1] 本章の「アジア諸国」とは，西アジアと中央アジアを除く，南アジア・東南アジア・東アジアの23カ国・地域を指す．西アジアと中央アジアに関しては，乾燥帯に属する国が多いので，元来の森林面積がそれほど多くない．ちなみに西アジアと中央アジアには，森林面積がほぼ均衡しているか，微増している国が多い．
[2] 国内に100万ha以下の森林しか持たない国も含めると，年率2%以上の勢いで森林が増加している国として，他にレソト，クウェート，ルワンダ，エジプト，バーレーン，アイスランドがある．

陝西省延川県で筆者撮影（2003年8月）．
写真1　中国の退耕還林政策による植林直後の様子

陝西省延川県で筆者撮影．写真1とは別の村．1999年に植林して4年が経過（2003年8月）．
写真2　中国の退耕還林政策による植林から4年後の様子

表 2-1 は，FAO の 2005 年森林資源評価報告書から，森林の蓄積量が増加し，森林が炭素の吸収源として機能しているアジアの国々を列挙したものである．森林が炭素の吸収源になっているのは，上記 4 カ国の他に，日本と韓国を加えた 6 カ国である．他のアジアの国々は森林減少による炭素排出量が吸収量を上回っている．

世界最速で森林面積が増加しつつある中国は，FAO の試算では年間 8600 万炭素トンほどを吸収しているとされる．日本は，森林面積こそほぼ一定であるが，1950 年代から 70 年代にかけて活発に行った拡大造林の結果，いまでも人工林が生長期にあり，年間の蓄積量の増加が活発である．このためアジアでは，中国に次ぐ森林の炭素吸収量があるとされる．日本政府は京都議定書の削減義務 6% のうち，3.9% を森林の吸収量に負わせる計算である[3]．韓国も，朝鮮戦争の悲劇などで著しく森林が荒廃したが，1970 年代と 80 年代に大規模な国家プロジェクトを推進して，200 万 ha 以上の面積に造林を実施し，荒廃林野を復旧した．その人工林が現在も旺盛に生長していることから，炭素吸収の多い森林を持つ国となっている．森林が炭素の吸収源になっている 6 カ国を合計すると，年間 1 億 6200 万トンの吸収量がある．

他方では，表 2-2 にあるように，インドネシア一国で年間 6 億 4100 万炭素トンが森林消失によって排出されている．吸収 6 カ国を合計しても，インドネシア一国の排出量にも遠く及ばない数字である．アジアにおいても熱帯諸国の森林消失を一刻も早く止めない限り，森林を二酸化炭素の排出源から吸収源に転換することはできない状況である．

FAO (2006) の推計値によれば，インドネシアは世界的に見ても森林からの炭素排出量の第 1 位である．インドネシアの森林減少排出量に，第 2 位のブラジルの森林減少排出量 4 億 1600 万炭素トンを合わせると，この 2 カ国のみで 10 億 5700 万炭素トンに達する[4]．

---

[3] じつは日本に関しては注意が必要である．日本の戦後造林には荒廃地を復旧した部分もあるが，ブナ林などの天然林を伐採して人工林に置き換えた拡大造林の部分も大きい．拡大造林に関しては，天然林の伐採によって，その後の造林による吸収量以上の CO_2 が排出されていると思われる．しかし京都議定書ではその点は不問にされ，日本は造林の吸収量を削減義務に組み込むことが可能になっている．

表2-2 アジアで森林からの炭素排出量の大きい国々
(2000年から05年までの平均値)

国名	森林による炭素蓄積の増減 (100万トン)	年間森林増減面積 (1000ha)	年間森林増減率 (%)
インドネシア	−641	−1871	−2.0
ミャンマー	−44	−466	−1.4
カンボジア	−28	−219	−2.0
フィリピン	−21	−157	−2.1
マレーシア	−8	−140	−0.7
ラオス	−7	−78	−0.5
ネパール	−7	−53	−1.4
パキスタン	−6	−43	−2.1
モンゴル	−5	−83	−0.8
朝鮮民主主義人民共和国	−4	−127	−1.9

出所:FAO (2006), *Global Forest Resources Assessment 2005*. より作成.
注1:森林による炭素蓄積量とは,生きている樹木の地上部と地下部に蓄積されている炭素量の合計を指す.枯死した樹木や土壌中に含まれる炭素量は含まない.
注2:アジアは西アジアと中央アジアを除くアジア諸国を指す.

熱帯林が燃えると大量の CO_2 が排出され,温暖化をさらに進める.フィリピンのイサベラ州で筆者撮影(1998年5月).

写真3 山火事で消失していくフィリピンの熱帯林

IPCCの公表する国別の二酸化炭素排出量の統計には，森林からの排出や吸収の収支は含まれていない．FAOの統計に示された森林減少排出量を化石燃料起源の排出量に加算すれば，インドネシアはじつにアメリカと中国に次ぐ世界第3位，そしてブラジルも世界第5位の排出国に躍り出る計算になる．インドネシアとブラジルは隠れた大排出国なのである．一方中国は，植林による炭酸ガスの吸収量も含めれば，実際の排出量は，IPCCの公表する排出量の数値よりも7％ほど低くなる計算になる．

途上国の排出国というと，とかく中国とインドに注目が集まる傾向が強い．しかしインドネシアとブラジルにも強く注目する必要がある．これらの国々の熱帯林保全は，大きな炭酸ガスの削減ポテンシャルを持つからである．国際社会が強い意志で，財政的支援も含めてインドネシアやブラジルなどの熱帯諸国をバックアップしていかねばならない．それゆえ，「ポスト京都」の枠組みでは，森林保全にとりわけ大きな注目が集まっている．

2.3 アジアにおける造林事業の性格

天然林での過剰な伐採・土地転用圧力を軽減するとともに，造林を進めることも，地球温暖化対策として大きな課題である．近年，多くの国々が意欲的に造林政策を推進し始めたことから，人工林面積は目下，急速に増えている．

FAOによる2000年の森林資源評価報告書によれば，世界の人工林面積は，1980年の1780万haから，1990年の4360万ha，2000年の1億8700万haへと，過去20年間でじつに10倍以上に増加している．人工林面積の伸びがもっとも大きいのはアジアであり，2001年の時点で，世界の人工林の62％がアジア太平洋地域に存在する（FAO, 2001）．アジアはじつに造林活動の先進地域なのである．人工林の造成は，天然林からの木材供給を代替するのみ

---

4) インドネシアとブラジルは国土面積が大きいので，森林減少面積も大きくなる．毎年森林の何％が消えているかという面積比で見ると，森林減少が大きい国は，上位から，ナイジェリア（−3.3％），アフガニスタン（−3.1％），ホンジュラス（−3.1％），ベニン（−2.5％），ウガンダ（−2.2％），パキスタン（−2.1％），フィリピン（−2.1％），インドネシア（−2.0％）と続く．

ならず，石油を代替するための新エネルギー源としての森林バイオマスの利用を考えれば，一層必要性が高くなる．

しかしながら造林事業は，その負の側面も数多く指摘されている．造林事業では，主導的なアクターが政府であれ民間企業であれ，地域住民の慣習的な資源利用・土地利用の権利が侵害され，それが地域住民の抵抗を呼び起こして社会紛争に発展するケースがある．造林事業の実施主体が政府であれ民間企業であれ，実質的な労働力はその周辺に居住する地域住民が担っている．また，造林地として定められた土地は，地域住民の慣習的な利用がなされていた土地や，多かれ少なかれ彼らによる利用の関与があった土地である場合が多い．造林事業は土地権の侵害に結びつきやすいのである．造林事業を成功させるための鍵は，土地紛争をいかに回避するかにあるといっても過言ではない（Hyakumura, Seki and Lopez-Casero, 2007）．

以下，アジア諸国におけるいくつかの造林事業をさらに詳しく分析する中で，それぞれどのような問題があるか検証したい．表2-3は，筆者がこれまでに調査したことのある中国，インドネシア，フィリピンの代表的な造林事業を並べたものである．世界でもっとも造林活動の進展する中国からは，退耕還林事業と速成用材林基地建設事業を，逆に世界でもっとも森林消失が激しく続くインドネシアからはHTI（Hutan Tanaman Industri, 産業用人工林），フィリピンからはIFMA（Industrial Forest Management Agreement, 産業用森林経営協定）をそれぞれ取り上げた．インドネシアとフィリピンでは造林事業を熱心に展開しているにもかかわらず，森林消失が止まらないのはなぜであろうか．

これら4つの造林事業の中で，中国の実施する退耕還林が社会主義的な造林事業であるのに対し，中国の速成用材林基地建設，インドネシアのHTI，フィリピンのIFMAは民間企業主導の資本主義的な造林事業といえる．社会主義的造林事業とは「国の長期計画に基づいて，官僚主導の下に，地域住民を動員しながら展開する造林事業」と定義する．資本主義的造林事業とは「市場原理に基づいて，民間企業が主導して展開する利潤獲得目的の造林事業」と定義しておこう．

資本主義国の中にも社会主義的造林事業はあるし，社会主義国の中にも資

表 2-3 アジア諸国における 4 つの造林事業の概要

国名	政策・事業名	植林の目的	計画の概要	主導的アクター	土地の法的位置づけ
中国	退耕還林	環境造林（洪水制御・土壌流出防止）	計画：1999～2010 年までに 3200 万 ha の造林計画．農家の同意によって農地を林地に転換．実績：2005 年までに 1900 万 ha ほどの植林が完了．	政府	農民の請負地
	速成用材林基地建設	商業用造林	計画：2001 年から 2015 年までに 1330 万 ha の造林を計画．	民間企業	農民の請負地，村の集団所有地，国有地．企業が村や国と契約して経営．
インドネシア	HTI（産業用人工林）	商業用造林	計画：1985 年の計画では 2000 年までに 632 万 ha の造林が目標．実績：2001 年までに実際に造林されたのは 219 万 ha にとどまった．	民間企業	国有地（政府が企業に経営権を貸与）
フィリピン	IFMA（産業用森林経営協定）	商業用造林	実績：2003 年までに 71 万 ha ほどが造林対象地として企業に貸与されているが，実際に植林されているのはその 20％ に満たない．	民間企業	国有地（政府が企業に経営権を貸与）

出所：中国に関しては中国可持続発展林業戦略研究項目組（2002），インドネシアに関しては Guizol and Aruan（2004），フィリピンに関しては Acosta（2004）を参考にしつつ，筆者作成．

本主義的造林事業はある．中国がグローバルな資本主義システムに包摂されていく中で始まった速成用材林基地建設事業は，民間企業主導の造林事業であり，資本主義的な性格が強い．逆に資本主義国の中でも，例えば日本や韓国が展開した計画的造林事業は社会主義的な性格が強いものであった．

中国が実施する退耕還林は，総面積 3200 万 ha の造林を目指すという人類史上最大の造林計画である．その内容は，まさに社会主義でなければ実施不可能といえる．先に紹介したように 2007 年 9 月の APEC の首脳会議では，

西暦2020年までに域内で2000万haの森林面積の増加を目指すという野心的な目標が定められた．その内実は，目標増加面積の多くの部分を，中国の退耕還林に依存しているのである．

以下，インドネシアのHTI，フィリピンのIFMA，中国の速成用材林基地建設を事例に資本主義的な造林事業の問題点，次いで中国の退耕還林を事例に社会主義的な造林事業の問題点を，それぞれ考察する．

3. 資本主義的造林事業の問題点

資本主義的な造林事業とは，市場原理に基づいて，採算性にのっとり企業が合理的と判断すれば造林投資をするというものである．この原理に基づいて造林活動が実施されると，さまざまな問題を生み出す．代表的な諸問題は，以下の3点であろう．

①土地の環境に適した在来樹種は植栽されず，ユーカリやアカシアといった5年程度で伐採可能な外来の早生樹種ばかりが造林される．
②造林投資の収益性の大小を決定するのは土壌条件，気候条件，地理的条件などによる土地生産性が主な要因である．その結果，平地の農業適地やまだ豊富なバイオマスが残る天然生一次林などが造林用地として選択され，地元住民との間の土地紛争も発生しやすくなる．
③環境上造林の必要性が高い，裸地，荒廃地，急傾斜地などは収益性が低いどころか，採算水準にも乗らない場合が多い．つまり本来造林すべき場所で造林されない．

3.1　在来種が植わらず早生樹種ばかりが植わる

植林から収穫まで30年から40年といった長期間を要する一般樹木の場合，そもそも収益性が低い．仮に採算水準に乗りそうだとしても，収益を得るまでにあまりにも長期間に及ぶため，企業にとって将来の木材価格を予測することは不可能である（柳幸，2006）．このため，企業側から見て造林という行為はあまりにも投資リスクが高く，木材価格の高騰などよほどの特殊事情

がない限り，産業資本が造林に乗り出すことはないと考えられてきた．

例外が，5年程度で収穫できるユーカリやアカシアなどの早生樹種である．インドネシアのHTIは，国が国有地を民間企業に造林用地として提供し，市場の木材需要を駆動力としながら，紙パルプなど産業用木材プランテーションを造成しようというものである．そしてHTIの造林事業地では，アカシア，ユーカリ，アルビジアといった早生樹種ばかりが植えられている．ユーカリとアカシアはともにオーストラリア大陸原産の外来早生樹種である．アジア諸国の土地固有の環境に適した在来樹種は，生長速度も遅く，企業にとってリスクが高すぎると判断され，植栽されないのである．

3.2 植林する必要性のない場所が選択される

企業の産業用造林は，市場原理に従って展開されるので，競争力の劣る地域では進展しない．木材プランテーションは，より多くの超過利潤を取得可能となるよう，地理的条件や自然条件が優位な場所から立地していく．林業に関しては，土地・資本・労働力という生産の三要素のうち，自然条件・地理的条件に依存する土地生産性のよしあしで競争力の大部分は決まってしまう．林業とはそのような産業である．

地理的条件では，木材の運搬コストが低ければ低いほど，企業は差額地代としての超過利潤を取得することが可能になる．このため，木材の運搬が容易な平地の方が競争上有利である．さらに製材工場やパルプ工場への運搬コストが低く抑えられる道路や大河川沿いなどが有利であり，事実そうした場所から立地している．しかし，それらの土地は概して農業適地でもあり，地域住民の農業的土地利用と競合することになってしまう．インドネシアでもフィリピンでも，法的に国有地であることをもって，政府が企業に造林用地を貸与している（写真4，写真5）．しかし新興独立国の多くでは，国有地の境界は恣意的線引きによって決定されている．造林対象となった「国有地」の多くは，地元住民によって慣習的な利用がなされている場合が多い．こうして，造林用地の大規模な囲い込みが地域住民の土地利用と衝突し，土地紛争に発展してしまう場合が多くなる．

自然条件の観点でいえば，裸地・荒廃地に造林するよりも，豊富なバイオ

モノカルチャーのプランテーションが何万 ha も続く．スマトラ島のランプン州で筆者撮影（1995年3月）．

写真4　インドネシア・スマトラ島の企業が管理する造林地

建築用材や果樹，樹木野菜，薬用植物などが植わり，生物多様性に富んでいる．フィリピンのタルラック州で筆者撮影（1995年6月）．

写真5　地域住民が管理するフィリピンの森

マスの残る天然生二次林を焼却して造林した方が，土壌豊度が高いため生長が旺盛であり，投下コストに対して多くの材積を収穫することができる．これも土壌豊度の差異に基づく差額地代として，企業に超過利潤を提供する．このため企業は裸地造林ではなく，天然生二次林を焼却して造林することを選択する傾向にある．実際，インドネシアのHTIでは，1985年から2000年までに200万haほどの企業造林を実施したが，まだ豊富なバイオマスの残る天然生二次林を焼却してアカシアやユーカリのモノカルチャー・プランテーションに転換したものが多い．こうしてインドネシアが熱心に造林すればするほど，天然生二次林の焼却によってCO_2排出量は増えてしまうのである．

地元住民が慣習的に利用していた天然生二次林を焼却して早生樹プランテーションに転換するという場合，三重の意味で有害であるといえる．まずCO_2の吸収以上の排出をもたらすという点で温暖化対策の観点から有害であり，住民の土地を奪うという点で社会的に有害であり，さらにモノカルチャー化を推し進め野生生物の生息域を奪うという点で生物多様性維持の観点からも有害である．外部不経済が考慮されないまま市場原理に任せると，往々にしてそのような選択が「合理的」と判断されて実行されてしまう．

インドネシアのHTIの場合，各地の造林事業地において，地域住民との間の土地紛争が発生している（Nawir, Santoso and Mudhofar, 2003）．スマトラ島で紙パルプメーカーが展開している造林事業では，絶滅危惧種であるトラ保護地域に近接して展開されているようなケースもあり，地元住民のみならず，国際NGOなどからも多くの批判を浴び，国際問題化している[5]．

3.3 本来植えるべき場所で植わらない

環境上の観点から造林の必要性が高いのは，土壌が流出した荒廃地や急傾斜地などである．しかし，そうした土地は住民との土地利用上の競合が起こらなくても，収益上の低さから企業にとっては投資する魅力のない土地であ

---

[5] 詳しくは，世界熱帯林運動のHP（http://www.wrm.org.uy/bulletin/55/Indonesia.html）や熱帯林行動ネットワークのHP（http://www.jca.apc.org/jatan/ipp/index.html）を参照されたい（2006年11月9日取得）．

り，造林は進まない．

　フィリピンの IFMA では，2003 年までに合計 71 万 ha ほどが造林用地として企業に付与された．実際に植林されているのは，その面積の 20% にも満たないと推定されている（Acosta, 2004）．フィリピンで産業用造林が進展しにくい理由は，地理的条件と自然条件の双方において立地条件が悪く，価格競争力を持たず，木材貿易自由化の時代の中にあって資本を引きつける魅力に乏しいという理由が存在する（Shimamoto, Ubukata and Seki, 2004）．

　フィリピンは日本と同様，急峻な地形の多い火山列島であり，土壌流出が起こりやすい．さらに台風の通り道なので，洪水災害もアジアでもっとも深刻な国の一つとなっている．洪水災害を軽減させるためにも造林の必要性が他国に比しても高い．しかるに，急峻な地形での造林投資は，収益性の低さから敬遠される．ASEAN 域内では木材も含めた貿易の完全自由化が促進されているが，平坦な地形の多いインドネシアやマレーシアなどの近隣諸国と比べ，フィリピンは明らかに木材生産の競走上不利である．相対的に造林の必要性の低いマレーシアやインドネシアの平坦地が人工材の供給基地になり，造林の必要性が高い災害大国のフィリピンにおいて造林が進まないという事態は，全く不幸なことである．

　これは中国の速成用材林基地建設事業においても該当する．同事業は，インドネシアの HTI と同様ユーカリを主とする企業による紙パルプ材生産基地建設のプロジェクトである．この事業は，南の温暖な雲南省，広西壮族自治区，福建省，広東省，海南島などで主に展開されている．しかし中国は南部であっても，インドネシアの熱帯湿潤地域と比べると，気温，日射量，降雨量，いずれの自然条件をとっても競走上不利である．さらに中国は，紀元前からの農業の伝統の中で，土地を酷使してきたために，土壌豊度の点でも競争力は劣る．

　付言すれば中国は，インドネシアに比べて土地所有構造の点で見ても競争上不利である．インドネシアの林野は原則として国有であり，政府は住民の慣習的利用権を尊重せずに，企業に造林用地を提供している場合が多い．中国では村の周辺の林野は村の集団所有林と法的に認められている．中国の全森林面積の約 6 割は村が所有権を持つ集団所有林なのである．少なくとも制

度上は，中国の方がインドネシアよりも社会的に公正な林野制度を持っている．しかし皮肉にも，この社会的公正さが，国際競争上は不利に働いてしまう．中国の造林企業は，村ごとにそれぞれ個別を交渉して，造林用地を賃借するなどしている．国有地を一括して企業に譲渡しているインドネシアに比べ，中国における用地確保のコストはどうしても大きくなる．

実際，インドネシアでのHTI造林において1トンのパルプ用材を得るための平均的な造林コストは12〜25米ドルであるのに対し，中国でのコストは倍近い30〜40米ドルであると推計されている（Barr and Cossalter, 2004）．

中国がWTOに加盟して木材貿易を自由化し，国際的な自由競争にさらされている現状にあっては，自然条件面でのコスト高はいかんともし難い．村が管理する集団所有林が多いという社会面でのコスト高を補おうとすれば，インドネシアのような強引な土地囲い込みに帰結してしまうのである．

以上のようにグローバルな資本主義システムにおける造林事業は必然的に，地域住民が慣習的に利用していた二次林の破壊や土地利用権の侵害に帰結してしまうのである．

4. 社会主義的造林事業

アジアにおける近年の人工林面積の増加の多くの部分は，中国とベトナムという二つの社会主義国における大規模な造林計画の進展に負っている．とくに中国で1999年に始まった退耕還林事業は，2010年までに総計3200万haの造林を完成させるという計画であり，その規模の点から見て人類史上最大の造林プロジェクトである．

中国の社会主義的造林事業は，採算ベースは度外視して，条件不利地域において，洪水防止，砂漠化防止，表土流出防止などの観点から，国家計画に基づいて財政資金を投入し，地元住民を労働力として動員しながら造林を実施するものである．中国では毛沢東の大躍進時代以降，本来は農業に不適な急傾斜地を大衆動員によって天高く開墾し，土壌流出と洪水災害の頻発化をもたらした．現在，かつての不適切な計画に基づいて一度は農地化された場所において，農家に補助金や補助食糧を支給することによって，計画的に農

地から林地への再転換を試みている．

　中国の退耕還林とは文字通り，「耕地を退けて林に還す」というプロジェクトである．農家各世帯が実施していた農地であっても，国が補助金を支給するのと引き換えに農家の同意を取り付け，農業経営は止めてもらって林地へ転換しようということである．造林の主目的は，治山・治水であり，地球温暖化対策を目的として開始したわけではなかった．しかし中国が大規模な治山・治水造林プロジェクトに取り組んでいることは，結果として地球温暖化対策に寄与している．

　2007年になって中国政府の態度は変わった．ポスト京都議定書の枠組みで積極的な行動を求められてきた中国は，切り札の森林カードを切り，植林事業を地球温暖化対策の一貫として積極的に位置付けるようになった．国際社会の視点に立てば，これは歓迎すべきことであろう．しかし中国が実施する植林活動は，地元の人々にとっては必ずしも喜ばしいことばかりではない．

　筆者は2002年より継続的に中国の退耕還林の現場でフィールド調査を実施してきた．その結果，植林を受け入れた農山村の住民のあいだに社会不安が広がり，造林地経営の長期的な持続可能性も危ういことが分かった．社会主義的造林事業の問題点を一言でいえば，計画そのものがトップダウン的であり，国家が一律に造林計画を策定し，地元住民の意向や在来の造林技術の知恵を軽視している点にある．地域住民は，自分たちの知恵や技術や意見が計画に反映されないため，やる気を失ってしまいがちである．住民は，当面の補助金を目当てに造林ノルマをこなしているが，意欲を持って積極的に取り組んでいるわけではなかった．このため長期的に造林地が維持管理されるか否か分からない．中国では造林農家に対する補助金・補助食糧の支給期間は8年間とされてきたが，8年間の支給期間が過ぎれば生活に困窮した農家が再開墾におよぶ可能性が危惧された．

　後で見るように，2007年8月になって中国政府は，退耕還林の抱える問題を直視し，農民の不安を取り除くため，補助金の支給期間を16年に延長するなどの改革を行った（中華人民共和国国務院，2007）．これは温暖化対策にも農村の貧困緩和にも真剣に取り組もうとする政府の意思が現れた結果であったといえる．

まず筆者らが2002年から2005年まで行った調査結果をもとに，2007年以前の退耕還林の政策内容にどのような問題があったのかを記述したい．紙数の都合上，本章では詳しい学術データは省く．以下に書くことは主として，向・関（2003），関・向・吉川（2009）から抽出した情報である．詳細はそれらを参照されたい[6]．

退耕還林が社会主義的な官僚主導のトップダウン事業であり，それが住民の意欲を削いでいるというのは，以下の3点に典型的に見られる．もっとも以下の3点はいずれも，住民の意見や在来技術が信用されていないという共通の背景に起因するものである．

①計画の策定に住民参加のプロセスがなく，地域の実情を鑑みない一律な基準による造林地の設定が行われている．
②造林地の農民的利用を極力排除しようとして，農民が森林管理への関心を失っている．
③植栽する苗木を上から計画的に配分し，地域の環境や市場条件に適合していない．

4.1 一律基準による造林地の設定

退耕還林事業が始まった当初，政府は，25度以上の傾斜地にある農地は原則として林地に転換していく方針であった．このような基準を一律に当てはめていくと，山の奥地の限界的集落では，農地のほとんどを失うという事態に直面する村落も多く出る．

筆者は，黄河流域の陝西省延安市近郊の馬家坪村と，長江上流域の貴州省貴陽市近郊の古勝村という二つの村落でフィールド調査を実施した．両村とも非常に急峻な地形の中にあり，傾斜25度以上を造林するという国の基準に従うと，農地のほとんどが失われて生存水準も危ぶまれてしまう状況であった．

しかるに25度以上で造林するという基準に従った結果，馬家坪村では農

---

6) この調査は筆者と共同研究者の向虎氏が実施したものであり，調査結果のデータは2人で共有している．

地の 70.7% を，古勝村では農地の 79.9% を林地に転換していた．政府は 8 年間，農地を失ったことによる所得の減少分を，穀物の現物，後には現金によって補償してきた．しかし，農地の 7 割以上を失ってしまっては，補助期間の終了後には生活難に苦しむ農家が多く出る．傾斜 25 度以上という基準を官僚主義的に一律に導入すると，生存水準を脅かされる村々も多く出る．地域の状況に応じた柔軟な対応が必要であろう．

4.2 造林地から農民を排除する

政府国務院は 2003 年に発布した「退耕還林条例」によって，造林地の中で，放牧を行うことや，大豆やイモなどを間作するアグロフォレストリーを実施することを厳しく禁じた．造林地を地元の農民が多目的に利用することを極力排除しようということである．

黄河上流域では山羊の放牧に依存して生計を立てる農家が多く，林間放牧の禁止は死活問題となっている．調査地の一つ馬家坪村では，カシミヤ用の山羊飼育によって生計を立てていた畜産農家が多かった．退耕還林前の 1999 年には村の 76% が畜産農家であり，世帯当たりの山羊の飼育頭数は 9.8 頭であった．しかし退耕還林実施後の 2003 年に調査したところ世帯当たりの山羊所有頭数は 0.2 頭にまで激減していた．放牧の禁止によって，山羊飼育は不可能になり，ほぼ壊滅したのである．

政府は造林地での放牧を止めさせる代わりに，農家の庭先で家畜の舎飼いを行うように奨励していた．しかし，実際には舎飼いは普及しなかった．畜産農家だった GXY さんの意見を紹介しよう（インタビューは 2003 年 8 月）．

> 今まで，毎年 40 頭ぐらいの山羊を放牧しながら，農業を営んできた．険しい山にも平気で行ける山羊は，餌に困っていなかった．放牧は，時間さえあれば誰でもやれることで，農作業にも影響しない．しかし，舎飼いになると，そう簡単にいかなくなる．牧草を山から採取するとすれば，退耕還林地に牧草栽培しなければいけないし，それを刈って持ち帰らなければいけない．また，（牧草が）ないときは買わなければいけない．毎日かなりの（牧草の）量が必要なので，労働力が必要になる．ま

た，山羊は運動が好きで，絶壁にも登る．しかし，舎飼いすると，運動量が足りなくなる．山羊が狭い畜舎の中でストレスがたまると，カシミヤの質も落ちるし，肉質も下がる．私もつらいと感じて，ついに飼育するのをやめて，出稼ぎに行くことにした．

政府は，林間放牧により苗木が食べられたり，木が損傷することを心配し，放牧を禁止している．現実には，樹木が生長してくれば，山羊が植栽樹木を食べる心配もなくなり，育林と放牧の両立は可能になる．しかし，政府は農民の技術力を信用しておらず，全面的な放牧禁止措置が取られているのである．

造林地でのアグロフォレストリーの禁止についても同様に深刻な問題を引き起こしていた．もう一つの調査地である長江上流の貴州省の古勝村では，アグロフォレストリーの禁止をめぐって政府と農家の間の対立が深まっていた．古勝村の農家の多くは政府に見つからないよう，隠れて造林地にイモなどの間作を実行していた．それに対し政府は，違法に間作した農家を見つけると，その農家には補助金・補助食糧を支給しないという措置を取っていた．県の林業課の課長さんは間作を禁止する理由を以下のように語った（インタビューは2002年8月）．

　　農家は植林技術が足りないから，大面積の間作がエロージョンに拍車をかける危険があります．大豆を栽培すれば，一番心配なエロージョンを防ぐことができません．また，農民は植林地に作物を混植すれば，すぐに今まで慣れた作物の栽培に専念する傾向があり，耕したり，収穫したりすると，せっかく植えられた木を傷つけることがあると思います．

「農家は技術が足りないから間作を認めてはならない」という政府の見解をどう思うか古勝村の副村長のCQFさんに聞いたところ以下のように語った（インタビューは2002年8月）．

　　農家を信じていなければ，技術も農家に伝えられないでしょう．農家が

できないという先入観を持ったら，技術普及も難しくなる．本当に真剣に農家への技術指導を行えば，林間矮幹作物栽培（アグロフォレストリーのこと）は，ほとんど農家のできる技術だと思います．政策を成功させるためには，末端の農家を信用しなければいけない．農家を信用しないと，どんな立派な政策でも，結局は失敗するでしょう．

　筆者の調査では，アグロフォレストリーを違法に実行している農家の方が，堆肥を植林地に投入するなど樹木管理をしっかりやっており，苗木の生存率も生育状況も良好であった．つまり，農民には技術力がないという政府の見解は，官僚主義的偏見でしかない．

　政府が，厳しく林間間作と林間放牧を取り締まって林地から農民を排除しようとすればするほど，農民の植林地に対する関心は低下し，植栽した樹木を丁寧に管理しようとする意欲もなくなってしまう．こうして，造林プロジェクトそのものが失敗に終わる可能性が高くなっていく．筆者らも，こうした調査結果をもとに退耕還林地において林間での放牧と間作を合法化するように訴えてきた．

　中国政府も，自らの施策の誤りに気づいたようである．2007年8月になって政府・国務院は，退耕還林政策の改善を行った．補助金の支給期間を8年延長して合計16年間にすると共に，造林地での農作物の間作も認めたのである（中華人民共和国国務院，2007）．ただし大豆など茎の低い作物の間作は許可されたものの，林間放牧は依然として認可されていない．

　しかし少なくとも，造林農家の不安の一部は取り除かれ，その分意欲は高まるであろう．間作の合法化という中国政府の柔軟な路線変更は高く評価されてよい．退耕還林を受け入れた農家の多くは，農業を諦めて出稼ぎに出るか，あるいは出稼ぎ先が見つけられなかった場合は林間で違法に間作をせざるを得ないという状況であった．アグロフォレストリーが許可されれば，地域住民たちはそれほど多く出稼ぎに依存せずとも，村の中で森林を管理しながら農業と畜産業も継続していくことが可能になる．

　農民たちは違法であっても間作を実行するものが多かったが，これは政府の不合理な施策に対する暗黙の抵抗活動でもあった．2007年の国務院の政

アグロフォレストリーは実施していない．施肥がされていないため樹高は人間の背丈以下．中国・貴州省古勝村で筆者撮影（2006年3月）．

写真6　中国の退耕還林による植林後4年を経たチベット柏（1）

写真6に隣接するチベット柏の植林地．同じ人物が同じ時期に植林したものだが，こちらは非合法に豆類などを間作し，施肥も行っている．栄養も水分も十分なため，樹高は間作をしない場合の2倍以上に達している．筆者撮影（2006年3月）．

写真7　中国の退耕還林による植林後4年を経たチベット柏（2）

策変更は，農民抵抗の政府に対する勝利ともいえるのだろう．

4.3 農民の要求を無視した苗木の配布

政府は退耕還林事業地において，生態系回復目的の生態林と，果樹などの経営目的の経済林の比率が県レベルで8対2になるように指導している．このため，県はしばしば農家の要望を無視して，一律基準で苗木を生産し，村に配布している．農家は果樹や茶樹など経済性の高い樹木を自ら選択して植栽したがっているが，政府は一律に松・杉・ポプラを中心に苗木を配給してくる場合が多い．農民は用材としての価格も安いそれらの樹木の植栽を嫌がっていた．古勝村の副村長のCQFさんは次のように語る（インタビューは2002年8月）．

> 現在，村人たちは，（政府が）運んできた苗を植えたくないのですが，補助食糧をもらうために，嫌々ながら植えているという状況です．このため，植林地の管理も最低限の木の活着にとどまっており，村人たちは植えた木にも自信を持てず，管理したところで，将来，金になるようなことはないと思っています．

農民にとって，配られた松・杉・ポプラなどを植栽するという行為は，政府からの補助金を受け取るための「引換券」程度にしか認識されていなかった．嫌々ながら植栽して，とりあえず補助金はもらおうという発想である．

このため8年後に食糧補助が終了した後，造林地は何の未練もなく再開墾される可能性が高くなる．実際，古勝村において退耕還林実施直後の2002年に，「8年後の食糧補助期間終了後どうするつもりですか？」という質問を行ったところ，じつに43.8％もの人々が「また開墾する」と答えた．

もう一つの調査地である黄河流域の馬家坪村は，抗日戦争中の共産党の革命根拠地であった延安近郊という土地柄である．そのため農民の政府への忠誠心は厚く，政策により忠実であった．貴州省では違法であっても農家が間作を実施するという行為が幅広く見られたのに対し，延安近郊では少なくとも筆者らが調査した範囲には違法な間作は見られなかった．しかしながら，

忠誠心の厚い延安近郊の村であっても「8年後にはまた開墾するしかない」という回答が12.9％に上った．若い世代は出稼ぎに行けば何とかなると考えている人が多いが，とくに高齢者を中心に生活への不安感が高まっている．生活不安を訴える馬家坪村の農家の意見をいくつか紹介しておこう（インタビューは2003年8月）．

> 黄土高原で補助金の支給が8年間というのは，絶対に足りない．8年後は食べれなくなる．出稼ぎに行くしかないだろう．木を切ることができないというのなら，政府は企業をつくったり，養殖業を発展させたり，観光客を誘致したりして欲しい．（MSWさん，38歳）

> 書記（村の共産党支部書記）にやりなさいと言われて従ったけど，何よりも農業が一番よい．苗も選べず，あまり良い苗ももらえなかった．8年後，（植林地の）一部は残しても，一部は切って再開墾するしかないだろう．そのときはもう50歳も過ぎている．木を切ったら薪炭にもなるし，開墾して食糧も確保できる．（EHXさん，47歳）

> 8年では足りない．さらに8年間延長し，さらにそれも8年延長し，合計24年にすべきです．生態林は全く収益が見込めないので，食糧をくれなければ食べるものはなくなります．8年後は歳を取るので，出稼ぎに行っても仕事は見つけられず，乞食にでも行くしかなくなるでしょう．（MZDさん，49歳）

中国の社会主義的造林事業は，驚異的といってもよい造林実績を統計上はあげている．しかし国が計画的に農地を林地に転換していくという行為が，いかに地域住民を生活不安に陥れているか分かっていただけただろう．出稼ぎに出るのに消極的な住民たちは，補助金の打ち切りに大きな不安を募らせていた．

2007年は初期に退耕還林を開始していた農家にとって，補助金支給期間の終了の年であった．中国政府も，困った農民たちが実際に再開墾を実行す

る可能性を危惧したのであろう．先に見たように，政府国務院は補助金の支給期間をもう8年延長して合計16年にするという決定を下した．この決定は，間作の合法化とともに農家に再開墾を思いとどまるインセンティブとなるであろう．中国政府は温暖化対策のため，そして農村の貧困緩和のため，財政資金の追加投入を決めたのであり，その姿勢は評価されてよいだろう．

しかしながら，地域住民は補助金をもらうために受動的に造林に取り組んでいるという事実は依然として変わらない．官僚的な計画によって住民を動員しながら森林造成を図っても，その森林は社会的共通資本とはならない．そこに住む地域住民が意欲を持って主体的に管理しない限り，造林事業の長期的な成果も危ういものとなる．以下の節では，森林を社会的共通資本とするための政策の改善策を，資本主義の場合と社会主義の場合でそれぞれ論じることにしよう．

5. 造林事業の改善政策の提起

5.1 資本主義的造林の改善策

先ず資本主義的造林事業の改善策を検討しよう．自由放任に依拠した資本主義的造林事業は，外来種のモノカルチャーが指向される点，さらに環境的に植えるべき傾斜地や荒廃地に植わらず，本来は木を植えなくてもよい農業適地や二次林が選択されていくという点で，あまりにも多くの問題がある．市場原理に依拠した造林政策を進める国々で，森林面積の減少を抑えられないのも無理はない．

土地紛争を回避し，環境上必要性の高い場所に，生物多様性にも配慮しながら，適切に造林を進めるには，私的資本による利潤最大化原理に従った森林経営に委ねてはならない．地元住民の主体的な参加のもとで，政府・住民・企業などのステイクホルダーが合意形成をし，造林の実施計画を定めていかねばならない．

企業が林地の経営権を得て直接的に大面積を経営するのは，誰も住んでいない荒廃地でそれを行うのであれば可能かも知れないが，地域住民の土地利用と競合する場合は，基本的に避けるべきである．民間企業は，木材という

財に関しては直接に森林を経営するという供給サイドの役割に立つのではなく，地元の農家が生産した木材を買い付けるという需要サイドの役割に徹した方が，社会的な公正の観点からも，生態系と経営の持続可能性の観点からも望ましい．基本的に造林の実行主体は，企業よりも地元の農家の方が環境面でも社会面でも好ましい．

企業はあくまで収益性を基準に植栽樹木を決定するので，基本的にモノカルチャー造林になり，さらに木材価格が下落して収益性が低下すれば，競合する農作物へと土地利用を転換するのに躊躇しないだろう．農民造林の場合，一般的にアグロフォレストリーの手法を用いながら，リスクを分散させて多品種生産を行うので，生物多様性上も望ましい．さらに木材価格が下落しても，農家の場合は，年度ごとの利潤の確保を必ずしも要求しない．農家の場合，農作物を主たる収入源にしつつ，いざというときのための貯蓄という感覚で樹木を植栽する場合が多い．このため木材価格が低迷していても樹木を切らずにストックしたまま待つことができる．このことからも木材生産は，企業が行うよりも農家が行う方が望ましく，企業は農家と契約して買い付けるという役割に徹するのが好ましい．

5.2 社会主義的造林の改善策

次に社会主義的造林事業の改善策について論じよう．国のイニシアティブで計画的に実行する社会主義的造林は，造林の初期段階において効果的であることは，中国とベトナムの近年の急激な森林面積の増加を見ても分かるであろう．しかし現場のことをよく理解していない官僚主導のトップダウン政策の弊害によって，地元住民は受動的に植林作業に動員されていて，能動的な経営意欲を持っていない場合が多い．それ故，林地経営の長期的な持続可能性は保障できないことになる．

社会主義国の政府は，造林参加世帯への財政的支援措置を継続して行いつつ，住民の意欲を削ぐような厳しすぎる土地利用規制・干渉を弱めて，市場インセンティブを活用しながら，農家経営の自主性を高める必要がある．

筆者らは中国の退耕還林については以下のような政策提言を行ってきた．

①林間間作や林間放牧禁止といった規制は失くし，林業・農業・畜産業が有機的に結びつく循環型経営を模索すべきである．
②傾斜25度以上を造林地とし，さらに生態林8割で経済林は2割にするといった，中央が机上で策定した基準を画一的に地域に当てはめるべきではない．
③村の造林計画の当初から住民参加型でプランを作成し，植栽する樹木や果樹も住民が選定するなど，造林地の経営は住民のイニシアティブに委ねるべきこと．

中国政府は2007年になって補助金の支給期間を8年延長して合計16年間にすると共に，造林地での農作物の間作も認めた．その改革自体は評価できるが，まだ不十分である．造林計画そのものを住民参加型で行うことなしには，住民による造林地の維持管理意欲はなかなか高まらないからである．

筆者らは，中国・貴州省の古勝村の調査地において，2003年から地元の農村開発NGOと共に，住民参加によって退耕還林政策を改善していこうという取り組みを行ってきた（関・向・吉川，2009）．その詳細をここで論じる紙数はないのだが，その一端のみを紹介しておく．

古勝村では，NGOの支援の下で住民集会を重ねていた．村民が協同組合組織を設立し，自らが市場調査を実施して，地域の市場と生態条件に適合的と判断された，茶や胡桃，栗，桃などの経済的樹種を退耕還林地に補植し，森林管理への能動的意欲を高めていった．同時にNGOと協同組合の手で，農業を代替する生業活動を支援するためのマイクロクレジットの貸付や，生活道路や生活用水のための貯水池の建設など村の生活インフラ整備も住民参加で展開してきたのである．

退耕還林地に住民自らが選択した経済樹種を植栽していくと，次第に住民の意識も林地経営に積極的に変化していった．2002年8月の最初の調査の段階では村の43.8%の人々が，補助金支給期間の終了後には「再開墾するしかない」と回答していたが，住民参加型のプロジェクトを開始して1年半後の2005年2月に同じ人々に質問をしたところ，「再開墾するしかない」という回答は8.9%にまで減少していた．

表 2-4 中国・貴州省の政府集会と NGO 集会の特徴

政府集会	割合	NGO 集会	割合
命令,押しつけ,政策の宣伝	19.60%	農民の意見を尊重	23.20%
農民を助けてくれる	16.10%	皆で考え,皆で取り組む	17.90%
農民の話を聞かない	7.10%	農民を助けてくれる	12.50%

出所:2005年2月に貴州省古勝村の村民56人に聞き取り,上位3つの回答を並べたもの.

 表2-4は,2005年2月に古勝村の村民に「政府が主催する集会の特徴とNGOが主催する集会の特徴をそれぞれ挙げて下さい」という質問に対する回答の上位3項目を並べたものである.

 ご覧の通り,政府の集会は,あらかじめ結論の決まっている政策を上から押しつけるだけという印象を持っている村民が多かった.それに対して,NGO集会は皆の意見を尊重して,皆で取り組んでいくため,住民たちは意欲的に話し合いに参加していた.こうして古勝村の住民は,森林経営に対しても積極的になってきたのである.

 中国政府においては,造林参加世帯を補助金やマイクロクレジットの支給によって支援するという財政的措置を継続しつつも,官僚主義的トップダウンの弊害を取り除き,住民の技術を信頼し,住民が意欲を持って林地の経営を行えるよう,さらに政策を改善する必要があるだろう.

6. 結　語

 森林は市場原理主義に依拠しても,官僚主義に依拠しても適切には管理されない.森林を炭酸ガスの排出源から吸収源へと転換させていくためには,資本主義と社会主義の失敗を乗り越えつつ,社会的共通資本として森林を位置づけていく必要がある.そのためには,市場原理主義はいけないが,市場インセンティブは活用する必要がある.住民の意向を無視した官僚主義的計画に陥ってはいけないが,住民が参加しながら立案・合意された土地利用計画は必要である.

 地球温暖化対策として森林部門が果たすべき役割を考えていくと,とかくマクロな視点から森林が蓄積する炭素量にばかり目が向きがちである.また,

机上の費用計算によって，森林保全は割安な温暖化対策であると安易に考えられがちである．

しかし本章で見たように，グローバルな視点からのみの政策論や費用計算のみでは不十分である．森林を守り，持続的に管理するためには，地域住民が主体的に意欲を持って取り組むことが必要となる．社会的共通資本としての森林管理システムの構築という制度面での改革が不可欠なのである．

参考文献

Acosta, R. T.（2004），"Impact of Incentives on the Development of Forest Plantation Resources in the Philipines." *What does it take? The role of incentives in forest plantation development in Asia and the Pacific.* Thomas Enters and Patrick B. Durst（eds.），FAO. Bangkok.

APEC（Asia-Pacific Economic Cooperation）（2007），"Sydney APEC Leaders' Declaration on Climate Change, Energy Security and Clean Development." 9 September 2007. http://203.127.220.67/etc/medialib/apec_media_library/downloads / news _ uploads / 2007 aelm. Par. 0001. File. tmp / 07 _ aelm _ ClimateChangeEnergySec.pdf

ASEAN（Association of Southeast Asian Nations）（2007），"ASEAN Declaration on Environmental Sustainability." 20 November 2007. http：//www.aseansec.org/21060.htm

Barr, C. and C. Cossalter（2004），"China's Development of a plantation-based wood pulp industry: government policies, financial incentives, and investment trends." *International Forestry Review* 6（3-4），pp. 267-281.

Brown, C.（2000），*The Global Outlook for Wood Supply from Forest Plantations.* Global Forest Products Outlook Study Working Paper Series. FAO. Rome.

FAO（2001），*Global forest resources assessment 2000.* FAO Forestry paper 140. Food and Agricultural Organization. Rome.

FAO（2006），*Global Forest Resources Assessment 2005.* FAO Forestry Paper 147. Food and Agricultural Organization. Rome.

Guizol, P.H. and A.L.P. Aruan.（2004），"Impact of Incentives on the Development of Forest Plantation Resources in Indonesia, with Emphasis on Industrial Timber Plantations in the Outer Islands." *What does it take? The role of incentives in forest plantation development in Asia and the Pacific.* Thomas Enters and Patrick B. Durst（eds.），FAO. Bangkok.

IPCC（2000），*Special Report on Land Use, Land Use Change and Forestry.* R. T. Watson et al.（eds.），Intergovernmental Panel on Climate Change：Cam-

bridge University Press.
IPCC (2007), *IPCC Fourth Assessment. Working Group III Report. "Forestry."* Intergovernmental Panel on Climate Change, pp. 543–578. http://www.ipcc.ch/pdf/assessment-report/ar4/wg3/ar4-wg3-chapter9.pdf
Hyakumura, K., Y. Seki, and F. Lopez-Casero (2007), "Designing Forestation Models for Rural Asia: Avoiding Land Conflict as a key to Success."*IGES Policy Brief #6*. Institute for Global Environmental Strategies. Kanagawa.
向虎・関良基 (2003),「中国の退耕還林と貧困地域住民」(依光良三編)『破壊から再生へ——アジアの森から』日本経済評論社, pp. 149–209.
Nawir, A. A., L. Santoso, and I. Mudhofar (2003), *Towards Mutually-Beneficial Company-Community Partnerships in Timber Plantation: Lessons Learnt from Indonesia*. CIFOR Working Paper No. 26. CIFOR. Bogor.
関良基・向虎・吉川成美 (2009),『中国の森林再生——社会主義と市場主義を超えて』御茶の水書房.
Shimamoto, M., F. Ubukata, and Y. Seki (2004), "Forest sustainability and the free trade of forest products: cases from Souteast Asia." *Ecological Economics*. 50, pp. 23–34.
Stern, N. (2006), *The economics of climate change: The Stern Review*. HM Treasury, The government of United Kingdom. http://www.hm-treasury.gov.uk/independent_reviews/stern_review_economics_climate_change/stern_review_report.cfm
中華人民共和国国務院 (2007),「関於完善退耕還林政策的通知」国発［2007］25号, 2007年8月15日. http://www.counsellor.gov.cn/counsellor/zcyj/default_1.htm
中国可持続発展林業戦略研究項目組 (2002),『中国可持続発展林業戦略研究総論』中国林業出版社.
宇沢弘文 (2000),『社会的共通資本』岩波新書.
Uzawa, H. (2005), *Economic Analysis of Social Common Capital*: Cambridge University Press.
柳幸広登 (2006),『林業立地変動論序説——農林業の経済地理学』日本林業調査会.

第3章 地球温暖化とベトナムの森林政策

緒方俊雄

1. 地球温暖化と IPCC

　気候変動, いわゆる温暖化問題が地球規模で起こっている. 開発優先か環境優先かという国際的な利害対立は, 1987年に発表された報告書『われら共通の未来 (*Our Common Future*)』(WCED, 1987) 以降,「持続可能な開発」という共通の土俵で議論が行われるようになった. そして国連は, 1988年に「気候変動に関する政府間パネル (IPCC)」を組織し, 世界の科学者の英知を集めて科学的・技術的・社会経済的な評価を行い, 地球温暖化防止のために各国の政策決定者や一般の社会人にも広く利用できるように, 1990年に「IPCC第1次評価報告書 (FAR)」, 1995年に「IPCC第2次評価報告書 (SAR)」に続き, 2001年に「IPCC第3次評価報告書 (TAR)」, そして2007年に「IPCC第4次評価報告書 (AR4)」を発表してきた. その結果, 温暖化は二酸化炭素 (CO_2) やメタンなど6種類の温室効果ガスの濃度上昇に起因するものとされ, しかも産業革命以降, 大量の化石燃料の利用や森林伐採等の土地利用の変化など, ほぼ人為的要因に起因するという結論を得た. それは, 北極や南極, 高山の氷河, 永久凍土を融かし, 世界の平均海水面を上昇させる. したがって今後, 人類がいかなる対策シナリオを選択するかによって, 温暖化問題がもたらす結論が異なってくることも明らかにされた. そして「大気中の二酸化炭素濃度を450 ppm で安定させるための21世紀の二酸化炭素の合計排出量は, 炭素循環フィードバックを考慮しない場合には約6700億炭素トンであるのに対して, それを考慮した場合には約4900億炭素トンにまで削減する必要がある」と予測している.

　さらに「IPCC第4次評価報告書 (AR4)」では, 温暖化による乾燥化は森

林火災を引き起こし，さらに気温上昇に起因して土壌温度が上昇し，有機物の分解が促進されることによって二酸化炭素やメタンの発生量が増加するため，21世紀半ば頃には森林による二酸化炭素吸収がかえって排出に逆転し，温暖化が加速される恐れがあることなども指摘されている．したがって，温暖化問題を考える上で，これまで温室効果ガスの排出削減の問題に大きな光を当ててきたが，あわせて吸収源としての森林の生態的役割を再評価する必要がある．これは，1992年の「森林と持続可能な開発に関する世界会議（WCFSD）」が主張してきた課題でもある．20世紀後半，地球温暖化問題と同時に，森林の減少，特に熱帯雨林の急速な減少に危機感が持たれていたからである．その結果，地球サミット以降には「森林について協議する政府間パネル（IPF）」も組織されている．その主張は，『われらの森林，われらの未来』(*Our Forests Our Future*, 1999) という表題の報告書にまとめられている．その中で，同委員会は，「われわれは，森林の社会的・経済的発展における役割を認識する一方，その生態学的な価値を尊重する道を緊急に選択する必要がある」と述べている．

2007年12月にインドネシア（バリ）で開催された国連気候変動枠組条約第13回締約国会議（COP13）では，「バリ・ロードマップ」を作成し，京都議定書の第1約束期間（2008年から2012年）以降の取り組みの手順が議論されたが，同時に吸収源としての森林の意義と限界に注目し，森林減少・劣化からの温室効果ガス排出削減（REDD）についての議論が開始されている．

森林減少の原因は，国連・食糧農業機関（FAO）のデータから，レスター・ブラウン（Brown, 2001）が，世界の森林総面積は2000年時点で39億haであり，陸地総面積の約30％を占め，1990年から2000年の間の森林面積は，先進国では3600万haに増加しているが，途上国では1億3000万haに減少しているので，純量ベースで見ると，9400万haの減少となっていると指摘している．つまり，森林の減少は，主として途上国において発生しているわけである．交通インフラが発達するにつれて，自由貿易が地球規模で広がり，先進国が途上国から森林資源の輸出を増加させると，途上国の自然環境にますます大きな負の影響を与える．それは，森林資源が工業製品と同様の生産林としての市場価値としてしか評価されていない現状に原因が

あるからである．

　こうした森林減少と地球温暖化の関係は，世界の地理的状況いかんで多様な様式で発現している．アフリカなどの食糧栄養状態が不十分な地域では旱魃によって深刻な食糧危機から飢餓に直面する人口がさらに増加し，他方バングラディシュやベトナムのように大きなデルタ地域を持つ国々では洪水や海水面の上昇によって水没する地域が増大する危機に直面している．このような温暖化問題と森林管理政策の問題を，以下において現在フィールド調査を行っているベトナムを舞台に具体的に考察する．

2. ベトナムの気候と生態系

2.1 ベトナムの地形

　ベトナムには「海は銀，森は金」という故事が残っている．これは，ベトナムという国土が形成される環境，とりわけ地形と民族意識に深く根ざしている．

　ベトナムの地理学者レ・バ・タオ『ベトナム──国土と地形』(Thao, 1997) によると，インドシナ半島の東シナ海に面して南北に伸びるS字型のベトナム国土は，南北1650km，東西600kmに広がる．隣国のラオスやカンボジアとはチュオンソン山脈（アンナン山脈）によって遮られている．こうした国土の形状は，ベトナムでは「米籠をつるす天秤棒 (sao can)」にたとえられている．天秤棒の両端には大規模なデルタの穀倉地帯が広がり，人口の7割が集中する．北部のデルタは紅河 (Song Hong) によるもので，首都ハノイのほか港湾都市ハイフォンが位置する．南部のデルタはメコン河 (Me Cong) によるもので，ベトナム最大の都市ホーチミン市（旧サイゴン）を擁する．

　北部の紅河は，中国・雲南省の高原に水源を持ち，東南に下りながら国境の町ラオカイを通り，首都ハノイの北ヴェトチから分岐してトンキン湾に注ぎ込む．紅河デルタはこのヴィエトチを頂点として三角形を形成し，面積126万ha，海抜10mから0.3mの沖積平地をなし，古くから豊かな水田稲作地域が形成されている．

メコン河は，総延長約6500km，流域面積約80万平方km（日本の国土面積の約2倍），年間総流量約6000億トン，最大洪水量約6万トン／秒という東南アジアでは最長の国際河川であり，多くの支流を持っている．またメコン河は，インドシナ半島に独特の生態的特徴を形成している．チベット高原の雪解け水から発し，中国雲南省の西部を南下し，ミャンマーとラオスの国境の渓谷を通って，タイ北部の国境を貫き，ラオスの首都ビエンチャンで平原に出る．さらにタイとラオスとの国境線に沿って南下し，カンボジアの首都プノンペンを通過して，ベトナムの南部都市ホーチミン市の西部に広大なメコン・デルタを形成している．

メコン・デルタの上部では，河川沿いに上流の森林から豊富な栄養分が流出してくる．河川間には堆積した堤防の間に窪地ができる．それは雨季の増水時の「溜め池」としての重要な機能を持っている．こうした地域には，生態系特有の浮稲が生育している．浮稲とは，水位の上昇に応じて草丈を伸ばす稲の種類で，2〜3mの背丈になり，増水期に稲先を出して稲穂を付けることができるという特性を持っている．こうして，いわば自然の灌漑による稲作や水産物が，デルタ地帯の住民の食糧を供給している．

2.2　モンスーン気候と地球温暖化

ベトナム北部の紅河デルタは，東南アジアの中でも亜熱帯に属し，春夏秋冬の四季が確認できる．東北モンスーンに影響されて，冬季には平均気温が20℃以下に低下し，霖雨（mua phun）が降る．ベトナム全土は，北回帰線よりも南に位置し，赤道近くまで伸びる．このため南西モンスーンの影響を強く受ける．特に7月から11月までは台風の影響を受け，国土の中央部が被害を受けやすい．

ベトナム北部は亜熱帯気候であり，4月から10月までが雨季となる．首都ハノイの平均気温は1月が16℃，7月が29℃で，年平均降水量は1704mmである．チュオンソン山脈の影響により，山岳地帯では降水量が4000mmを超える地域もある．他方，ベトナム南部は熱帯性気候であり，平均気温は1月が18℃，7月が33℃だが，平均降水量は1000mmと北部と比べると少ないが，メコン・デルタ地域では典型的なモンスーン気候であり，乾

季と雨季という2つの季節に分かれる．

　最近では，こうしたモンスーン気候に異変が起きている．「モンスーン (monsoon)」とは，もともと季節的に風向が逆転する風を意味する「マウシン」というアラビア語に由来する用語で，「季節風」を意味していた．かつての帆船時代にはこの風向を利用して貿易を行ったことから「貿易風」とも呼ばれている．特に，「アジア・モンスーン」は，夏季にインド洋に発生した高気圧が雨雲をもたらし，インドやインドシナ諸国に移動し，そこで雨季をもたらす．他方，冬季にはアジア大陸から乾燥した「北東モンスーン」が吹くと，同地域は降水量の少ない乾季となる．

　ところが，最近ではインド洋西部で初夏から晩秋にかけて海水温が高くなり，東部で低くなる海洋大気異変現象が起こるようになった．これは「インド洋ダイポールモード現象（Indian Ocean Dipole mode）」[1]と呼ばれ，アジア・モンスーン気候の規則性や規模に異変をもたらし，各地で豪雨による洪水や乾燥による山火事と旱魃による不作という異常現象をもたらしている．

　こうした気候変動は，植物の生育や森林樹種の生態系に大きな影響力を及ぼす．水田は，適度な降雨量を必要とするが，それが不安定になり洪水になると農作物の凶作が起こる．また特に，乾季の長さは，植物の生育に強い影響を及ぼす水不足の期間が長期化することを意味し，植物種や樹種にも大きな影響を及ぼす．森林は，乾季には地中に張った根が土壌の湿度を感じ取り，生育を停止し，落葉によって乾燥を耐え忍ぶといわれる．したがって，気候

---

[1] 地球フロンティア研究センターの山形俊夫プログラムディレクターらが，1999年にインド洋での海洋大気異変現象を発見し，ネーチャー誌に発表したもの．これは，太平洋熱帯域のエルニーニョ現象とよく似た現象で，インド洋東部（ジャワ島沖）で海水温が下がり，反対にインド洋中央部から西部（ケニア沖）で海水温が上昇する．この海洋の変動に対応して赤道上の東風が強化される．このダイポールモード現象は普通5～6月に発生し，10月頃に最盛期になり，12月には減衰する．この現象はインドネシアやオーストラリア西部に旱魃をもたらす一方で，ケニアなどの東アフリカ諸国には洪水をもたらすことが明らかになっている．また夏のモンスーンに大きな影響を及ぼし，インド北部からインドシナ半島，中国南部に大雨をもたらすとともに，極東アジア，日本では西日本から沖縄周辺に猛暑をもたらすことが明らかになっている．ヨーロッパ地中海諸国の猛暑とも関係が深いという研究結果も報告されている．（海洋研究開発機構，2006年10月16日）

変動による乾季の長さの変化は、森林の生態系、とりわけモンスーン林にとって致命的な影響を与えるわけである.

2.3 森林生態系とモンスーン林

森林は、気候の調整機能、洪水防止や水源涵養林としての「緑のダム」の機能、土壌保全機能、養分貯蔵・循環機能、経済的にはバイオマスの供給（燃料、木材、パルプ材など）のみならず、レクリエーションやエコツーリズムなど、多様な機能を持っている（木平、2005）.

地球温暖化問題を考える上で、森林の果たす気候調整機能は絶大である.森林は、二酸化炭素を吸収し酸素を供給して、地球の生物圏の基礎を支えている.とりわけ、地球の大半を占める熱帯雨林は「地球の肺」にたとえられているが、森林伐採は、その意味で温暖化を緩和する機能を阻害するとともに、温暖化の悪化は激しい異常気象によって多様な森林の育成に障害となるという悪循環をもたらす.

ここで具体的にベトナムの森林形態を見てみよう.森林資源計画研究所の『ベトナムの森林』（FIPI, 1996 年）によると、ベトナムの森林は、熱帯常緑広葉樹林、亜熱帯常緑広葉樹林、乾燥熱帯（落葉）樹林、針葉樹林、マングローブ林、竹林、メラルーカ林に分類され、多様な樹種から形成されている.

熱帯常緑広葉樹林は、北部では標高 800m 以下、南部では 1000m 以下の丘陵地帯や湿潤な低地帯に広く分布している.亜熱帯常緑広葉樹林は、北部の標高 800m 以上の山岳地域に見られる.乾燥熱帯（落葉）樹林では、標高 1000m 以下の山岳地域の落葉・常緑樹混交林が多く、それらはモンスーン林と呼ばれる.針葉樹林は、標高 1000m 以下の南部高原や 1500m 以下の北部山岳地域に広く分布している.マングローブ林は、海岸の湿地帯、特に南部メコン・デルタや北部紅河デルタ地域の沿岸を占めている.竹林は、ベトナム全土に分布し、建設材、紙パルプ原料、工芸材料など、ベトナム特有の竹林文化を支えている.

最近注目されているメラルーカ林は、特にメコン・デルタ地域に生育している.ベトナム南部カントー大学の森林土壌調査によると、メコン・デルタの多くは地質が酸性土壌で、一般樹木の生育は困難だが、メラルーカ林は、

酸性硫酸土壌でも生長し，酸性土壌を中和させ改善する能力を持っている．そのためにメコン・デルタ地域の土壌改良林として植林が進められている．

　植物の生育や森林の成立を決定する最も重要な3つの要因は，温度（気温），水分（降水量），地質（土壌）である．一般に植物は気温5℃（摂氏）で生育を停止するとされるが，熱帯地域では1年中気温5℃を下回ることはない．生物圏は，大気圏（Atmosphere），水圏（Hydrosphere），地圏（Pedosphere）に分類される．この中の地圏は土壌を指している．土壌の特質は，生物にとっての環境要因であるばかりでなく，微生物の活動（分解過程）によって作り出される環境でもある．土壌には，生きている微生物と分解された物質が複雑に混在し，腐食化（Humification）の程度によって有機化合物は無機質化合物に変換され，落葉分解層（Litter），腐植土（Humus soil），溶脱帯（Leached zone）という地層に分けられる．したがって，地球温暖化による気温の上昇や降雨量の変化は地圏の微生物にも重大な影響を与え，森林は二酸化炭素の吸収源から排出源に逆行する可能性を持ち，森林生態系の基本条件を破壊することに繋がる（ベルグ他，2004）．

2.4　ベトナム戦争と枯葉剤被害

　ベトナムの歴史において森林とベトナム人民に一番重大な影響を与えた出来事は戦争である．特にベトナム戦争において1961年から1971年の期間に米国軍は「枯葉剤作戦」を実施し，そのために広範囲の森林が枯れ，多くの人々に深刻な問題を引き起こした．米国軍の枯葉剤作戦には，「オレンジ剤」，「白剤」，そして「青剤」の3種類が使用されていた．「オレンジ剤」と「白剤」の2種は森林を枯らし，南ベトナム解放民族戦線（通称ベトコン）の隠れ家をなくすためのものであり，「青剤」は稲穂を枯らし，ベトナム人の食糧を枯渇させるためのものであった．空中散布の量は，1ha当たり9.5リットル，4〜6週間おきに2回の散布を行い，その後，ガソリンを撒き散らし，ナパーム弾を投下して，樹木を焼失させる．1967年だけでも39万haに枯葉剤が散布され，薬量は1万3000キロリットルであったといわれている．ベトナム森林研究所（PIFI）によると，枯葉剤が散布された森林総面積は310万4000ha，森林全体の17.8%にも及んでいる[2]．

熱帯雨林やモンスーン林では，樹冠から降り注ぐ落葉や落枝は地面で短期間に分解され，土壌の養分となって再び樹木に吸い上げられる．この栄養循環は2年位の短期間であり，しかも「自転車操業」といわれるほど脆弱である．したがって，一旦，森林が破壊されると表土が薄いために雨季の降雨で表土が流失し，時にはチガヤ（茅萱）や笹藪で覆われ，生態学でいう植物群落を中心とした植生遷移を妨げる「妨害極相」を形成してしまうので，自然生態系の作用で森林が再生することはきわめて困難となる傾向がある．

さらに枯葉剤に含まれているダイオキシンは人体にも致命的な悪影響を与え，とりわけ山岳民族や少数民族に多くの犠牲者が出ている．当時，枯葉剤の散布を直接浴びた森の民の多くは生命を失うか，たとえ一命を取り留めても，その子孫に奇形児が生まれ，今でも「コモンズの森」の環境破壊と人体の悪影響で経済的に自立が困難な状態に陥り，生活難に苦しんでいる．

3. ベトナムの森林政策

3.1 森林と土地政策

ベトナムは，1975年に米国との戦争に勝利し独立国となることによって，本格的な民族統合政策と森林政策を採用した．ベトナムの正式の森林統計は，表3-1に見られるように，1943年から始まる．当時の森林率は43％であり，国土の半分近くが森林に覆われていたことになる．しかし，戦争中に大幅な森林面積の低下を見ただけでなく，独立後に植林（人工林増加）が始まるものの，平和になっても天然林面積が減少したために，総森林面積は減少し，1990年には27％台にまで低下している．それは，ベトナム政府の土地

---

2) 日本生態学会は，この「枯葉剤作戦」に対して，1968年に米国の枯葉剤作戦を中止する声明を発し，米国科学雑誌『サイエンス』に掲載された．米国軍は，当時，このような枯葉剤作戦の批判をかわすために，マスコミに対して強大なブルドーザーを導入して森林を取り除き道路建設をしているように演出してみせた．このような米国軍の森林破壊行為は，生態系に深刻な問題を引き起こし，世界から批判を浴びてきたが，いまだに戦後補償がなされていない．ストックホルム国際平和研究所編『ベトナム戦争と生態系破壊』（1979年）．レ・カオ・ダイ『ベトナム戦争におけるエージェントオレンジ——歴史と影響』（文理閣，2004年）参照．

表3-1 ベトナムの森林面積の変化

(単位：1000ha)

年	1943	1976	1980	1985	1990	1995	1999
天然林面積	14,000	11,077	10,486	9,308	8,430	8,252	9,444
人工林面積	0	92	422	584	745	1,050	1,471
総森林面積	14,000	11,169	10,608	9,892	9,175	9,302	10,915
森林率（％）	43.0	33.8	32.1	30.0	27.2	28.1	33.2

出所：*National Five Million Hectare Reforestation Programme*, MARD, 2001, p. 2.

政策と森林政策に関係する問題にも関係している．

　ベトナムが社会主義国家として独立したとき，「土地の所有権は国家に属する」という原則が打ち出され，土地国家管理政策が導入された．それは，それまで山岳地域の「コモンズの森」を生活の場としてきた少数民族にも適用され，しかも支配民族に対しても「コモンズの森」の土地使用権が再分配され，そこへの入植が許可された．

　もともと，ベトナムは，中国や他のインドシナ諸国と同様に，多数の民族（54民族）から構成されている（Rambo, 2003）．ベトナムにおいて勢力を伸ばしたのは，「キン族（京の人）」あるいは「ベト族（越族）」とも呼ばれる民族であった．現在ではベトナム人口の87％を占めるにいたっており，主に平地やデルタ地域を支配し，灌漑技術を活用して水田稲作文化を発達させてきた．他方，少数民族はその歴史的過程で従属的な立場に位置づけられ，山岳地域に追いやられ，そこに「コモンズの森」を作っていたわけである．

　ポッペンバーガー（Poffenberger, 2000）は，東南アジアの現地調査に基づいて，歴史的に「森の民」がどのようにして森林を保護してきたかをまとめている．一般的には，伝統的な森林管理方法や長い休閑期を持った焼畑農法は，生産効率は悪いものの生態系に依拠した農法であり，森林の持続可能性を保持したものであった．しかしアジアの各国政府が欧米流の近代的土地制度と森林管理法を導入すると，土地管理制度によって区画化され，多くの入植者が新区画に侵入するようになり，森林伐採と生態系破壊型の焼畑農業が始まったという．

　ベトナムの調査事例でも，各地域の少数民族は，何世代にもわたって狩猟採取による自然資源の有効な利用方法を編み出してきたことが指摘されている．彼らの生活様式には地域差があるが，共通しているのは樹木信仰などの

精霊崇拝と自家消費用の生物資源の利用を中心として，資源枯渇をもたらすような乱開発を避け，各地域の生態系の特性を活かしたものであった．

　特にベトナム北部ソンラ省の少数民族の中には現地用語で「ソンパ (Xompa：英訳 Forest Protector)」と呼ばれる長老が，今でも(1)水源地帯の森林保護を徹底する，(2)伐採する林分を決め，住宅や道具として使う木材を択伐する権利を村人に割り当てる，(3)村人の協力を得て山火事を防ぐ手だてを整える，といった活動を行っている．こうした「ソンパ」を中心とした伝統的な森林管理慣行に代わって，政府の土地国家管理政策が普及するにしたがって「コモンズの森」の森林管理のインセンティブが薄れ，森林の減少や劣化を招いてきた．

　「ソンパ」制度を持つ少数民族と異なり，伝統的な焼畑農法を熟知していない入植者は，生態系を破壊する焼畑農法を導入し，森林を伐採して農地の拡大を図った．その結果，森林面積の急速な低下に繋がったと見なすことができる．また，新たな土地制度によって「コモンズの森」からの移住を迫られ，やせた土地での生活に馴染まない少数民族は地域での対立を引き起こし，生活苦から違法伐採に拍車をかけることになった．

　ベトナム政府は，そうした苦い経験を踏まえて，1993年，2001年，さらに2003年に土地法を漸次改正し，土地の使用権に「交換・譲渡・賃貸・相続・抵当化する権利」を加え，さらにまた山岳少数民族に対し土地使用料（税）を免除するなどの配慮と新しい森林管理制度を導入している．

　新しい森林政策の特徴は，森林の機能を以下のように分類することにある．

　　　生産林　　：木材，その他の林産物，森林に関連する産物（動物・植物）の環境保護
　　　保護林　　：水源涵養，土壌流失防止，自然災害防止，環境・気候調整などの保護を基本として管理し，河川流域の伐採を禁止した森林および自然植生の保全
　　　特別利用林：歴史的遺跡・文化，希少な植生，水源涵養，遺伝子資源保護，学術研究対象，観光資源などの目的のために保護すべき森林

表3-2 ベトナムの森林用地の年平均変化

期　間	天然林の変化 (1000ha／年)	人工林の変化 (1000ha／年)	純変化分 (1000ha／年)
1943－1976	－88	3	－85
1976－1980	－148	66	－82
1980－1985	－235	32	－203
1985－1990	－175	32	－143
1990－1995	－36	61	25
1995－1999	298	105	403

出所：*National Five Million Hectare Reforestation Programme*, MARD, 2001, p. 2.

その結果，森林用地の変化は表3-2のように変化している．

1943年から1990年の間では，森林管理政策が導入された以降も，天然林の減少率が上昇し続けている．特に1980年から1985年の間の減少（23万5000ha）は顕著であり，人工林の増加では相殺できていない．したがって当時の森林率の減少の主な原因が，ベトナム戦争による枯葉剤による消失から不合理な焼畑，違法伐採，森林の農地化，薪や炭の生産，森林火災などに移行していると推論することができる．さらに1990年には30％を下回り27.2％にまで減少しているが，それは政府の森林保全計画がまだ地域農民の支持を得られていないことを意味していた．

しかし1995年以降には，以下に紹介する「プログラム327」と「プログラム661」と呼ばれる「住民参加型」の新しい森林管理政策の成果を受けて，天然林と人工林が増加に転じている．

3.2 「プログラム327（1992-1998）」

「プログラム327」とは，1992年9月に「裸地・荒廃地・森林地・海岸砂地・水系利用のためのプロジェクト」として発令された政府決定令である．「林業，農業，定住」のスローガンの下で，毎年5000米ドルが327のプロジェクトサイトに投資された．1995年には水源林・海岸林の保全や国立公園などの特別利用林の造成や保全が主要な目的となり，「住民による森林資源の造成・保全」という性格に重点を移した．地域住民（世帯単位）は，配分された土地での植林と森林管理の責任を負い，森林産物売上高の20％を地方政府に支払う．他方，政府は，植林の指導以外に，社会インフラとして道

表 3-3　1999 年時点でのベトナムの森林の状態

森林の分類	森林総面積 (ha)	天然林面積 (ha)	人工林面積 (ha)
生産林	4,040,056 37.0%	3,167,781 78.4%	872,275 21.6%
保護林	5,350,668 49.0%	4,812,671 89.9%	537,997 10.1%
特別使用林	1,524,868 14.0%	1,463,746 96.0%	61,122 4.0%
合　計	10,915,592	9,444,198	1,471,394

出所：*National Five Million Hectare Reforestation Programme*, MARD, 2001, p. 2.

路，学校，病院などの社会資本を整備し，農地の分与，資金・資材の供与あるいは貸与を行う．これは，中国の「退耕還林」政策（関，2005），つまり傾斜地 25 度以上の農地を森林地に戻し，当該林地内では農業を禁じている森林再生政策と異なり，ベトナムの地域住民が林地内に入りアグロフォレストリーによる農作物栽培や薪炭材の生産を認めているので，中央集権型の森林管理と住民参加型の森林管理の意義と特徴を比較することができる．その結果，機能別森林の状態は表 3-3 のように変化している．

3.3　「プログラム 661（1998-2010）」

「プログラム 327」では，2010 年までに 200 万 ha の土地に造林を行う計画であったが，この計画は新計画「500 万 ha 森林造成計画」に継承され，1998 年に実質的に終了している．500 万 ha の新計画は，1998 年 7 月に「500 万 ha 森林造成プロジェクトにおける目標・課題・方針・実行体制について」の首相決定令の下で作成されたプログラム（プログラム 661）を指している．この新計画は，1998 年から 2010 年までの 13 年間に以下の目標を目指している．

(1) 500 万 ha の新規に造成する森林と既存の森林を保護することにより，2010 年までに森林面積を 43% まで引き上げ，環境を保護し，厳しい自然災害を減少させ，水資源の利用可能性を増加させ，遺伝子資源と

生物種多様性を保護するなど，森林と国土の保全機能を強化する．この 43% という目標数値は，1943 年の水準を意味している．
(2) 裸地や裸地化した丘陵を効果的に利用し，雇用機会を創出し，食糧不足や貧困削減に寄与し，焼畑移動農業から定着型農業と定住化へ移行を支援する．そして地域山岳少数民族の所得を増加させ，社会状況を安定化させ，特に国境地域における国家防衛と保全を強化する．
(3) 地方の国内消費のみならず海外輸出のために，建築用木材，紙パルプ，木材加工品，森林副産物，および薪材となる原料を供給する．木材加工工業を開発する．森業を山岳地帯における社会経済状態の改善に貢献できるような重要な経済セクターとして育成する．

そして，それらを具体化するために，次のような課題を掲げている．

(1) 既存の森林を保全する．とりわけ最優先課題は，特別利用林として区分されている天然林および「プログラム 327」で造成された保護林の確保である．また，材積が高・中程度の生産林においても同様である．地方政府関係機関，各世帯，そして各個人への植林地の分配は，定着型農業と組み合わせて実行する．住民の定住化，飢餓の排除そして貧困の削減は，森林保護，天然更新および植林を行うためにも，優先課題として遂行されるべきである．
(2) 新規の森林造成のための植林は，(a) 保護林と特別利用林用に 200 万 ha を充当する．そのうち 100 万 ha は天然更新の育成を通じて造成し，100 万 ha は定着型の農業と定住化と組み合わせた植林で行う．(b) 300 万 ha は生産林用に充当する．そのうち 200 万 ha は，製紙，集積材，特用林産物，価値の高い樹種の木材の生産といった原材料の供給に割り当て，残りの 100 万 ha は長期の産業用樹種および果樹林の植林に充当する．

2006 年にベトナム政府・農業地方開発省（MARD）で面談調査を行った際に，直近の森林率がほぼ 40% に達しており，目標年次に向けた植林計画

は，順調に進んでいると指摘された．しかし同時に，「ドイモイ（刷新）」と呼ばれる市場経済化政策の下で都市と農村の経済格差，とりわけ地域少数民族との経済格差が相対的に広がり，新たな課題を抱えているとのことであった．またベトナムも京都議定書を非締約国として批准し，政府の『国家森林開発戦略 2006-2020』（MARD, 2006）では温室効果ガスを削減するために「クリーン開発メカニズム（CDM）」の導入を計画している．その中でも特に，温暖化対策と森林保護の一環としてベトナム政府が取り組んでいる森林政策が「AR-CDM プロジェクト」である．この政策は『黄金の森林——ベトナムにおける AR-CDM プロジェクトのための実践的なガイドライン』（SNV, 2006）と題した英語・越語の小冊子の中で紹介されている．この文献の表題は，ベトナムの「海は銀，森は金」の故事に由来するものであり，荒廃した山岳地域の貧しい住民に光をあて，伝統的な「コモンズの森」を復活させる役割を果たそうとするものであるので，その論点を明らかにしておく．

4.「コモンズの森」の再生と CDM の役割

4.1　地球温暖化と「京都議定書」

　国連気候変動枠組み条約の締約国会議は，1997 年に京都で開催された COP3 において地球温暖化防止に関する「京都議定書」が採択され，2005 年に発効された．それは，1990 年を基準として先進国（付属書 I 国）全体では温室効果ガス（GHG）を 5.2% まで削減することを目標にしている．前述のように，第 1 約束期間（2008 年から 2012 年）に，締約国である EU 諸国の平均では温室効果ガスをマイナス 8%，米国はマイナス 7%（ブッシュ政権の下で米国は離脱している），日本はマイナス 6% を抑制することとしている．そしてもし削減目標を遵守できない場合には，第 2 約束期間に過剰排出量の 1.3 倍のペナルティーが課されることになっている．ただし，削減目標を達成するための補完システムとして，(1)排出権取引（ET：京都議定書第 17 条），(2)共同実施（JI：京都議定書第 6 条），そして(3)クリーン開発メカニズム（CDM：京都議定書第 12 条）という「京都メカニズム」が組み込まれている．

京都議定書は，地球温暖化を抑制するために温室効果ガスの削減という数量指標を基準に国・地域別に割り当てるものであり，京都メカニズムによって削減に対するインセンティブが引き出される論理構図になっている．しかしそのために二酸化炭素を排出しない原子力発電の活用などの議論が提起され，持続可能な社会形成に不安定要因が加わっている．他方，欧州では炭素税（環境税）を導入し，環境保全を図っている．これは，課税による価格効果を基準に数量を抑制し，税収の活用によって環境保全を図るというものである．ここでは，前者の温暖化を抑制する CDM の持つ特徴と社会的意義を明らかにしたい．

4.2 排出源 CDM と吸収源 CDM

クリーン開発メカニズム（CDM）は，京都議定書の議論の中で締約国（先進国）と非付属国Ⅰ（途上国）との間を取り結ぶ現代では唯一の温室効果ガス削減の仕組みである．しかもそれには次の二つの条件が伴っている．つまり，CDM は，「非付属国Ⅰの持続可能な発展に資すること」（京都議定書第 12 条 2 項）でなければならないと規定されており，さらに「非付属国Ⅰの合意が必要である」としている．したがって，非付属国Ⅰ（途上国）の持続可能な発展に寄与する国際環境協力の方法や制度設計が開発されなければならないことになっている．

CDM には二つの領域が含まれている．一つは，「排出源 CDM」である．「排出源 CDM」は，途上国であらかじめ温暖化ガス排出量の「ベースライン」を設定し，先進国が温暖化ガス削減技術と資金を提供した結果として発生した排出削減量のクレジット（CER）を先進国に提供する排出量取引である．これには，途上国の既存工場を効率化し，化石燃料などの資源利用を削減する技術を適応する場合や，バイオマス（生物資源）エネルギーを導入する場合，また廃棄物処理・処分の管理効率化などが事例として挙げられる．これは，途上国，とりわけ中国やインドのように，すでに化石燃料の大量使用が行われている工場地帯を前提にしており，先進国と比較して途上国の工場などの劣悪な環境保全技術にしか適応できないという制約がある．事実，国連の CDM 認証機関（EB）において承認されている案件（2008 年末時点）

は1000件を上回り，それらは中国とインドに集中している．しかし，この「排出源CDM」に対しては，先進国の温室効果ガス削減の抜け道になっていないか，あるいは途上国の自主的削減努力を阻害しているのではないかという疑問も提起されている．

　もう一つは，「吸収源CDM」，あるいは前述のベトナムの「AR-CDMプロジェクト」(SNV, 2006) と呼ばれる「黄金の森林」政策である．これは途上国において「新規植林（Afforestation）」や「再植林（Reforestation）」による植林活動の拡大（京都議定書第3条3項）によって二酸化炭素を吸収するものである．「新規植林」は，途上国において過去50年間に森林が存在しない裸地や荒廃地における植林活動を意味し，「再植林」は1989年末時点から現在まで森林でなかった土地を森林地に転換する植林活動を意味している．いずれも，樹木の生長につれて光合成により二酸化炭素を吸収し，樹木として炭素を固定化するので，途上国における二酸化炭素の削減分としてのクレジット（CER）が発生する．現状では，これまで国連CDM認証機関（EB）において「吸収源CDM」として承認されている案件は中国の1件にとどまり，途上国の森林減少に歯止めがかからず，京都メカニズムにおいてCDM政策の地域的アンバランスが生じている．

　「吸収源CDM」は，該当地に「ベースライン」を設定する上で，次のような「森林」の定義が設けられている．つまり，「吸収源CDM」のための森林とは，各国の事情を考慮して，「最低樹高が2～5m，林冠率10～30%，最低0.05～1.0haの区域のいずれをも満たす土地」とされている．たとえば，中国では，最低樹高2m，林冠率20%，最低1ムー（約0.067ha）と定義され，ベトナムでは，最低樹高3m，林冠率30%，最低0.5haと定義されている．したがって，この森林の定義を満たさない土地での植林が「吸収源CDM」として第1の資格基準となる．このように見てくると「吸収源CDM」は，「排出源CDM」と異なって，途上国の都市から離れた地方の貧困地域や荒廃地を対象とするものであり，途上国の「コモンズの森」の再生，地域開発・社会開発に寄与する国際環境協力の可能性を広げる手段であるといえる．

4.3　森林の持続可能性と「エコビレッジ（生態村）」の形成

　しかし「吸収源CDM」による森林管理政策はそれほど単純なものではない．まず「非永続性」の問題が発生する．森林にはライフサイクルがあるので，樹木の成長の際には二酸化炭素を吸収するが，森林伐採によって経済的利用を行うときや燃料として利用するときには二酸化炭素を排出する．その意味で成長時の吸収と木材利用時の排出の収支がつりあう場合が「カーボン・ニュートラル（炭素収支のバランス）」と呼ばれ，植林だけでは二酸化炭素の人為的純削減量にはならない．そこで，次に「アディショナリティ（追加性：Additionality）」の基準を満たす必要がある．

　まず，荒廃した裸地や荒地を自然に戻すことを目的とした「環境林」として植林を行う場合には，樹木の生長に合わせて二酸化炭素が吸収される．最初，人工林であっても自然の作用で長期的には交配が進み，次第に自然林化していく．ベトナムの森林統計（表3-1）で1999年以降に自然林が増加し始めたのはそのためである．その間，森林は二酸化炭素を吸収し，温暖化を緩和し，水源涵養や空気浄化，生物多様性の棲家としての多様な機能を果たしてくれる．これらは森林生態系の機能の回復であり，さらにこの植林プロジェクト活動が存在しない場合には起こり得なかった二酸化炭素の人為的吸収という意味での「アディショナリティ」の基準を満たす．

　他方，「生産林あるいは産業林」として植林を行う場合には，森林が存在しない裸地や荒廃地に順次植林を行い，植林と伐採を通じて循環的に土地を活用し，長期的な森林管理を行う場合には，樹木成長の二酸化炭素吸収が木材利用時の排出を上回り，同時に生産林としての経済的収入が見込まれる．とりわけ，途上国の地域社会における貧困農村開発や地域の少数民族の生活向上にも適応可能である．このケースでは，もしこの植林プロジェクト活動が存在しない場合には裸地や荒廃地が緑化されず，地域社会に経済的収益がもたらされず，持続的な経済発展が見込めない場合に比べて，当該プロジェクトの経済効果がプラスであれば「アディショナリティ」の基準を満たしていると見なすことができるわけである．

　2001年にモロッコのマラケシュで開催された国連締約国会議（COP7）に

おいて，森林管理の原則（マラケシュ合意）が決まり，その後，吸収源によるクレジット期間には，(1) 20 年間（2 回の更新可能），および (2) 30 年間（無更新）のいずれかを選ぶことができるようになった．さらに，現代では「吸収源 CDM」によって発生したクレジットには，「短期期限付き CER (tCER)」と「長期期限付き CER (lCER)」が設けられている．前者は植林プロジェクト開始時以降に達成された純人為的吸収量に相当するクレジット (CER) が第 1 回目の検証・認証から 5 年毎に「一時的 (temporal)」に発行されるケースであり，後者はプロジェクト開始時以降に達成された純人為的吸収量の累積量に相当するクレジット (CER) が「長期的 (long-term)」に発行されるケースである．

しかしいま提起されている問題は，各クレジット (CER) が発行された後，人為的純吸収量が減少した場合の「補填」の帰属問題と森林火災による森林喪失などのリスクに対する取り扱いの「不確実性」の問題である．さらに，「吸収源 CDM」は，本来，温室効果ガスを削減することが目的なので，上記の植林プロジェクト活動の境界外で温室効果ガスが排出される場合には，漏れ，つまり「リーケッジ (Leakage)」が発生することになる．たとえば，森林の定義を下回る植林予定地で，植林による現実の二酸化炭素の純吸収量 (A) は，植林のために灌木を伐採し雑草を取り除く場合などのように，ベースライン内で純排出量 (B) が発生する場合には，それらを控除しなければならない．あるいは「吸収源 CDM」当該地から住民や家畜が移動して別の用地を開拓した場合や，当該地に植林管理のために化石燃料を使用する車両を使って製材会社を往復する場合など，当該地内外での温室効果ガス排出という漏れ，つまり「リーケッジ (L)」が発生しているので，この部分を控除しなければならない．その結果として「人為的純吸収量 (N)」が得られる．このような制約条件を考慮して，途上国のクリーンな地域社会開発に寄与する場合にのみ，「AR-CDM 植林プロジェクト活動に起因するプロジェクト境界内の炭素蓄積の変化（吸収）」から「プロジェクト活動に起因して増加してしまったプロジェクト境界外の排出量」を控除した，吸収源による現実の温暖化ガスの純排除量が確保されるわけである．

いま長期的に「コモンズの森」を回復させ，森林を持続可能にするという

とき，持続可能な森林は望ましい目的であり，持続可能な森林管理は目的を達成するための手段と位置づけることができる．この場合，持続可能な森林管理の基準には，温暖化の緩和，生物多様性の保全，森林生態系生産力の維持，森林生態系の健康と活力の維持，土壌および水資源の保全と維持，地球上の炭素循環への森林の役割の維持，社会のニーズを充たす長期にわたる多数の社会経済便益の維持と増進，森林の保全・持続可能な森林経営を実現するための法制度や経済の枠組みの整備という要因を含んでいる．

フロイド（Floyd, 2002）は，森林の持続可能性が経済・生態・社会という3つの要素から成り立つと主張する．第1の「経済的持続可能性」は，経済的に森林に依存している企業経営，コミュニティや家族などの家計の維持などの観点から持続可能性を分析するものである．森林は，長期のライフサイクルに依拠しているので，天然林の場合，ひとたび伐採すると再生するのに長期間を必要とする．人工林として植林する場合には，生物多様性は劣るが，間伐や皆伐を最適に組み合わせ，再植林を図ることによって森林を維持することができる．

しかし，道路などの社会資本の整備や農業の拡大に伴い，森林用土地利用が減少するのみならず，化石資源である石炭や石油の大量使用による環境の悪化を招き，自然資本の劣化が起こる．これらは「生態的持続可能性」によって分析される．森林が提供する生態的プロセスには炭素循環や水循環の保全があるが，森林は化石燃料の消費から排出された二酸化炭素を吸収するという重要な役割を担っている．しかし生態系は，生産者としての光合成による自然生態系，森林の生産から消費者としての動物類，そして分解者として土壌を形成する微生物やバクテリアなど，一連の食物連鎖の微妙なバランスの上に維持されている．そのために，生態的プロセスに基づいて生物多様性の維持や生態系の保全を図るのは，人類の制度設計の能力に依拠せざるを得ない．それを示すのが「社会的持続可能性」の視点である．社会的持続可能性は，森林に依存している人間社会や文化社会を維持する能力に依存する．さらにここには，意思決定過程への市民参加の推進，地域固有の文化の保護，民族の自決権や土着の人々の文化的保護，将来世代の文明の継承なども含まれ，基本的人権の保護に繋がっている．

したがって、「吸収源CDM」プロジェクトの実施にあたっては、途上国の地域社会の住民が従来使用していた「森林コモンズ」の再生および土地利用の際に基本的人権と生態系の保護が侵害されないように配慮しなければならない．とりわけ、ベトナムにける「AR-CDMプロジェクト」は、地域の小規模な植林活動、アグロフォレストリーを可能にし、伝統的な森林文化である里山（Takeuchi et al., 2003）を守り、地域住民の参加による森林再生を通じた「エコビレッジ（生態村）」（Bang, 2005 ; Christian, 2003 ; Dawson, 2006）の形成を可能にする．それはまた、先進国と発展途上国との国際環境協力を促進し、「吸収源CDM」に参加する地域住民に対して森林管理の教育および植林プロジェクト形成への人材育成の支援が、21世紀の森林文化を形成する基礎となると期待される．

参考文献

Bang, Jan Martin (2005), *Ecovillages: A Practical Guide to Sustainable Communities*: New Society Publishers.

ベルグ, B., C. マクラルティー (2004),『森林生態系の落葉分解と腐植形成』大園亨司訳、シュプリンガー・フェアラーク東京．

Christian, Diana Leafe (2003), Creating a Life Together : *Practical Tools to Grow Ecovillages and Intentional Communities*: New Society Publishers.

Dawson, Jonathan (2006), *Ecovillages: New Frontiers for Sustainability*, Green Books.

ダイ, レ・カオ (2004),『ベトナム戦争におけるエージェントオレンジ——歴史と影響』尾崎望監訳、文理閣．

ブラウン, L. (2001),『エコ・エコノミー』福岡克也監訳、家の光協会．

Floyd, Donald W. (2002), *Forest Sustainability: the History, the Challenge, the Promise*, The Forest History Society.

Forest Inventory and Planning Institute (FIPI, 1996), *Vietnam Forest Trees*: Agricultural Publishing House Hanoi.

国連食糧農業機関編集 (FAO, 2002),『世界森林白書 (2001年報告)』農山漁村文化協会．

木平勇吉編著 (2005),『森林の機能と評価』日本林業調査会．

Ministry of Agriculture and Rural Development (MARD) (2001), *Five Million Hectare Reforestation Programme*, Hanoi.

Ministry of Agriculture and Rural Development (MARD) (2006), *National Forestry Development Strategy: 2006-2020*, Hanoi.

Poffenberger, M. (ed.) (2000), *Communities and Forest Management in Southern Asia: A Regional Profile of the Working Group on Community Involvement in Forest Management*, IUCN.（久保英之・田中博幸・樋山千春訳『東南アジアの森と人々』http://www.asiaforestnetwork.org/）

Rambo, A.T. (2003), *Vietnam*, in C. Mackerras (ed.), *Ethnicity in Asia*: Routledge-Curzon.

関良基 (2005),『中国の環境政策・生態移民』昭和堂.

SNV (2006), *The Golden Forest: Practical Guideline for AR-CDM project activities in Vietnam*, Vietnam.

ストックホルム国際平和研究所編 (1979),『ベトナム戦争と生態系破壊』岸由二・伊藤嘉昭訳, 岩波書店.

Takeuchi, K., R. D. Brown, I. Washitani, A. Tsunekawa and M. Yokohari, (eds.) (2003), *Satoyama: The Traditional Rural Landscape of Japan*, Springer.

Thao, Le. Ba. (1997), *Vietnam: The Country and its Geographical Regions*: The Gioi Publishers.

Uzawa, H. (2005), *Economic Analysis of Social: Common Capital*: Cambridge University Press.

宇沢弘文・国則守生編 (1993),『地球温暖化の経済分析』東京大学出版会.

WCED (1987), *Our Common Future*: Oxford University Press, 1987.（大来多佐武郎監修『地球の未来を守るために』福武書店, 1987年).

WCFSD (1999), *Our Forests, Our Future: Report of the World Commission on Forests and Sustainable Development*: Cambridge University Press.

第Ⅱ部

地球温暖化の経済理論

第4章 地球温暖化と持続可能な経済発展

宇沢弘文

1. 自然環境と経済発展

　自然環境と経済発展のプロセスとの間の関係は，著しく複雑で，錯綜したものとなってきた．これは主として，世界の多くの国々における経済成長のペースが，第二次世界大戦後，年々加速化され続けてきたことに起因する．国民総生産，鉱工業生産額などいずれの経済的尺度をとってみても，また都市への人口集中度などの統計についても，過去50年間の経済成長のペースは，かつて経験したことのないほど高いものであった．さらに，資本主義諸国と社会主義諸国とはどちらも，資源配分に関する制度的諸条件が必ずしも経済発展と自然環境との間に存在する複雑な関係を充分留意したものではなく，自然環境の汚染，破壊は人類がかつて経験したことのないほど深刻かつ広範となってきた．

　この間に，自然環境が経済発展のプロセスに及ぼす社会的，経済的，文化的影響について，その基本的性格が大きく変わってきた．この変化は，国連が主催して開かれた2つの国際環境会議のAgendaに象徴的な形で現われている．1972年のストックホルム会議と1992年のリオ・デ・ジャネイロ会議である．

　1972年のストックホルム会議の主要なAgendaは，1950年代から60年代を通じての急速な工業化にともなって惹き起こされた自然環境の破壊と人々の健康被害についてであった．これらの公害問題は硫黄酸化物，窒素酸化物などによる自然環境の汚染，破壊が原因であった．これらの化学物質は，主として工業活動のプロセスで排出されるが，それら自体，自然を破壊し，人々の健康を傷つけ，ときには死に至らしめものであった．その結果引き起

こされた公害問題は急性ないし亜急性ともいうべき深刻な性格を持っていた．水俣病，イタイイタイ病，四日市喘息などの公害問題に示された通りである．

これに対して，1992年のリオ会議の主題は地球的環境の破壊，不安定化であった．地球温暖化，生物種の多様性の喪失，砂漠化，海洋の汚染などに代表されるように，工業化と都市化の加速によって惹き起こされた地球環境全体にかかわる環境破壊の現象であった．二酸化炭素など，それ自体は無害であるが，地球的規模のもとで大気の不安定化をはじめとして深刻な問題を引き起こす．それはかつての公害問題とは異なって，慢性疾患の様相を呈し，たんに現在の世代だけでなく，将来の世代にわたって大きな影響を及ぼすものである．

経済発展のペースが高まるにしたがって，自然環境と経済活動との間の関係に対して，さまざまな観点からの再検討が必要となってきた．ここでとくに問題となってきたのは，自然環境と調和して，しかも市場経済制度のもとで長期間にわたって維持することができる経済発展は，どのような制度的諸条件のもとで実現しうるであろうかという課題であった．このような制度的諸条件は一般に，さまざまな自然資源に対する所有権ないしは管理権をどのような形で，どのような社会的組織に任せたらよいかという，いわゆる制度学派的問題として提起されてきた．

また，ストックホルム会議からリオ会議にかけての環境問題の基本的性格の変化は，経済制度のあり方，経済政策の機能に対して重要な転換をもたらした．環境問題の解決は基本的には，個々の経済主体の私的なインセンティブをできるだけ有効に使い，官僚的ないしは強権的な手段は，政治的，経済的，社会的，そして文化的な観点から見て望ましくないという考え方が支配的になりつつある．

したがって，地球環境問題を解決するための中心的な政策的手法は，環境税，炭素税，あるいは帰属価格などを使って，広い意味における市場機構を有効に活用し，資源配分のプロセスに影響を与え，持続的な経済発展が可能になるような条件を形成することにその中心的なウエイトが置かれるようになった．

しかし，市場機構あるいは私的なインセンティブを中心とするとき，所得

分配のプロセスに不公平な影響を与える可能性が大きい．このことはとくに，発展途上諸国における経済発展のプロセスについて妥当する．第二次世界大戦後の半世紀以上の期間を通じて，先進工業諸国と発展途上諸国の間の経済的，社会的格差が一般に拡大化し，深刻化しつつあるとき，地球環境にかかわる諸問題を考察するさいにも，国際的，ないしは世代間の公正，公平にかかわる問題意識はとくに重要な意味を持つ．

　本章では，地球温暖化の問題に焦点を当てて，その経済的，社会的な含意を明らかにし，持続的な経済発展を具現化するための制度的ないしは政策的手段は何かという問題を考察する．そのために，地球温暖化に関する単純な動学的モデルを作成して，それを使って，大気という社会的共通資本をいかに管理して，調和的，安定的かつ持続的な経済発展を実現するかという問題を考察したい．ここでとくに留意したいのは，異なる世代の間および異なる国々の間に関する公正の問題である．

2. ジョン・スチュアート・ミルの『経済学原理』と定常状態

　アダム・スミスの『国富論』(Smith, 1776) に始まる古典派経済学の本質をきわめて明快に解き明かしたのが，1848年に刊行されたジョン・スチュアート・ミルの『経済学原理』(Mill, 1848) である．その結論的な章の1つに Of the Stationary State「定常状態について」という章がある．ミルの言う Stationary State は，マクロ経済的に見たとき，すべての変数は時間を通じて一定，不変に保たれるが，ひとたび社会のなかに入ってみたとき，そこには，豊かな人間的営みと華やかな文化的活動が展開されている．スミスの『道徳感情論』(Smith, 1759) に描かれているような社会を古典派経済学は分析の対象としたのだとミルは考えたのである．

　国民所得，消費，投資，物価水準などというマクロ的諸変数が一定に保たれながら，ミクロ経済的に見たとき，華やかな人間活動が展開されているというミルの Stationary State は果たして，現実に実現可能であろうか．この設問に答えたのが，ソースティン・ヴェブレンの制度主義の経済学である (Veblen, 1899, 1904)．それは，さまざまな社会的共通資本 (Social Common Capital）を社会的な観点から最適な形に維持し，そのサービスの供給を社会的な基準に従って行うことによって，ミルの Stationary State が実現可能になると理解することができる．現代的な用語法を用いれば，Sustainable Development（持続可能な発展）の状態を意味したのである．

本章では，持続的経済発展をジョン・スチュアート・ミルの意味における Stationary State としてとらえて，地球温暖化の問題に焦点を当て，持続的経済発展が実現できるような制度的，政策的条件を明らかにしたい．

地球温暖化の問題に焦点を当てたとき，ジョン・スチュアート・ミルの意味での定常状態は，二酸化炭素，あるいは一般に温室効果ガスの帰属価格が常に持続可能な水準にあることを意味すると考えてもよい．温室効果ガスの帰属価格は，現時点における大気中の温室効果ガスの蓄積が限界的に1単位増加したとき，現在から将来に世代がどれだけ被害をこうむるかを表わすものであって，最適資本蓄積の理論において，もっとも基本的な役割をはたす概念である（Uzawa, 1974, 1998, 2003, 2005, 2008）．

3. 地球温暖化

気象学者，海洋学者，地球科学者たちによって，地球大気の均衡が大きく崩されつつあることが指摘されてからすでに久しい．地表平均気温の持続的上昇，南極における氷床．氷棚の変化，海水面の上昇，気象条件の不安定化など地球温暖化を示唆する数多くの症候が顕著に見られるようになったのは1980年代に入ってからである．地球環境の不均衡化を象徴するのが地球温暖化の現象である．

地球温暖化がどの程度深刻となっているかを表わす尺度が全世界平均地表気温（global average surface air temperature）あるいはたんに平均気温の概念である．IPCC の報告（IPCC, 2007）によれば，平均気温は，1980～1999年と比較して2090～2099年には，1.1～6.4℃の上昇の可能性が予測されている．産業革命以降現在まで，すでに1℃高くなっている．地球が経験した最後の氷河期—ヴェルム氷期—が終わってから約1万年経つが，その間に平均気温の上昇は1℃以下でしかない．これから100年ほどの間に起こる

気候条件がいかに大きいものであるか分かるであろう.

このような規模の平均気温の上昇は，降雨のパターンの変化をはじめとしてさまざまな形での気候変化をもたらす．とくに目立つ現象として挙げなければならないのは海水面の上昇である．IPCC の報告によれば，1980～1999 年と比べて 2090～2099 年の海面水位上昇は 18～59cm と予測されている．18～59cm の海水面の上昇は，人類の生活に，大きな影響を及ぼす．人類の生存は水と密接な関係を持ち，都市の多くは河川の辺りか，あるいは海岸の近くに造られている．仮に海面が 1m 上昇すると全世界で数千万人が住む場所を失うという推計もなされている．

台風やハリケーン，サイクロンの強度も増し，頻度も高くなると予想されている．また降雨のパターンも大きく変わる．一般的に言って，アメリカ中西部，中国黄河流域，アフリカのサハラ砂漠，中近東などこれまで降雨量の少ない地域ではますます雨量が少なくなり，逆に，バングラディッシュ，インドネシアを中心とした東南アジアなど降雨量の多い地域では，雨量が増えることが予想されている．

地球温暖化にともなう気象条件の不安定化によってもっとも大きな被害を受けるのは農民や漁民である．農作物の栽培は長い年月をかけて，それぞれの地域の気象条件，風土的条件に適応してきた．この適応のプロセスはきわめて長期的な時間的経過を必要とし，地球温暖化にともなって，今後予想される急激な気候の変化に対して農作物の種類，栽培方法を適応させていくのは技術的に困難であるだけでなく，経済的費用の面からも農民にとって大きな負担となるのは不可避であろう．漁業についても同じような影響が出てくる．魚介類の生存は，水温，海流のパターン，プランクトンなどの生息状況に微妙な形で関係している．これらの条件のわずかの変化によって，漁業は場合によっては致命的な打撃を受けることになる．

熱帯地域特有の病原菌や害虫が，中・高緯度の地域に拡散する恐れもまた指摘されている．地球温暖化の影響によって，世界各地で数多くの人々が定住地を失って環境難民となることはほぼ確実である．21 世紀半ば頃までには，少なくとも 2 億人の環境難民が，地球温暖化の直接的な影響によって発生すると考えられている．

地球温暖化の主な原因は，地表からの赤外線の放射を阻害し，地表大気の温度を高く保つ働きをする放射阻害物質の大気中の蓄積が急激に上昇するからである．これらの放射阻害物質はしばしば，温室効果ガス（greenhouse gases）と呼ばれる．水蒸気の他に二酸化炭素（CO_2），メタン（CH_4），亜酸化窒素（N_2O），フロンガス（CFCs）などが存在する．

　温室効果ガスのなかで，とくに重要なのはCO_2である．もし大気中にCO_2が存在しなかったとすれば，平均地表気温は-18℃にまで下がってしまって，生物が快適に生存することはできない．逆に，大気中のCO_2の濃度が高くなると，平均地表気温はずっと高くなる．たとえば，金星は地球と同じような大気構成をもち，地球型惑星と呼ばれているが，金星の大気中のCO_2の濃度は地球の約80倍で，平均地表気温は470℃を超える．鉛が熱水のように溶けて流れ，硫酸の雨が降り注いで，とても生物が生存できるような環境ではない．

　地球大気のなかにはCO_2が微量ではあるが，最適な濃度を保っていて，平均地表気温が15℃に保たれ，美しい自然が形成され，人間をはじめとして生物が快適に生存できるような環境を作り出しているのである．

　大気中のCO_2の濃度は現在約380ppmである．大気の分子100万個のなかにCO_2の分子が約380個含まれていることを意味する．炭素Cの含有量で計って7600億トンと推計されている．大気中のCO_2の濃度は，産業革命の頃には280ppmと推定されているから，この250年ほどの間に35%以上増えたことになる．1958年からは，ハワイのマウナ・ロアと南極で，大気中のCO_2の濃度が連続的に正確に計測されている．1958年から1988年にかけて，年間1.3ppmのペースでCO_2の濃度が上昇した．1880年から1958年までの約80年間の平均年間上昇率の0.3〜0.5ppmに比べると，最近の上昇率がいかに高いかわかるであろう．とくに，この20年間の上昇率は著しい．もし現在のペースで大気中のCO_2の濃度が高まるとすれば，2100年には850ppmの水準に達し，産業革命以前の水準に比べると約3倍の濃度となり，平均地表気温も現在の水準より2.0℃〜5.4℃高くなると推定されている．

　このような大気中のCO_2の濃度の急激な上昇は自然現象ではなく，人類

の活動によって惹き起こされたものである．それは主として，化石燃料の燃焼と熱帯雨林の伐採に基づくものである．石炭，石油などの化石燃料の燃焼によって大気中に CO_2 が排出されるが，その量は年間約64億トンと推定されている．また，熱帯雨林の伐採によって，植物の光合成作用による CO_2 の吸収の減少，露出した土壌の分解，木材の燃焼によって大気中の CO_2 の濃度の上昇に寄与するが，その温暖化効果は，化石燃料の燃焼による効果の3分の1にも達すると見られている．

大気の均衡が CO_2 の排出によって攪乱されるプロセスを理解するために，地球全体における炭素の循環がどうなっているか，簡単に見てみよう．地球の表面には，3つの大きな炭素のレゼルボアール（貯蔵庫）が存在しており，大気圏，表層海洋圏（深さ75mまでの海洋），陸上生物圏の3つで，それぞれ7620億トン，9180億トン，2兆2610億トンの CO_2 を含んでいる．

大気圏と表層海洋圏の間で，年間900億〜1000億トンの炭素が交換されているが，ほぼ均衡している．また，陸上生物圏は，植物の光合成作用を通じて，年間約1200億トンの CO_2 を吸収する．しかし，生物の呼吸，枯死体の分解などを通じて，ほぼ同じ量の CO_2 を大気中に放出している．このようにして，地表上の炭素の3大レゼルボアールの間での炭素の交換は全体として均衡していた．産業革命以前には，この3大炭素圏の間での炭素交換の誤差は，火山の噴火，その他の自然活動によってほぼ相殺されていたからである．しかし，産業革命以降，大気の均衡は急速に崩されはじめた．現在，化石燃料の燃焼によって，年々60億トン以上の CO_2 が大気中に放出されている．化石燃料は数億年前から数千万年も昔，石炭紀から白亜紀にかけて，地球上に植物が繁茂し，大森林が出現した頃の植物が枯れ，動物が死んで，炭化して，地底深く固定化されたものである．それを，わずか200年から300年という短い期間に，人類が大量に掘り出して，燃焼して，大気中に CO_2 として放出してきたのである．

森林の伐採も，地球上の炭素循環のプロセスに対する大きな攪乱要因となっている．とくに，この30〜40年間における熱帯雨林の伐採は著しい．1998年の World Resources Institute の推計によれば，熱帯雨林は1980〜1995年に2億ha近く消滅した．1980〜1990年の間の年平均減少面積は

1550万 ha であったが，1990〜1995年の間は年平均1370万 ha であり，わずかだが消失面積は減少している（WRI, 1998）．しかし，森林消失率が依然として高いことに変わりはない．土地利用形態の変化によって，年間20億トン程度の CO_2 が大気中に放出されているが，そのうち95％が熱帯雨林の伐採に起因すると考えられている．

　温暖化効果のうち，その63％が CO_2 に起因すると推計されている．その他は，メタンが18％，N_2O が6％，代替フロン等が13％である．このうち，代替フロンは強力な温室効果ガスとして懸念されている．フロンガスは，1920年代に最初に人工的に作り出されたもので，それまで存在しなかった化学物質である．1980年代に入ってから，フロンガスによってオゾン層が大きく破壊され，紫外線が地表に届くようになった．このため，現実に皮膚癌の発症率が高まる心配が出てきた．1987年には，カナダのモントリオールで国際会議が開かれ，1996年までに特定フロンガスの製造，使用を禁止する国際協定が結ばれたが，その成果は期待を裏切るものであった．

　地球温暖化の現象が科学的に確かめられ，経済的，社会的，政治的な観点から大きな問題となってきた．地球温暖化の問題をめぐって，数多くの国際会議が開かれ，政府間の交渉が持たれてきたが，地球大気の均衡を効果的に安定化する可能性はまだ得られていない．その，もっとも重要な原因の1つは，政府間の交渉がもっぱら，各国の CO_2 の排出量をどれだけ抑制するかという点に焦点がおかれているからである．各国が，それぞれの CO_2 の総排出量をある量に抑制することを約束しても，それを実際に実現するための，行政的メカニズムは一般に存在しない．しかも，このような量的規制を問題とするときには，アメリカ，EU，日本を始めとして，いわゆる先進工業諸国が，これまで排出量を既得権益として主張するために，発展途上諸国の同意を得られないという，社会的公正という点からの矛盾も内在する．

　本章では，大気均衡を安定化し，地球温暖化の問題を解決するために，どのような政策的，制度的手段が存在するかについて，これまで展開してきた社会的共通資本の理論と最適経済成長理論との枠組みのなかで考察を進める．そのさい，たんに資源配分の動学的効率性だけでなく，国際間および異なる世代間の所得配分の公正性に関しても留意しながら議論を展開したい

(Uzawa, 1974, 1991, 2003, 2005, 2008).

4. 地球温暖化の動学モデル

　本章で展開される地球温暖化に関する動学モデルは，地球温暖化に関する気象学的ないしは地球科学的なモデルとの対比において象徴的である．これらの地球温暖化モデルはいずれも巨大な規模を持ち，地球温暖化によってもたらされる気象学的変化について，詳しい分析を行なおうとするものである．このような巨大な地球温暖化モデルに比べると，われわれの動学モデルはあまりにも単純すぎると思われるかも知れない．しかし，地球温暖化を引き起こす経済的，自然的要因について，その基本的性格を的確にとらえ，地球温暖化によってもたらされる経済的，社会的条件の変化について操作可能な形で分析を展開し，大気均衡の安定化を実現するためにどのような政策的，制度的手段が存在しうるかについて，最適経済成長理論と社会的共通資本の理論とを有効に使って論じようとするものである．

　ここで考察の対象としている地域は，世界全体か，あるいは環太平洋地域のように，大気的および海洋的環境を通じて，相互に密接な関係を持つ国々から構成されているとする．温室効果ガスはCO_2のみとする．

　各時点tで，大気中に蓄積されているCO_2の量をV_tとする．V_tは，大気中のCO_2のなかに含まれている炭素の重さではかり，産業革命の頃の大気中のCO_2の量6000億トン（280ppm）を原点としてとる．たとえば，現在の大気中のCO_2の量は7600億トン（380ppm）であるから，$V_t=1600$億トンとなる．

　大気中のCO_2の量V_tは時間的経過にともなって変化するが，自然的要因と人為的要因に分けられる．大気中のCO_2の約50％は海洋によって吸収され，残りは，陸上生物圏の植物によって，光合成作用を通じて吸収される．

　大気圏と表層海洋圏の間では，年々約900億トンの炭素が，CO_2の形で交換されている．大気中のCO_2が表層海洋圏に吸収されるプロセスは複雑である．大気圏および表層海洋圏のなかにCO_2がどれだけ吸収されているか，また大気，海水の温度によっても左右される．ここでは，単純化のために，

産業革命当時の水準を超えた大気中の CO_2 のうち，ある一定比率の CO_2 が表層海洋圏に吸収されると仮定しよう．この点に関しては，Keeling (1968, 1983)，Takahashi (1980) などによって詳しい分析が行われている．

各時点 t における大気中の CO_2 の量が V_t のとき，表層海洋圏に吸収される CO_2 の量は年々 μV_t と仮定する．Takahashi (1980), Ramanathan et al. (1985) などから，μ は 2～4% の範囲内にあると考えられる．大気中の CO_2 は人為的な活動によって増加する．差し当たって，森林の役割を無視すれば，大気中の CO_2 の人為的な増加はもっぱら化石燃料の消費によって引き起こされる．大気中の CO_2 の増加量を年率 v_t で表わすとする．$v_t = 60$ 億トン程度である．

大気中の CO_2 の，人為的要因に基づく時間的変化は主として化石燃料の燃焼に依存するが，それはまた，生産，消費にともなう経済活動の水準によって大きく左右される．これらの経済活動の水準は，消費財の生産量を表すベクトル x_t によって代表されると仮定する．今，a を CO_2 排出係数のベクトルとすれば，消費財の生産が x_t のとき，大気中に排出される CO_2 の量 $v_t : v_t = ax_t$．

地球温暖化に関する動学モデルは，各時点 t における大気中の CO_2 の量 V_t に関する微分方程式によって表わされる：

$$\dot{V}_t = ax_t - \mu V_t \tag{1}$$

消費財の生産にはさまざまな希少資源あるいは生産要素を必要とする．最終消費財の生産を 1 単位生産するために必要な希少資源のマトリックス A をとすれば，最終的消費が x_t のときに必要とされる希少資源の量は Ax_t となる．経済全体で利用可能な希少資源の量のベクトルが K によって与えられているとすれば，消費財の生産 x_t が feasible となるために必要にして充分な条件は

$$x_t \geq 0, \quad Ax_t \leq K. \tag{2}$$

生産された消費財は N 人の構成員の間に斉しく分配されると仮定すれば，1 人当たりの最終消費財のベクトル c_t について

$$c_t = \frac{1}{N} x_t. \tag{3}$$

生産のために必要とされる希少資源はすべて私的財として，完全競争的な市場で取り引きされるとする．希少資源のうち，社会的共通資本の性格を持つものが存在するときにも，同じような議論を展開することができる (Uzawa, 1992, 2003, 2005, 2008).

次に，さまざまな財の最終消費量と，それによって得られる主観的効用との間の関係を特定化しよう．各時点における最終消費ベクトルの間に関する主観的価値基準は，選好関係≻によって表わされるとする．選好関係≻は，価格理論で通常仮定されている諸条件を満たすと仮定する．以下の分析では，与えられた選好関係≻に対して，基準となる価格ベクトル p^0 を考え，最終消費ベクトル c と同じ効用水準を得るための最小の支出額，すなわち実質国民所得を効用関数 $u(c_t)$ として採用する．効用関数 $u(c_t)$ は，市場経済の諸条件に直接関係のない要因によって大きく左右される．われわれの場合，地球温暖化によって惹き起こされるさまざまな気象条件の変化と，それにともなう自然環境の変化とによって，効用指標 $u(c_t)$ の決定は影響を受ける．とくに，地球温暖化の影響が大気中の CO_2 の量あるいは濃度によって表わされるとし，効用関数は次のような形をとると仮定する．

$$u_t = u(c_t)\phi(V_t)$$

ここで，$\phi(V_t)$ は，大気中の CO_2 の濃度が高くなって，気象条件が不安定化し，自然環境の条件が大きく変化することによって，人類の生活に及ぼされる影響をなんらかの形で尺度化したもので，環境インパクト指標 (environmental impact index) と呼ぶことにしよう．

$u(c)$ は常に正の値をとり，$c>0$ について strictly quai-concave で，連続2回微分可能，かつ c について1次同次であるとする．他方，環境インパクト指標 $\phi(V_t)$ は次の条件を満たすと仮定する．

$$\phi(V_t) > 0, \quad \phi'(V) < 0, \quad \phi''(V) < 0, \quad \text{for all} \quad 0 < V < \hat{V}.$$

ここで，$\hat{V}$ は，大気中の CO_2 の臨界的水準で，大気中の CO_2 の量が $\hat{V}$ を超えたとき，地球温暖化によってもたらされる気象条件の変化はきわめて大きく，自然環境の破壊も著しく，人類の生活を営むことがきわめて困難となり，$\phi(\hat{V}) = 0$．ふつう，$\hat{V}$ は産業革命以前（6000億トン）の2倍の水準（1兆2000億トン）と仮定されている．したがって，$\hat{V}=6000$億トンで，560ppm

の濃度である.

環境インパクト指標 $\phi(V)$ の変化率

$$\tau(V) = -\frac{\phi'(V)}{\phi(V)}$$

は地球温暖化に関するインパクト係数 (impact coefficient of global warming) と呼ばれ,以下の分析で重要な役割を果たす.インパクト係数 $\tau(V)$ は次の条件を満たす.

$$\tau(V) > 0, \tau'(V) > 0 \quad (0 < V < \hat{V})$$

よく使われる環境インパクト指標 $\phi(V_t)$ は

$$\phi(V) = (\hat{V} - V)^\beta$$

ここで,$0 < \beta < 1$. $(0 < V < \hat{V})$

このとき,

$$\tau(V) = \frac{\beta}{\hat{V} - V}.$$

地球温暖化の問題は本質的に動学的な性質を持つ.現在の世代は,これまでの人類の活動によってもたらされた大気中の CO_2 の蓄積によって,気象条件の不安定化と自然環境の変化という負の遺産を過去から受け継いだものである.そして,現在の世代が化石燃料の燃焼,熱帯雨林の伐採によって大気中の CO_2 の蓄積を多くし,将来の世代が,地球温暖化による影響を受ける.動学的な観点から最適な資源配分のパターンを求めるために,現在の世代が,経済活動によって,その効用水準を高めようとするとき,大気中の CO_2 の蓄積によって,将来の世代が被る効用水準の減少を考慮に入れなければならない.このとき,将来の経済的,技術的,市場的条件の変化はきわめて不確定性の高いものであることに留意しなければならないが,ここでは,不確実性についてはまったく無視して分析を進めることにする.

以下の分析で重要な役割を果たす概念の1つに時間選好 (intertemporal preference or time preference) がある.時間選好は,2つの効用の時間的径路 $u = (u_t), u' = (u'_t)$ を比較する選好関係 $\succ$ として定式化される (Uzawa, 1974, 1991).

時間選好関係 $\succ$ は irreflexive, transitive, 連続,かつ分離的であるとす

れば，次の Ramsey-Koopmans-Cass 積分

$$U(u) = \int_0^\infty u_t e^{-\delta t} dt \quad [u=(u_t)]\quad (割引率 \delta は正の定数)$$

によって表現される．すなわち，

$$u \succ u' \Leftrightarrow U(u) > U(u') \quad [u=(u_t), u'=(u'_t)]$$

5. 大気中の CO_2 の帰属価格 (imputed price)

各時点 t における大気中の CO_2 の帰属価格は π_t, t 時点における大気中の CO_2 が限界的に増加したとき，それによってもたらされる地球温暖化によって将来のすべての世代がどれだけ限界的な被害を被るかを推計し，その効用の限界的損失を，時間選好割引率 δ で割り引いた割引現在価値によって表わす．

大気中の CO_2 の帰属価格 π_t はまず第1に，静学的な観点から最適な資源配分のパターンを求めるために使われる．各時点 t における帰属実質国民所得 H_t を次のように定義する．

$$H_t = Nu_t - \pi_t(ax_t - \mu V_t)$$

各時点 t における消費ベクトル c_t, 消費財の全産出量 x_t の最適値は，制約条件 (2) 式，(3) 式のもとで帰属実質国民所得 H_t を最大化するように決められる．

この静学的最適問題を解くために，消費財の帰属価格 p_t を導入しよう．各時点 t における最適解は，次の2つの条件によって特徴づけられる．

(i) 各時点 t における消費ベクトル c_t は，1人当たりの効用水準 $u_t = u(c_t)$ $\phi(V_t)$ を，次の予算制約条件のもとで最大化するように決められる：

$$p_t c_t \leq y_t$$

ここで，$y_t = \dfrac{1}{N} p_t x_t$ は1人当たりの国民所得である．

このとき，効用関数 $u_t = u(c_t)\phi(V_t)$ が c_t について1次同次であるという仮定から，最適な効用水準は1人当たりの国民所得 y_t に等しくなる：

$$u(c_t)\phi(V_t) = y_t$$

(ii) 各時点 t における消費財の生産 x_t は，帰属価格で計った国民純生産

額

$$p_t x_t - \pi_t(a x_t - \mu V_t)$$

を希少資源についての制約条件 (2) 式のもとで最大化するように決められる.

大気中の CO_2 の帰属価格は π_t はどのようにして決定されるであろうか. このために, 大気中の CO_2 があたかも市場で取り引きされる資産と考えて, その市場価格が帰属価格 π_t であるかのように考えてみよう. ただし, この資産は negative の価格を持つ.

今, 大気中の CO_2 を 1 単位, ごく短期間 $[t, t+\Delta t]$ 保有しているとしよう. このとき, 市場価格は π_t から $\pi_{t+\Delta t}$ に変わったとすれば, 大気中の CO_2 を 1 単位だけ $[t, t+\Delta t]$ の期間保有していたために受けた便益は $-u(c_t)\phi'(V_t)\Delta t$ となる. 他方, キャピタル・ゲインは $\Delta \pi_t = \pi_{t+\Delta t} - \pi_t$, 減耗による損失は $\mu \pi_t \Delta t$ であるから, 次の均衡条件が成立しなければならない.

$$-u(c_t)\phi'(V_t)\Delta t + \Delta \pi_t - \mu \pi_t \Delta t = \delta \pi_t \Delta t \tag{4}$$

ここで, 効用割引率 δ は市場利子率とみなしている.

(4) 式の両辺を Δt で割って, $\Delta t \to 0$ のときの極限を取れば

$$\frac{\dot{\pi}_t}{\pi_t} = \delta + \mu - \frac{\tau(V_t)y_t}{\pi_t}. \tag{5}$$

この式は, 変分法における Euler-Lagrange の方程式に他ならない. 最適経済成長理論ではしばしば, Ramsey-Keynes の方程式と呼ばれる.

ただし, われわれの場合, 考察している時間経路は一般に動学的最適時間経路ではないので, 微分方程式 (5) は, 各時点 t における帰属価格 π_t について, t 時点でのみ成立する.

先に述べたように, 地球温暖化の問題に焦点を当てたとき, ジョン・スチュアート・ミルの意味での定常状態は, 二酸化炭素, あるいは一般に温室効果ガスの帰属価格が常に持続可能な水準にある, すなわち, 各時点 t における Euler-Lagrange の方程式の右辺の値が常に 0 に等しくなることを意味すると考えてもよい. したがって, ある時間的径路 (c_t^*, x_t^*, V_t^*) が持続可能 (sustainable) であるのは, 大気中の CO_2 の帰属価格 π_t^* について,

$$\pi_t^* = \frac{\tau(V_t^*)}{\delta + \mu} y_t^* \quad \text{for all} \quad t \quad [y_t^* = u(c_t^*)\phi(V_t^*)]$$

という条件が満たされるときと定義する．このとき，持続可能な時間経路は，この式で与えられる比例的炭素税のもとで完全競争的な市場均衡として達成される．

初期時点 $t=0$ における大気中の CO_2 の量が任意に与えられた水準 V_0 のとき，持続可能な時間経路 (c_t^*, x_t^*, V_t^*) は常に存在して，動学的に安定的となる．すなわち，$t \to \infty$ のとき，本来の意味における定常状態 (c^o, x^o, V^o) $[\dot{V}_t^* = 0, \dot{\pi}_t^* = 0]$ に収斂する．

6. 森林と地球温暖化

前節までに展開した地球温暖化の動学的モデルでは，大気均衡の不安定化は，化石燃料の燃焼のみによって引き起こされ，表層海洋圏だけが，大気圏と CO_2 の交換を行うと仮定した．この節では，大気均衡の安定化のプロセスで，森林，とくに熱帯雨林が大きな役割を果たすことに注目して，議論を進めることにしよう．

新しい変数として，各時点 t において存在する森林の面積 R_t を導入する．森林を構成する樹木によって年々吸収される大気中の CO_2 は森林の面積に比例するという単純な場合を想定する．森林が大気中の CO_2 をどれだけ吸収するかは，森林を構成するさまざまな樹木の種類，平均樹齢などによって異なるし，また，気候条件の影響を受ける．これらの要因はすべて捨象して，きわめて単純化された場合を考えているわけである．ただし，熱帯雨林と温帯雨林との2種類の森林を想定して，CO_2 を吸収する能力について大きな差違があることについて留意する．この問題については数多くの研究がなされているが，ここでは，Dyson and Marland (1979), Marland (1988), Myers (1988) などの研究に基づいて次のような仮定を設ける．熱帯雨林について，森林面積 1ha 当たり，年間 15 トンの CO_2 を吸収し，温帯雨林については，1ha 当たり，年間 5 トンの CO_2 を吸収すると仮定する．この係数を γ で表わす．

また，森林が各人の効用に与える効果は森林面積に依存すると考えて，効用関数は次のような形をとると仮定する．

$$u_t = u(c_t)\eta(R_t)\phi(V_t)$$

ここで，森林の効用を表わす関数 $\eta(R)$ について，次の条件が満たされていると仮定する．

$$\eta(R) > 0, \eta'(R) > 0, \eta''(R) < 0.$$

また，森林に関する環境インパクト指標 $\sigma(R)$ の変化率をインパクト係数といい，$\sigma(R)$ で表わす．

$$\sigma(R) = \frac{\eta'(R)}{\eta(R)}$$

$$\sigma(R) > 0, \sigma'(R) < 0 \quad \text{for all} \quad R > 0.$$

森林面積 R_t の時間的変化は次の微分方程式によって記述される．

$$\dot{R}_t = r_t - s_t$$

各時点 t において，年間の育林面積 r_t で表わし，伐採面積を s_t で表わす．各種の育林活動1単位当たり育林の面積を m とし，育林活動のレベルを表わすベクトルを z_t とすれば，年間の育林面積は $r_t = mz_t$ によって与えられる．

また，経済活動1単位に対応して喪失する森林面積を表わすベクトルを b で表わすと，$s_t = bx_t$．

育林活動もまた希少資源を使って行われる．したがって，M を育林活動にともなって必要とされる希少資源の投入係数のマトリックスとすれば，育林活動のレベルを表わすベクトル z_t に関連して，使われる希少資源は Mz_t によって与えられる．

以上の議論をまとめると，森林を含む動学モデルは，大気中の CO_2 と森林の面積 (V_t, R_t) に関する次の方程式体系として定式化される．

$$\dot{V}_t = ax_t - \mu V_t - \gamma R_t$$
$$\dot{R}_t = mz_t - bx_t$$
$$Nc_t \leq x_t, \quad c_t \geq 0$$
$$Ax_t + Mz_t \leq K, \quad x_t, z_t \geq 0$$

各時点 t における森林の帰属価格 λ_t は，t 時点における森林面積が限界的に増加したとき，大気中の CO_2 の吸収の増加によってもたらされる地球温暖化の緩和によって将来のすべての世代がどれだけ限界的な便益を被るかを推計し，その効用の限界的増加を時間選好割引率 δ で割り引いた割引現在

価値によって表わす．大気中の CO_2 の帰属価格の場合と同じように，次の Euler-Lagrange の方程式が成立する．

$$\frac{\dot{\lambda}_t}{\lambda_t} = \delta + \gamma \frac{\pi_t}{\lambda_t} - \frac{\sigma(R_t) y_t}{\lambda_t}. \tag{6}$$

大気中の CO_2 と森林面積の時間的経路 (V_t^*, R_t^*) が持続可能 (sustainable) というのは，大気中の CO_2 の帰属価格 π_t^* と森林の帰属価格 λ_t^* とが常に持続可能な水準にあるときと定義する．したがって，Euler-Lagrange の方程式 (5)，(6) からただちに分かるように，

$$\pi_t^* = \theta_t^* y_t^*, \quad \theta_t^* = \frac{\tau(V_t^*)}{\delta + \mu} \tag{7}$$

$$\lambda_t^* = \rho_t^* y_t^*, \quad \rho_t^* = \frac{\sigma(R_t^*) - \gamma \theta_t^*}{\delta}. \tag{8}$$

これまでの議論からただちに分かるように，持続可能な大気中の CO_2 と森林面積の時間的経路 (V_t^*, R_t^*) は，(7) 式と (8) 式によって与えられる比例的炭素税と育林に対する補助金制度を組み合わせることによって，完全競争的な市場均衡として実現できる．

7. 多数の国々を含む一般的な動学モデル

地球温暖化の一般的動学的モデルは，世界全体あるいはある特定の地域を考える．これらの国々は，共通の大気と海洋によって，相互に連関しているとする．国は generic に ν で表わし，各国 ν は前節までに説明したような構造を持つと仮定する．各時点 t において，各国 ν に存在する森林の面積は R_t^ν とし，人口の大きさは N^ν とする．また，希少資源の賦与量のベクトルは K^ν で表わす．技術係数のマトリックスは B^ν, M^ν, 育林活動の技術係数は m^ν とする．また CO_2 の排出係数は a^ν, 森林の伐採係数は b^ν で表わす．大気中の CO_2 が表層海洋に吸収される率 μ は一定であるとする．また，森林が光合成作用を通じて吸収する大気中の CO_2 の量もまた一定で，森林面積 1ha 当たり γ とする．

各国 ν について，1 人当たりの実質国民所得 y^ν もこれまでと同じように，

ある与えられた基準価格 p^0 のもとで, 1 人当たりの最終消費ベクトル c_t^ν と同じだけの効用を生み出す最小の所得水準として定義される. 1 人当たりの実質国民所得 y^ν は次の形で表わされると仮定する.

$$y_t^\nu = u^\nu(c_t^\nu)\eta^\nu(R_t^\nu)\phi^\nu(V_t)$$

ここで, $\eta^\nu(R_t^\nu), \phi^\nu(V_t)$ は各国 ν の環境インパクト指数とする.

各国 ν について, 森林に関する環境インパクトインパクト係数を $\sigma^\nu(R^\nu)$ で表わす. 地球温暖化に関するインパクト係数 $\tau^\nu(V)$ は各国共通の値 $\tau(V)$ をとると仮定する.

$$\tau^\nu(V) = \tau(V) \quad \text{for all} \quad \nu.$$

次のような virtual な状況を想定しよう. 各国 ν について, 産業革命以来の CO_2 排出の蓄積量を V_t^ν で表わす:

$$V_t = \sum_\nu V_t^\nu$$

このとき,

$$\dot{V}_t^\nu = a^\nu x_t^\nu - \mu V_t^\nu - \gamma^\nu R_t^\nu$$
$$\dot{R}_t^\nu = m^\nu z_t^\nu - b^\nu x_t^\nu$$
$$\sum_\nu N^\nu c_t^\nu \leq \sum_\nu x_t^\nu$$
$$B^\nu x_t^\nu + M^\nu z_t^\nu \leq K^\nu, \quad x_t^\nu \geq 0, \quad z_t^\nu \geq 0$$

各国 ν について, 大気中の CO_2 の帰属価格を π_t^ν とおき, 森林の帰属価格を λ_t^ν とおけば, 次の Euler-Lagrange の方程式が成り立つ.

$$\frac{\dot{\pi}_t^\nu}{\pi_t^\nu} = \delta + \mu - \frac{\tau(V_t)y_t^\nu}{\pi_t^\nu} \tag{9}$$

$$\frac{\dot{\lambda}_t^\nu}{\lambda_t^\nu} = \delta + \gamma \frac{\pi_t^\nu}{\lambda_t^\nu} - \frac{\sigma(R_t^\nu)y_t^\nu}{\lambda_t^\nu} \tag{10}$$

各国 ν について, 大気中の CO_2 と森林面積の時間的経路 $(V_t^{\nu*}, R_t^{\nu*})$ が持続可能というのは, 大気中の CO_2 の帰属価格 $\pi_t^{\nu*}$ と森林の帰属価格 $\lambda_t^{\nu*}$ が常に持続可能な水準にあるときである. したがって, Euler-Lagrange の方程式 (9), (10) からただちに分かるように,

$$\pi_t^{\nu*} = \theta_t^* y_t^{\nu*}, \quad \theta_t^* = \frac{\tau(V_t^*)}{\delta + \mu} \tag{11}$$

第 4 章　地球温暖化と持続可能な経済発展

$$\lambda_t^{\nu*} = \rho_t^{\nu*} y_t^{\nu*}, \quad \rho_t^* = \frac{\sigma(R_t^*) - \gamma \theta_t^*}{\delta} \qquad (12)$$

ここで，$y_t^* = u(c_t^*)\phi(V_t^*)\eta(R_t^*)$ は 1 人当たりの実質国民所得である．

　多数の国々を含む一般的な動学モデルについても，持続可能な大気中の CO_2 と森林面積の時間的経路 (V_t^*, R_t^*) は，(11) 式と (12) 式によって与えられる比例的炭素税と育林に対する補助金制度を組み合わせることによって，完全競争的な市場均衡として実現できることが示された（Uzawa, 1991, 2003, 2005, 2008）．

8.　比例的炭素税と大気安定化国際基金

　本章では，地球温暖化に関する単純な動学的モデルを使って，経済発展のプロセスと大気均衡の不安定化がどのような形で連関しているかについて動学的な分析を展開した．とくに，大気均衡の長期的安定化をはかり，同時に調和的な経済発展を可能とするために，1 つの有効な政策的手段として，1 人当たりの国民所得に比例的な炭素税を，CO_2 の排出あるいは森林の伐採に対して賦課し，同時に，育林に対しては同じ率の補助金を支払うことによって，持続的な経済発展を実現しようとするものであった．

　この，比例的炭素税は，本章で展開した動学的帰属理論の枠組みのなかで導き出されたもので，伝統的な炭素税の考え方と基本的に異なる性格を持つ．伝統的な経済理論では，大気中の CO_2 の帰属価格はすべての国にとって共通であって，それに基づく炭素税の税率も同一でなければならないとされている．大気中の CO_2 の拡散度はきわめて速く，平均して 1 週間で地球を一回りするからである．したがって，たとえば日本やアメリカで CO_2 の排出に対して炭素トン当たり 300 ドルの炭素税を賦課するとすれば，インドネシアあるいはフィリピンでも同じ率で炭素税がかけられることになる．日本やアメリカは，1 人当たりの国民所得がおよそ 3 万〜4 万ドルであって，炭素税の 1 人当たりの額も，日本で 810 ドル，アメリカで 1770 ドル程度となる．他方，インドネシア，フィリピンでは，1 人当たりの国民所得はそれぞれ 3100 ドル，3200 ドルに過ぎないが，炭素税の負担は 1 人当たり 510 ドル，

90ドルという高い比率となる．先進工業諸国にとってはほとんど影響のないほど低い炭素税でも，発展途上諸国にとっては，経済活動に対して潰滅的な影響を及ぼすことになる．

　比例的炭素税方式は，先進工業諸国と発展途上諸国との間に存在する大きな経済的格差を考慮に入れながら，大気均衡の安定化を長期的な視点から見て最適な形で実現しようとするものである．比例的炭素税方式の下では，その国の一人当たりの国民所得に比例させる．このとき炭素税の負担は，日本1トン当たり310ドル，一人当たり840ドル，アメリ1トン当たり420ドル，一人当たり2500ドルとなるのに対し，インドネシアは1トン当たり30ドル，1人当たり50ドル．フィリピンでは1トン当たり30ドル，1人当たり8ドルで済む．たしかに，比例的炭素税を導入するとき，国際貿易，投資のパターンが，完全競争的な条件の場合と異なって，短期的ないしは静学的な基準の下では必ずしも最適なものではなくなる．しかし，この，貿易，投資のパターンの偏向は逆に，発展途上諸国の経済発展をいっそう高める結果を生み出す．

　しかし，先進工業諸国と発展途上諸国との間の経済的，社会的格差は著しく，とくにこの30年の間にいっそう拡大化される傾向を持つ．この間，さまざまな政策的手段によって，この格差を縮小する努力が重ねられてきたが，その効果はほとんど見られなかった．逆に，先進工業諸国と発展途上諸国の間の経済的格差は今後いっそう拡大化する傾向を持っている．本論文で導入した，比例的炭素税の制度は，先進工業諸国と発展途上諸国の間の公正に関してとくに配慮したものであって，その経済的格差を縮小するために効果を持つ．しかし，現在先進工業諸国と発展途上諸国との間に存在する経済的格差はあまりにも大きく，ここで導入した比例的炭素方式の類いの政策をとっても，本質的な意味での解決の途を見出しえない．この点に関して配慮をしたのが，「大気安定化国際基金」(International Fund for Atmospheric Stabilization) の構想である．

　各国政府は，比例的炭素税方式によって徴収した総税収から育林に対する補助金支払いを差し引いた純税収額のうち，ある一定比例（たとえば5%）を「大気安定化国際基金」に拠出する．「大気安定化国際基金」は，各国政

府からの拠出金を集計して，ある一定の算出方式に基づいて，発展途上諸国に分配する．この算出方式は，1人当たりの国民所得水準と人口数とに依存して定められ，政治的，その他の要因は考慮に入れないことを原則とすることが望ましい．

ここで提案する「大気安定化国際基金」はあくまでも原則的な考え方を示したものにすぎない．その具現化のためには，炭素税率の算定方式，その徴収の具体的な方法，モニタリングの制度，拠出金の配分方式などについてより詳細な検討が必要となることはいうまでもない．いずれにせよ，地球環境問題，とくに地球温暖化問題に対して，積極的な解決をはかるための国際機関の設置は現在もっとも緊急度の高い課題の1つであることを重ねて強調したい．

謝　辞

本章は次の論文の転載である．この転載を許可していただいた環境経済・政策研究学会に感謝の意を表したい．

・宇沢弘文（2008），「地球温暖化と持続可能な経済発展」，『環境経済・政策研究』Vol. 1, No. 1, pp. 3-14.

参考文献

Dyson, F. and G. Marland (1979), "Technical Fixes for the Climatic Effects of CO_2," in W. P. Elliot and L. Machta (eds.), *Workshop on the Global Effects of Carbon Dioxide from Fossil Fuels*, Washington, D. C., United States Department of Energy, pp. 111-118.

IPCC (1991), *Scientific Assessment of Climate Change-Report of Working Group I*, Cambridge, UK: Cambridge University Press.

IPCC (1996), *Climate Change 1995: The Science of Climate*, Cambridge, UK: Cambridge University Press.

IPCC (2002), *Climate Change 2001: Synthesis Report*, Cambridge, UK: Cambridge University Press.

IPCC (2007), "Summary for Policy Makers: The Physical Science Basis; Impacts, Adaptation and Vulnerability; Mitigation of Climate Change," *Climate Change 2007*, IPCC Fourth Assessment Report,

Keeling, C. D. (1968), "Carbon Dioxide in Surface Ocean Waters, 4: Global Distri-

bution," *Journal of Geophysical Research* **73**, pp. 4543-4553.
Keeling, C. D. (1983), "The Global Carbon Cycle: What We Know from Atmospheric, Biospheric, and Oceanic Observations," *Proceedings of Carbon Dioxide Research, Science and Consensus* **II**, Washington, D.C.: United States Department of Energy, pp. 3-62.
Marland, G. (1988), *The Prospect of Solving the CO_2 Problem through Global Reforestation*, United States Department of Energy, Washington, D.C.
Mill, J. S. (1848), *Principles of Political Economy with Some of Their Applications to Social Philosophy*, New York: D. Appleton [5th edition, 1899].
Myers, N. (1988), "Tropical Forests and Climate," referred to in United States Environmental Protection Agency, *Policy Options for Stabilizing Global Climate*, Washington, D.C., 1989.
Ramanathan, V., et al. (1985), "Trace Gas Trends and their Potential Role in Climate Change," *Journal of Geophysical Research* **90**, pp. 5547-5566.
Smith, A. (1759), *The Theory of Moral Sentiments*, London: A. Millar and Edinburgh: A. Kincaid and J. Bell.
Smith, A. (1776), *An Inquiry into the Nature and Causes of the Wealth of Natuions* [The Modern Library Edition, New York: Random House, 1937].
Takahashi, T., et al. (1980), "Carbonate Chemistry of the Surface Waters of the World Oceans," in *Isotope Marine Chemistry*, edited by E. Goldber, Y. Horibe and K. Saruhashi, Tokyo: Uchida Rokakuho, pp. 291-326.
Uzawa, H. (1974), "Sur le Théorie Économique du Capital Collectif Social," *Cahiers du Séminaire d'Économétrie*, pp. 103-122. Translated in *Preference, Production, Capital : Selected Papers of Hirofumi Uzawa*, Cambridge and New York: Cambridge University Press, pp. 340-362, 1988.
Uzawa, H. (1991), "Global Warming: The Pacific Rim," in *Global Warming: Economic Policy Responses*, edited by R. Dornbusch and J. M. Poterba, Cambridge and London: MIT Press, pp. 275-324.
Uzawa, H. (1992), "Imputed Prices of Greenhouse Gases and Land Forests," *Renewable Energy* **3** (4/5), pp. 499-511.
Uzawa, H. (1998), "Toward a General Theory of Social Overhead Capital," in *Markets, Information, and Uncertainty*, edited by G. Chichilinsky, New York: Cambridge University Press, 1998, pp. 253-304.
Uzawa, H. (2003), *Economic Theory and Global Warming*, New York: Cambridge University Press.
Uzawa, H. (2005), *Economic Analysis of Social Common Capital*, New York: Cambridge University Press.
Uzawa, H. (2008), "Global Warming, Imputed Price, Sustainable Development," unpublished.
Veblen, T. B. (1899), *The Theory of Leisure Class*, New York: Macmillan.

Veblen, T. B. (1904), *The Theory of Business Enterprise*, New York: Charles Scribners' Sons.
World Resources Institute. (1998), *World Resources 1998–99*, New York: Oxford University Press.

第5章 持続可能な発展と環境クズネッツ曲線

内 山 勝 久

1. はじめに

　地球温暖化は，現在得られている科学的知見から総合的に判断すると，人類が化石燃料の大量消費を始めた18世紀半ばの産業革命期から徐々に進行しはじめたと考えられている．20世紀の終わり頃からは世界各地がさまざまな異常気象に見舞われるようになり，地球温暖化との関連が指摘されているところである．一般に環境問題は人類の経済活動と密接な関連を有しており，地球温暖化も主として化石燃料の大量消費に基づいているという点において例外ではない．われわれは地球温暖化という環境面での犠牲のもとで豊かな生活環境，すなわち経済発展を享受してきたのだといえよう．

　環境問題と経済成長・発展の関係を考察したものとしては，ローマ・クラブの『成長の限界』(Meadows *et al.*, 1972) が有名である．これは「世界人口，工業化，汚染，食糧生産，および資源の使用の現在の成長率が不変のまま続くならば，来るべき100年以内に地球上の成長は限界点に到達するであろう」(訳書 p. 11) と結論しており，経済成長が天然資源と環境破壊問題に制約されることの重要性を指摘した．この結論を巡っては賛否さまざまな見解が提示されたが，総じて批判的な反応が多く見られた．しかし，環境問題と経済成長がトレード・オフの関係にあるという注意喚起を人類に対して行ったという功績は評価に値しよう．

　成長の限界に代わって1980年代半ばに提起された概念が「持続可能な発展」である．この概念は環境問題と経済発展は両立し得るという考え方，すなわち，環境と発展をトレード・オフではなく共存し得るものとして捉え，環境保全を考慮した節度ある発展が重要であるという考え方に立つものであ

る.そしてこれは現在の世界各国が環境政策を立案する上でよりどころとしている考え方となっている.

持続可能な発展の定義や意味内容は識者によってさまざまであるが,それらに関する議論は本章の射程を超えるので行わない[1].しかし,さまざまな解釈の中にも共通項として含まれるいくつかの要素を見出すことが可能である.それは効率性と衡平性の概念である[2][3].とりわけ,「持続可能性」は世代間の分配問題の一側面として捉えることができるので,衡平性の概念が重要な要素として扱われている[4].

宇沢(1995)においては,「地球温暖化の現象は結局,化石燃料の大量消費と熱帯雨林の破壊とを二つの軸として惹き起こされたものであって,20世紀,とくに第二次世界大戦後の,経済発展のあり方に密接に関わるものである(p. 83)」と述べ,地球温暖化と経済成長・発展の問題を指摘している.また,将来についても「消費生活が自然環境と調和的に保たれ,再生不可能な資源の浪費を行うことなく経済発展をはかることが可能であろうか(p. 84)」という持続可能な発展に関わる問題提起を行っている.本章ではこの問題意識に則して,地球温暖化問題と経済成長・発展との関係を捉えてみたい[5].

本章の構成は以下のとおりである.次節では持続可能性に関わる問題として,効率性と衡平性について地球温暖化問題の国際協調の枠組みと関連させて考察する.第3節では,持続可能な発展の可能性を模索するための一つの

---

1) 持続可能な発展のさまざまな定義については,森田・川島(1993)を参照.
2) 衡平性については「衡平性(equity)」と「公平性(fairness)」を区別して議論することも多い.本章では両者の概念を意識しつつも前者のニュアンスにややウェートを持たせるため「衡平性」と表現することにする.
3) 羅・植田(2002)では,持続可能性を効率性,衡平性とは独立なものとして議論している.
4) 持続可能な発展に関してしばしば引用されるWCED(1987)の定義では,世代内衡平性と世代間衡平性の両立が強調されている.
5) 一般的には「成長」が量的な概念であるのに対して,「発展」は量的な概念と質的な概念の双方を含むものとして捉えられることが多い.しかし,経済の質的な側面を定義するのは困難を伴うことも多く,WCED(1987)の持続可能な発展の定義でも,「発展」については何も定義されていない.

仮説として環境クズネッツ曲線を取り上げ，既存の研究動向を紹介する．第4節では，環境クズネッツ曲線から得られる地球温暖化問題への示唆を検討する．第5節は結語として，ジョン・スチュアート・ミルの定常状態に言及する．

2. 地球温暖化と効率性・衡平性

地球温暖化問題では，各国の温室効果ガス排出量も受ける被害の大きさもそれぞれ異なる．問題解決に向けては，各国が合意した国際協調の下で取り組みを進める必要がある．地球温暖化問題に対応するための国際協調の主要な枠組みとしては，1992年の地球サミットで採択された気候変動枠組み条約や当該条約の下で1997年に採択された京都議定書がある．本節では，持続可能な発展を目指したこれらの枠組みにおいて効率性と衡平性がどのように扱われているのかを簡単に概観する．

2.1 効率性

効率性とは一言でいえば「設定された目標を最小費用で実現する」ということであり，これはすぐれて経済学的な概念である．効率性の追求には市場メカニズムを有効に機能させることが鍵となる．地球温暖化問題では加害者と被害者の区別が困難であるが，このような特徴を持つ環境問題では，政策として，従来の公害対策に見られた直接規制ではなく，税や排出権取引などの経済的手法が採用されるようになりつつある．この手法は，いわば，加害者兼被害者であるわれわれ人類の行動を，価格メカニズムを通じたインセンティブによって変化させ，より環境に配慮した持続可能な社会の構築を目指そうとするものである．

気候変動枠組み条約第3条は「原則（principles）」と題されており，その3項は「予防原則」と呼ばれている．条文においては，気候変動に対応するための政策や措置は最小の費用で最大の効果をもたらすよう費用対効果の観点にも考慮を払うように要求している．ただし，気候変動枠組み条約はあくまでも「枠組み」でしかなく，具体的な経済的手法は京都議定書に委ねられ

ている.

　京都議定書では経済的手法としていわゆる「京都メカニズム」が導入されている. 制度の詳細については他の文献に譲るが, 京都メカニズムは, (1)排出量取引（第16条), (2)共同実施（第6条), (3)クリーン開発メカニズム（第12条）から構成され, 純便益の最大化を図る手段・手法として期待されている. 京都メカニズムを見ると, これは主として静学的効率性, すなわち, 任意のある一時点における排出削減費用最小化とその結果としての最適排出量を追求していると思われる. 京都メカニズムが効果的に機能すれば, 温室効果ガスに関し, 家計や企業の限界排出削減費用を均等化させることが可能になり, 効率的な削減が議定書附属書B国を中心に進む可能性がある.

　このように京都メカニズムは静学的効率性が理論的根拠となっているが, 効率性には動学的効率性の考え方もある. 静学が任意の一時点での考察を行うのに対し, 動学では時間軸を導入する. つまり, 動学的効率性は, 排出削減費用を異時点間にわたって最小化し, 目標排出水準へ向けての最適な排出経路を求めるものと換言することができよう[6]. 地球温暖化問題は超長期の問題であり, 持続可能な発展を達成するための成長経路を追求するためには動学的効率性に対する考慮が重視される必要があると思われる. ところが京都メカニズムでは, 議定書の約束期間がわずか5年間（2008〜2012年）の時限的なものであることもあって, こうした考慮が明示的に行われているとは認識しがたく, 効率性を損ねるおそれも懸念される.

2.2　世代内衡平性

　持続可能な発展を議論する場合には, 効率性も必要だが, 衡平性への配慮が一層重要であると考えられる.

　市場経済制度の下では分配も市場メカニズムによって決定されることになる. 例えば所得分配を考えると, 希少性があって市場評価が高い人の所得は高くなり, 逆の人の所得は極端な場合ゼロになる. 市場経済制度の下ではこれがごく自然の状態なのであって, 政府あるいは第三者が強制的に何らかの

---

[6] この場合, 将来生じる便益や費用を現在価値に割り引く必要があるが, その際の割引率をどのように設定すべきかという問題がある.

形で所得分配を行おうとすると，市場メカニズムによる資源配分の効率性を損なうことになり望ましくないという結論になる．

　環境問題を市場メカニズムによって解決しようとする場合，環境利用権のような財産権の私有制を前提とし，それを適切に割り当てることが必要になることがある．排出量取引制度はこうした仕組みを適用したものである．このような制度を前提とする市場メカニズムによって効率的な資源配分の達成が可能になっても，分配の衡平性の側面は無視されることになる．持続可能な発展は，環境問題に起因する便益や費用に関する世代間の分配問題として捉えられるが，このように市場メカニズムによる効率性の追求だけでは分配の衡平性までは期待することができないという弊害がある[7]．

　衡平性には，例えば国家間の衡平性のような同世代内の衡平性と，将来世代と現在世代のような異世代間の衡平性に分けて考えることができる．ここではまず世代内衡平性について考察する．

　国家間の衡平性に関しては，地球温暖化問題の特徴として各国の排出量も受ける被害の大きさもそれぞれ異なることから，すべての関係国に対して衡平性に配慮した内容を持つ国際協調の制度的枠組みでなければ合意に達することは難しい．しかし，協調体制を遂行するような超国家的組織が欠如した現状においては，その制度的枠組みを構築することは困難を極める．現に気候変動枠組み条約の交渉段階から主として先進国と発展途上国の間で衡平性の観点に基づく対立が見られた．対立点はおおよそ次のようなものであった．

　第1に，先進国の責任論である．先進国は，温暖化は地球全体の問題であり，温室効果ガスの排出量に応じて各国が共通の責任を負うべきだと主張する．一方，発展途上国の主張は，途上国にも「発展の権利」があること，および温暖化は先進国の経済発展のプロセスの中で引き起こされたものであって，対策の費用も先進国が負担すべきだとするものである．その結果，条約では第3条1項で「締約国は，衡平の原則に基づき，かつ，それぞれ共通に有しているが差異のある責任及び各国の能力に従い，人類の現在及び将来の

---

7) もっとも，効率性を基準とした資源配分の是非の評価は，それ自体一つの価値判断に基づくものである．しかし現実には世界各国の所得分配が衡平性を欠くことが問題となっており，地球温暖化問題を議論する際にも，その点は看過できない．

世代のために気候系を保護すべきである．したがって，先進締約国は，率先して気候変動及びその悪影響に対処すべきである」という，いわゆる「共通だが差異ある責任」原則がとられた．これにより先進国の責任と途上国の発展の機会や権利を損なわないような衡平性に関する配慮が国際協調の枠組みで行われた．

第2に，先進国と発展途上国の対応能力の差に起因する点である．具体的には排出目標の設定，あるいは全世界の排出量の配分に関わるものである．目標数値は各国の責任に関する指標ともなりうるので，上記の共通だが責任ある差異にも関係する．米国を除く先進国は目標設定に賛成したのに対して，米国は，目標値に科学的根拠がないことや対策費がかさむことを理由に，目標設定に難色を示した．途上国の主張は，汚染者は先進国であって途上国としては先進国の援助の範囲内で対策を実施するとするものである．条約では先進国に対して対策策定を要請し，その目標値は1990年レベルに戻すことで決着した（第4条2項他）．また，温暖化で被害を受けるのは主として途上国であることから[8]，その被害を負担する能力に関しても対立がある．

第3は，資金援助に関わる点である．温暖化対策費用を先進国と発展途上国でどのように分担すべきかという問題である．先進国は，汚染者負担原則を進めた形で，世界銀行を中心に設立された「地球環境ファシリティ」(Global Environment Facility: GEF) に基金を設置し，その基金で援助を実施するということを主張した．これに対し途上国の主張は，GEFはいわば先進国の代理組織なので，新組織の設置を要求するものであった．条約では，暫定的という限定付きでGEFを資金援助機関として位置付けることになった（第4条3項他）．資金援助に関しては直接的な負担が発生するので，先進国でも必ずしも積極的に取り組まれているわけでもない．このためこの問題は論点として残り，引き続き交渉が続いた．その後，COP7（気候変動枠組み条約第7回締約国会議）のマラケシュ合意により，GEF基金に加え，気

---

[8] 小島嶼国は国土が水没するおそれが高く，最も重大な危機に瀕している．キリバス共和国やツバル共和国といった南太平洋の島嶼国は国土の最高地点が海抜5メートル以下しかない．いくつかの島は既に水没しており，対応能力にも乏しいため，国民は移住を迫られている．彼らは温暖化による過酷な被害者である．

候変動枠組み条約に基づく「特別気候変動基金」「後発発展途上国基金」，および京都議定書に基づく「適応基金」が設けられることになった．

このように，地球温暖化対策に関する国際協調を巡る交渉過程では，世代内衡平性，すなわち，各国の衡平性に関する考慮が不可欠であった．ただし，結果として発展途上国が京都議定書に参加しなかった（削減目標を設定しなかった）ことで，これを議定書の欠点と見る向きは多い．議定書に参加しない国は自国の経済成長への影響を懸念しているが，近い将来に途上国の排出量が先進国を超えるのは確実視されており，途上国の扱いが温暖化防止に向けた鍵となる．先進国が削減義務や資金負担で多くの責任を負うのは衡平性の観点から望ましいが，加えて2013年からのポスト京都議定書では途上国の参加を促す制度設計が強く望まれる．

2.3 世代間衡平性

地球温暖化問題は世代内衡平性の問題であると同時に，超長期にわたる世代間の分配問題として捉えることができる．市場経済制度の下における現在世代の分配が衡平性を欠くものだとすると，世代間の連鎖を通じた将来世代の分配は不衡平の程度が拡大される傾向を持つ．したがって，世代間衡平性の議論は超長期的な問題である温暖化問題では不可避である．われわれ現在世代が享受しているのと同等の経済的繁栄を将来世代にも等しく約束しなければならないし，現在世代と同等の環境資源を将来世代にも等しく残さなければならない．その意味でこれは持続可能な発展の概念により直接的に結びつく．

また，世代間の問題の解決を困難にしているのには，次のような理由もある．すなわち，地球温暖化には過去および現在の経済活動が大きく影響しているが，加害者の一部を構成する過去世代は既に存在しないこと，一方，被害者となる将来世代は現存しないことである．標準的な経済学の議論では，外部不経済の解決や政策の規範的な根拠を求めるに当たって，公害問題のような分離可能な特定の加害者と被害者が同時に存在する局地的な汚染を想定しているように思える．地球温暖化問題は時間的・空間的に大きな広がりを見せる，人類がこれまでに経験したことのない問題であって，既存の経済学

の分析枠組みでは十分に捉えきれない可能性もあり，これを適用することに対する疑問もある（鈴村・蓼沼，2007）．その意味で世代間衡平性の問題はより本質的な問題であるといえる．

　大気という社会的共通資本[9]は，現在世代のみならず，将来世代の人たちも等しく利用する権利がある．しかし，温暖化の被害をより深刻に受けるのは現在世代ではなく将来世代である．前述のように，京都議定書では世代内衡平性についてはある程度考慮されているが，世代間衡平性についてはほとんど検討されていないと思われる．世代内でも世代間でも共通することだが，衡平性の概念は価値判断を含む．われわれ現在世代および将来世代にとって何が衡平であるかは個人によって判断基準が異なるものであり，その意味で経済学的というよりはむしろ政治学あるいは社会学，倫理学，社会哲学的要素を多分に含むものかもしれない．したがって，取り扱いが大変難しい概念であるともいえる．

　Uzawa（2003），あるいは本書第4章は，持続可能性を，社会の構成員がさまざまな種類の社会的共通資本の帰属価格を各時点において最適な水準に維持することと定義している．そして，帰属価格により評価された炭素税の概念を導入することにより，世代間の衡平性と効率性に配慮した大気の安定化が図れるとしている[10]．

　世代間の衡平性を議論しようとする場合に問題となる点は，第1に，割引率の問題である[11]．温暖化対策の費用は短期的なもので主として現在世代

---

9) 社会的共通資本とは，「一つの国ないし特定の地域がゆたかな経済生活を営み，すぐれた文化を展開し，人間的にも魅力ある社会を持続的・安定的に維持するような自然環境，社会的装置」であり，「市場経済制度が円滑に機能し，実質的所得分配が安定的となるような制度」を意味する．社会的共通資本の範疇には，自然資本（環境）のほか，社会的インフラストラクチャー（堤防・道路・港湾・文化施設など），制度資本（医療，教育，司法，行政，金融制度や警察，消防など）が含まれる．社会的共通資本は公有・私有にかかわらず，「社会全体にとって共通の財産として，社会的な基準に従って管理・運営される」べきものである．地球の大気は自然資本の一つとして位置付けられる．宇沢（1994，2000）を参照．
10) ただし，宇沢（1995）は帰属価格の概念だけでは世代内衡平性の点からは満足しうるものではないとして，帰属価格の概念に適切な修正を加えることによって発展途上国にも配慮した「比例的炭素税」を提唱している．本書第11章も参照のこと．
11) 本書第6章の大沼論文を参照．

が負担することになるのに対し，対策からもたらされる便益は長期的なもので将来世代が享受するものである．したがって，割引率が高ければ将来の便益は過小評価され，費用便益分析のもとでは対策がとられないということも起こりうる．

第2に，温暖化対策の意思決定をするのは現在世代であるが，衡平性の観点からは将来世代も意思決定に参加すべきである．しかし，そもそもこれは不可能である．意思決定に参加できない将来世代に代わって現在世代がその代理人を務める必要があるが，この場合衡平性が担保されるわけではない[12]．

3. 温暖化問題と経済発展の関係

将来の持続可能な発展を検討する上で，環境の質と経済発展の関係に関する過去の経緯や現在の状況を把握しておくことは重要なプロセスであると考えられる．一つの試みとして本節では，「環境クズネッツ曲線」仮説を取り上げ，経済理論的・実証的な研究動向をサーベイし，問題点を整理してみたい[13]．

3.1　環境クズネッツ曲線とは

環境問題と経済発展の関係を考える際の一つの仮説として，環境経済学の分野では「環境クズネッツ曲線」(Environmental Kuznets Curve: EKC) 仮説というものがある．これは観測事実から生み出された仮説である．ある1国について，量的な指標である1人あたり所得と質的な側面である環境汚染度合いとの関係を図示してみると逆U字型曲線を描くというものである．換言すると，経済発展の初期段階では環境負荷は増加するが，所得がある水

---

[12] 一般的に，将来世代の問題を考えるときには，その人口や固有の特性を所与のものとして考えることが多い．鈴村・蓼沼 (2007) では，将来世代の人口や固有の特性が現在世代の意思決定行動に依存するものと考えると，世代間の分配問題の考察が論理的困難に陥ることを指摘している．

[13] 本節の記述の多くは，内山 (2007) に基づいている．

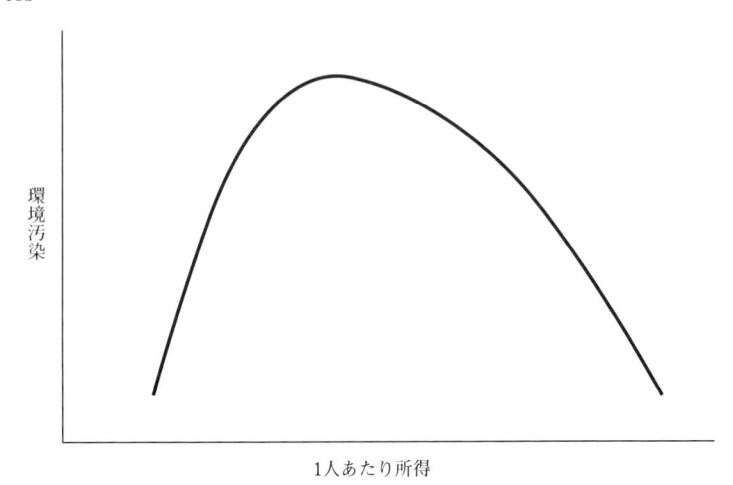

図5-1 環境クズネッツ曲線（模式図）

（縦軸：環境汚染、横軸：1人あたり所得）

準（転換点）を超えると，所得の増加に伴い環境負荷は低下すると主張する仮説である（図5-1）．サイモン・クズネッツ（Simon Kuznets）は1人あたり国民所得と不平等度の関係を捉え，経済発展の初期段階では所得格差が拡大するが，ある段階を超えると縮小に転じるとする仮説を提示した（Kuznets, 1955）．これは「クズネッツ曲線」として知られている．環境クズネッツ曲線仮説はこの仮説のアナロジーである．持続可能な発展を考える上で，経済成長が環境に与える影響を理解することは近年ますます重要になってきている．環境クズネッツ曲線の考え方は持続可能な発展を追求する上でも一定の注目を集めるようになってきた．

環境クズネッツ曲線に関する経済学的な研究は，Grossman and Krueger（1991）や，世界銀行のレポート（World Bank, 1992）のバックグラウンド・ペーパーである Shafik and Bandyopadhyay（1992）を嚆矢とする．そして，その概念が広く知られるようになったのは，世界銀行によるところが大きい．これらの研究はいわば単純に経験則に基づいてデータを当てはめただけのものであるが，分析により環境クズネッツ曲線の存在が明らかになると，それは持続可能な発展の実現可能性を示唆する一つの有力な証左と考えられるようになった．また，長期的な環境変化の予測と予防的な政策的対

応にも貢献するものと期待されはじめた．環境クズネッツ曲線に関する研究においては，専門学術誌における特集号もあり，多くの研究者の関心を集めていることを裏付けている[14]．

　環境クズネッツ曲線は模式的には図5-1のようになるが，経済の発展段階に応じて描ける図は当然ながら逆U字曲線の一部になる．具体的な国としてスウェーデン，日本，韓国，中国を取り上げて検討してみる．図5-2は各国の1人あたり実質GDPと1人あたり二酸化炭素排出量をプロットしたものである．発展途上国である中国は総じて右上がりになっている．アジア通貨危機の頃に右下がりの傾向も示したが，最近では再度右上がりに転じており，GDPあたりの二酸化炭素排出量増加のペースも速まっている．韓国はOECD加盟国であるという点では先進国と見なせるかもしれないが，気候変動枠組み条約上は非附属書I国に分類されるため，ここでは発展途上国として位置付けて考えたい．図を見るとそれを裏付けるかのように，一貫して右上がりの曲線を描いている段階にある．中国と同様にアジア通貨危機の頃を境に水準の低下が見られたが，最近でも引き続き右肩上がりとなっており，転換点には達していない．一方，先進国であり環境に対する意識が高いとされる北欧に位置するスウェーデンは，右上がりの時期の後，転換点を迎えて，現在は右下がりの段階にあるように見える．所得の増加につれて二酸化炭素排出量が減少しており，環境クズネッツ曲線が成立しているように見える．日本も同じ先進国であるが，スウェーデンとは異なる様相を示している．高度成長の時期は所得の増加に伴い二酸化炭素排出量は増加した．2つの石油危機を経て省エネなどが進んだためか，所得の増加に伴い排出量は減少するようになった．すなわち転換点を迎え，環境クズネッツ曲線が成立していたかのように見えた．しかしバブル期以降は再び排出量が増加するようになり，発展途上国のような様相を示しながら現在に至っている．逆U字曲線ではなくN字曲線を描いているように見えるのが特徴的である．

---

14)　学術誌の特集号としては，*Environment and Development Economics*, Vol. 2, Part 4, 1997年，*Ecological Economics*, Vol. 25, No. 2, 1998年がある．また，環境クズネッツ曲線に関する包括的なサーベイ論文としては，Stern (1998, 2004)，Panayotou (2000)，Dasgupta *et al.* (2002)，Dinda (2004) などがある．

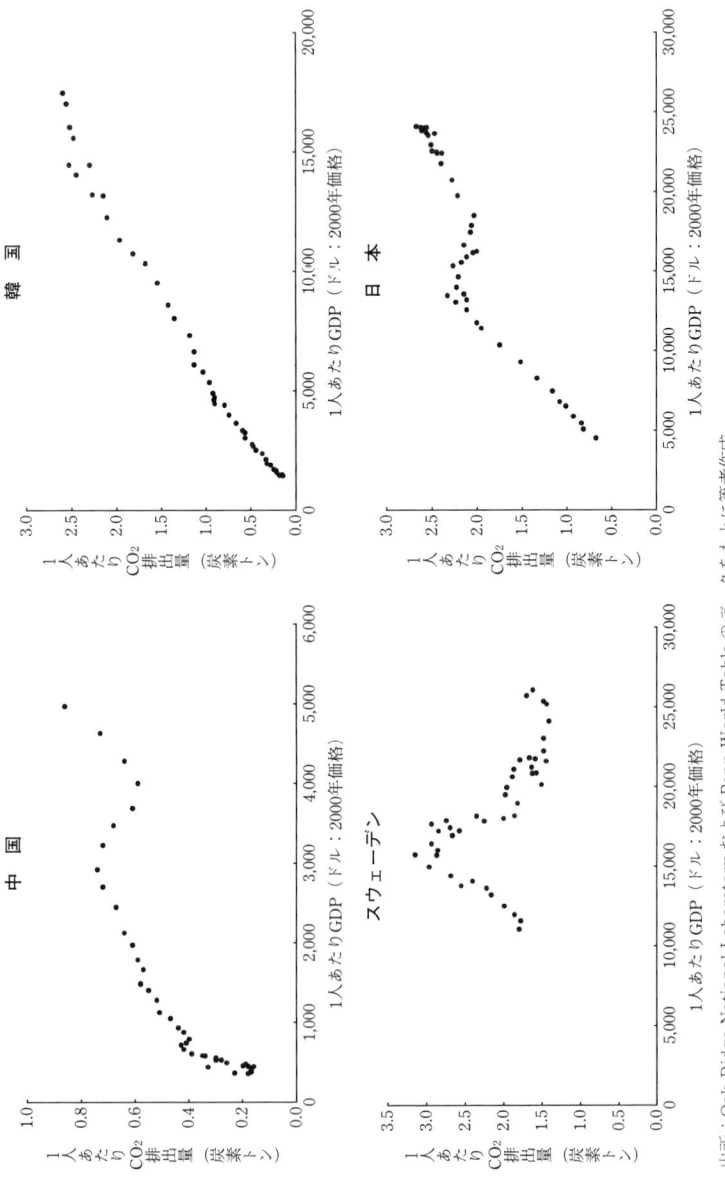

図5-2 各国の環境クズネッツ曲線

出所：Oak Ridge National Laboratory および Penn World Table のデータをもとに筆者作成．

3.2 先行研究(1)——理論的研究

環境クズネッツ曲線の概念が広く知られるようになって以降，実証面での研究が盛んに行われるようになった．さまざまな環境問題に関して各種の汚染指標に基づきながら，その存在の検証が行われた．その意味で，環境クズネッツ曲線は，いわば「定型化された事実」であるといえる．一方，当初は環境クズネッツ曲線に関する理論的研究は存在しなかったが，それが理論的にも起こり得るということを説明する必要性も高まり，定型化された事実を整合的に説明するような理論面での研究が1990年代半ば以降多くなされるようになった．

多くの理論モデルがあるが，しばしば学術誌で引用される代表的なものには，John and Pecchenino (1994) および Selden and Song (1995), Stokey (1998) のモデルがある．これらはいずれも時間軸を考慮した動学的なモデルであり，一国の経済発展のプロセスにおける環境質の変化を描写しようとしている．

これらのモデルでは次のような点が特徴的である．第1に，資本蓄積が少ない発展の初期段階では汚染削減支出を行わなかったりクリーンな技術を導入したりしない状態（コーナー解の状態）にあるが，資本蓄積に伴いこれらの汚染削減活動を導入するような移行（内点解への移行）が生じ，その結果逆U字型の関係がもたらされる可能性を示している点である．第2に，逆U字型の関係がもたらされないのは，経済がコーナー解の状態にあるケースであるが，汚染削減支出やクリーンな技術の導入は汚染物質ごとに収益性に差があると考えられ，コーナー解からの離脱をもたらす所得水準は汚染物質ごとに異なる可能性があるという点である．これは，汚染物質によっては環境クズネッツ曲線が存在しないとする実証分析結果の理論的な解釈となり得る可能性がある（柳瀬, 2002）．

環境クズネッツ曲線の理論的導出は，上記のようにさまざまなものが試みられているが，対象となっている汚染指標の経路は各種の仮定やパラメータの値に依存しているものが多い．なぜ逆U字型になるのか，すなわち，なぜパラメータの値が変化してコーナー解から内点解への移行が生じるのかに

ついてはいくつかの説明がなされている．代表的なものをまとめると，(1)生産や消費の構成が変化すること，(2)環境に対する選好が強まること，(3)外部不経済を内部化するような制度の導入，(4)汚染削減活動における規模に関する収穫逓増の効果，というものである（Andreoni and Levinson, 2001）．

3.3 先行研究(2)――実証的研究

環境クズネッツ曲線については，これまでに実証分析に関する多くの研究が行われてきた．これはもともとこの分野の研究が実証分析から始まったこと，環境クズネッツ曲線が素朴な概念であって解明されていない点が多く不完全であるがゆえに研究者の関心を引いていること，などの理由によるものと考えられる[15]．豊富な研究蓄積のすべてを網羅することは困難であるので，以下では代表的な研究のいくつかを取り上げて紹介したい．

Grossman and Krueger (1991) の先駆的な研究以来，実証分析においては，1人あたり所得水準の2次式によって1人あたり汚染水準を説明しようとするものが一般的となっている．標準的な回帰式は次のようなものである．

$$\left(\frac{E}{P}\right)_{it} = \alpha_i + \gamma_t + \beta_1 \left(\frac{GDP}{P}\right)_{it} + \beta_2 \left(\frac{GDP}{P}\right)_{it}^2 + u_{it} \tag{1}$$

ここで，E は環境汚染の指標，P は人口である．また，添字 i は国や地域，t は時間である．α_i は個別国や地域に特有の観察不可能な効果（ただし時点を通じて一定）であり，例えば，所得の高い国は寒冷地に位置する場合が多いなどの要因をコントロールするためのものである．γ_t は観察不可能な時点特有の効果（ただし個別国や地域間で共通）を表している．例えば，全世界共通に影響を及ぼすような石油価格，技術変化，景気変動，環境政策や環境水準などの要因をコントロールするためのものである[16]．

---

[15] 3.4節で言及するように環境クズネッツ曲線に関しては多くの問題点が指摘されている．

[16] 実際の分析では(1)式を対数線形や半対数線形にしたモデルもある．また，所得だけではなく追加的な説明変数を伴った研究も存在する．

環境クズネッツ曲線が実証的に成立するとされる条件は，$\beta_1>0$，$\beta_2<0$ で統計的に有意であって，汚染水準が低下に転じる「転換点（turning point）」が常識的に考えて納得できる水準にあるというものである（Sclden and Song, 1994）．(1)式の場合，転換点を示す1人あたり所得水準は $-\beta_1/(2\beta_2)$ で与えられる．そして，実証分析上の最大の関心は転換点の水準がどのくらいであるかということにある．

実証分析においては，対象となる環境指標として，大気の質，水質，廃棄物，都市衛生，エネルギー利用などが多い．とりわけ二酸化硫黄（SO_2），窒素酸化物（NOx），一酸化炭素（CO），粒子状浮遊物質（SPM），二酸化炭素（CO_2）といった大気質に関する研究が中心になっている．

大気質に関しては，汚染物質は大きく2種類に分類される．人間の健康に直接的な被害や影響を及ぼすものと，直接的には影響がないものである．

前者のタイプには二酸化硫黄，窒素酸化物，粒子状浮遊物質，一酸化炭素などが含まれる．こうした汚染物質はまた，汚染エリアがローカルであって，比較的短時間のうちに分解されるという意味でフローの汚染物質であり，さらに，既に何らかの規制が導入されているという特徴を持つ．こうした汚染物質に関しては多くの研究成果が蓄積されており，環境クズネッツ曲線の成立を支持する結論を得ているものが多い．しかし，汚染物質ごとに環境改善が開始する転換点の水準がどの程度であるかについては一致した見解や合意は見られない．

一方，後者のタイプには二酸化炭素をはじめとする地球規模での汚染物質の多くが分類される．これらの汚染物質は分解するのに長期間を要し，ストックの量が汚染の程度に大きな影響を持つ．さらに，規制が導入されていないか，導入後間もないという特徴も併せ持つ．これらの汚染物質に関しては前者ほどの研究蓄積はなく，環境クズネッツ曲線は単調増加するという場合と成立するという場合が並存しており，成立の是非については現状では明確な結論が得られていない．また，成立が確認される場合にも転換点は2万USドルを超える水準であることが多く，前者の汚染物質に比べて高い水準になっている．

したがって，二酸化炭素に関しては環境クズネッツ曲線の存在については

議論の余地がまだ残されていると見てもよいだろう．二酸化炭素に関する代表的な実証分析については次のようなものがあり，表5-1のようにまとめられる．

表5-1から既存の研究については次のような特徴が読み取れる[17]．利用しているデータ・ソースについてはほとんどの研究において共通しており，二酸化炭素に関してはOak Ridge National Laboratoryあるいは国際エネルギー機関（IEA），所得に関してはPenn World Table，世界銀行のWorld Development IndicatorあるいはOECDのデータとなっている．二酸化炭素データに関しては長期にわたって利用可能なデータに乏しいことから，多くの研究者がこれら特定のデータ・ソースに依存している．

推定期間および分析国数に関しては，説明変数が所得のみによる研究では1950年あるいは1960年から最近時点までの比較的長い期間となっていること，加えて，分析対象国数も100ヵ国を超えるような大きなデータセットを構築し，分析している点が特徴的である．一方，分析対象国数が小さい研究は，変数データの利用可能性に制約を受けていると考えられる．例えば，説明変数として所得のほかに貿易指標やエネルギー関連指標などを取り入れて分析している研究（Agras and Chapman, 1999; Cole, 2003; Richmond and Kaufmann, 2006）では，所得以外のデータの利用可能性に制約を受けている．なお，速水（2000）は，1995年一時点のみのクロス・カントリー分析である．

分析の結論である曲線の形状と転換点の水準については，次のような特徴が観察される．推定期間の終期が1990年前後までの分析では，単調増加あるいは逆U字型曲線であっても転換点が極端に高く，実質的に単調増加であると結論する研究が比較的多い．他方，推定期間の終期が1995年以降までとなっている分析では逆U字型曲線の成立を確認し，転換点の水準も概ね1万5000USドルから3万USドル近くとなっている研究が多くなっている．比較的最近時点のデータを利用すれば環境クズネッツ曲線が成立する傾向にある．

---

17) 表5-1に記載の個別研究の詳細については，内山（2007）を参照．

表 5-1 環境クズネッツ曲線（二酸化炭素）に関する代表的実証研究

	データ	推定期間	分析国数	曲線の形状	転換点
Shafik (1994)	ORNL PWT	1960-89	153	単調増加	—
Holtz-Eakin and Selden (1995)	ORNL PWT	1951-86	130	(逆U字型)[*1]	35,428-800万 (1985US ドル)
Cole et al. (1997)	ORNL PWT	1960-91	7地域	(逆U字型)[*1]	25,100-62,700 (1985US ドル)
Schmalensee et al. (1998)	ORNL PWT	1950-90	141	逆U字型	N.A. (1985US ドル)
Agras and Chapman (1999)	ORNL PWT, UN	1971-89	34	逆U字型	13,630 (1985US ドル)
Galeotti and Lanza (1999)	IEA OECD	1971-96	110	逆U字型	15,073-16,646 (1990US ドル)
速水 (2000)	WDI	1995	25	逆U字型	9,258-9,601 (1995US ドル)
Neumayer (2002)	ORNL PWT	1960-88	106	(逆U字型)[*1]	N.A. (1985US ドル)
Cole (2003)	ORNL PWT	1975-95	32	逆U字型	20,352-56,696 (1985US ドル)
Dijkgraaf and Vollebergh (2005)	OECD	1960-97	24	(逆U字型)[*2]	20,647 (1990US ドル)
Richmond and Kaufmann (2006)	IEA PWT	1973-97	36	逆U字型	29,687 (1996US ドル)
Galeotti et al. (2006)	IEA, ORNL OECD, WDI	1960-97	N.A.	逆U字型	15,600-21,186 (1990US ドル)
内山 (2007)	ORNL PWT	1960-2003	124	逆U字型	25,115 (2000US ドル)

ORNL: Oak Ridge National Laboratory, PWT: Penn World Table, WDI: World Development Indicator.
Galeotti et al. (2006) の転換点は，OECD 諸国と非 OECD 諸国のサンプルによる推定結果を合わせたものである．
その他の研究の転換点は全世界（全サンプル）ベースである．
*1：転換点が大きいので，実質的には単調増加と結論している．
*2：各国共通のパラメータを持つ環境クズネッツ曲線は成立しないと結論している．
出所：内山 (2007) に加筆・修正．

また，個別の国について環境クズネッツ曲線の成立が確認されたとしても，世界全体では成立しないと結論する研究や，全サンプルとサブサンプル（例えば先進国のみのサンプルや途上国のみのサンプルなど）とでは異なる推定結果になると結論する分析も存在する．

3.4 環境クズネッツ曲線の問題点

環境クズネッツ曲線に関しては，理論的にも実証的にも多くの研究成果が蓄積されているが，その一方で，多くの批判的検討も行われてきた．こうした側面は，これが非常にナイーブな仮説であることを物語っている．そこで以下では，環境クズネッツ曲線の概念的・理論的側面および実証的側面に対する批判や問題点を簡単に整理してみたい．

3.4.1 概念的・理論的側面

環境クズネッツ曲線仮説を素直に理解するならば，要点は次のようにまとめられよう．第1に，発展の初期段階においては，環境と経済成長はトレード・オフの関係にあるので，成長のためには多少の環境汚染はやむを得ない．しかし，その結果として不可逆的な環境破壊を生じさせる可能性がある．第2に，汚染の増加によって環境は相対的に希少な資源となり，その価値は上昇する．また，成長に伴う資本蓄積もあって，適切な汚染防止対策がとられるようになることから，成長と環境保全の両立がはかられるようになる，というものである．

果たしてこのような理解でよいのであろうか．批判的検討の契機となった Arrow et al. (1995) は，「いくつかの環境指標で経済成長と環境改善が関連付けられたとしても，一般的に環境改善を誘発するためには経済成長だけで十分であるということではなく，経済成長による環境への影響を無視してよいということでもない」と述べている．経済成長のみに依存すべきでないのは当然であって，何らかの環境質改善策が不可欠であるのはいうまでもなかろう．彼らはこれに加えていくつかの問題点の指摘を行っている．また，この論文の主張を踏まえた上で，他の論文においてもさまざまな問題点が指摘されている．

Arrow *et al.*（1995）をはじめ，その後のいくつかの論文で指摘されている批判や問題点はおおよそ次のようにまとめられよう．

第 1 に，環境と経済の相互依存関係が考慮されていない点である．現状の実証研究の動向では，所得が外生変数として仮定されており，これが一方的に環境に影響を与えるとされている．しかし現実には，環境から経済への逆方向の経路も考えられる．例えば，環境破壊が成長を抑制する方向に働くという場合である．このように，環境と経済の双方向への影響を考える必要がある．

第 2 に，代替的な汚染物質の排出や他国での排出が考慮されていないことである．通常は環境規制の導入や技術進歩により汚染水準の低下がもたらされるだろう．しかし場合によっては汚染物質の削減によって，その物質と代替的な他の汚染物質の排出をもたらす可能性もある．また，ある国での汚染物質の排出規制強化は，規制の緩い他国での排出を増加させる可能性もある．このように他の問題を誘発することによって，全体で見れば何ら改善していない，あるいは持続可能になっていない場合が想定される．

第 3 に，貿易の影響が考慮されていないことである．労働や天然資源が相対的に豊富な発展途上国が，人的資源が豊富な先進国よりも汚染を伴う生産に比較優位を持つ．貿易が比較優位に基づいて行われるとするならば，所得が低く汚染に対する選好があまり強くない発展途上国は汚染集約的な産業に特化し，排出を増加させることになろう．また，先進国における環境規制の高まりは，より規制が緩い国や地域への汚染集約的産業の移転を伴う[18]．しかし既存の研究ではこのような影響（あるいはリーケージの影響）を分析しているものは少ない．

第 4 に，世界各国の所得分布の相違が考慮されていないことである．世界の所得分布は一様ではなく，人口の大部分は所得の低い発展途上国に属している．したがって，環境クズネッツ曲線の存在が確認されたとしても，曲線の右上がりの部分に位置する彼らが成長を続けるならば，今後相当の長期間

---

[18] こうした汚染集約的産業の移転は，より低所得国へと向かうことになる．最後に汚染移転を受けた国は，経済成長を実現できたとしても，それ以上汚染を移転させうる国が既に存在しないので，環境改善を達成することは不可能かもしれない．

にわたって，世界全体で見た汚染水準は悪化し続けるものと予想される．

3.4.2 実証的側面

一方，実証分析における問題点としては次のようなものが指摘されている．大きな問題はモデルの定式化に関するものである[19]．現状のところ理論モデルにしたがった実証分析はなく，標準的な手法となっているのは初期の頃から現在に至るまで(1)式のような所得の多項式というごく簡単な式で回帰する方法である．このため，推定されたパラメータの値に対する経済学的な解釈をすることはできず，理論と実証との間にギャップが生じている．こうしたモデルによる推定がやむを得ないと考えられているのは，主として環境指標データの利用可能性やデータの質の問題が大きいと思われる．

また，多くの実証研究は，すべての国が同様の軌跡を持つことを想定しており，各国ごとの推定はあまり行われていない．しかし，容易に想像がつくように，実際には自然条件や社会状況など経済発展を規定する各種の条件は国ごとに異なる．また，発展途上国では後発の利益により，曲線が左下にシフトしている可能性も考えられる．このため主流となっている分析手法に対する疑問もある (Dijkgraaf and Vollebergh, 2005)．

定式化に関しては，変数欠落のバイアス (omitted variable bias) の問題も指摘されている．所得の多項式による推定が行われた場合にも，所得以外に環境指標に影響を与えうると考えられる変数，例えば貿易の影響やエネルギー価格の影響などが欠落しているのではないかという問題である[20]．

以上のように，これまで報告されてきた多くの推定結果にはいくつかの問題が残されている．しかしながら，こうした点を改善しようとする場合にも，

---

[19] 他の大きな問題としては，推定における技術的な問題（同時性，不均一分散，定常性等）が挙げられるが，本稿では割愛する．内山 (2007) はこれらの技術的問題への対応を試みている．

[20] 説明変数に貿易の影響を加えたものとして，Suri and Chapman (1998), Cole (2003, 2004) がある．エネルギー消費構造の影響を考慮したものとして Richmond and Kaufmann (2006) がある．また，気温などの自然要因を考慮したものとして Neumayer (2002) がある．Agras and Chapman (1999) では，所得以外の説明変数をサーベイしている．しかし，結局のところ所得の説明力が一番高いと述べている．

環境に関する利用可能なデータが質的にも量的にもきわめて不十分であるという現状を踏まえると，困難や限界に直面せざるを得ない．したがって，現状の研究動向を踏まえると，環境問題，特に地球温暖化問題に関しては，温暖化の緩和と経済成長の両立を図ること，持続可能な発展を求めることは，必ずしも容易なことではない．

4. 環境クズネッツ曲線からの示唆

前節では環境と経済成長は両立するのか，それともトレード・オフの関係にあるのかという観点から，一つの方法として環境クズネッツ曲線について概観した．環境クズネッツ曲線を巡っては数多くの問題点が指摘されている．しかしながら，逆U字曲線は観察された事実でもある．したがって，環境クズネッツ曲線の意義は，環境と経済成長がトレード・オフであるという容易に受容できそうな観念に再考を求める点であろう．

特に地球温暖化問題（二酸化炭素排出）に関しては，環境クズネッツ曲線は単調増加になり環境と経済成長は両立しないとの印象が強い．しかし最近の研究に基づけば逆U字曲線に成りうることが示されており，環境と経済成長の両立に道筋を与えている．

そうかといって，経済成長が地球温暖化問題の有効な解決策であると考えるのは拙速すぎるし誤った理解であろう．世界の大多数の国が発展途上国であることを踏まえると，地球規模で見た場合，当面の間は二酸化炭素の排出量が増加することになる．したがって，何らかの手段により転換点を低下させ，環境と経済成長が両立する状態に早期に移行する必要がある．京都議定書では衡平性の観点から途上国の参加が見送られたが，このような発展途上国による排出増加を踏まえると何らかの対応が必要となろう．

内山（2007）では2003年までのデータを利用して環境クズネッツ曲線の推定を行っており，1997年の京都議定書採択以降の動向も検討している．これによると，転換点は京都議定書の義務を負っている附属書II国（先進国グループ）では，1997年以降の転換点は上昇傾向にある．したがって，京都議定書は2003年までに限れば有効に機能していない可能性が示唆されるが，

議定書の効果に関するより確かな検証には 2004 年以降のデータが必要かもしれない．その結果現在も議定書が有効に機能していないということであれば，2013 年以降のポスト京都議定書の枠組みの役割はきわめて重要となろう．また，義務を負っていない非附属書 I 国（発展途上国グループ）では転換点は低下傾向で推移している．排出削減に向けた各種の対策において後発の利益を享受している可能性がある．

　より一層の転換点水準の低下を図るためにはいかにすればよいだろうか．中期的に見て重要であり，また短期的にも比較的即効性のある対策として，技術移転・援助を挙げることができよう．ただし，発展途上国側における技術受け入れ基盤の整備が欠かせない．削減に有効な技術は社会的便益が大きいにもかかわらず，研究開発には多大なコストを伴うため，企業レベルでは採算に合わない可能性もある．また，2006 年に開催された COP12・COP/MOP2 で議論されたように，技術に関する知的財産権を巡る問題が生じており解決される必要がある．こうした点を踏まえると，技術開発・移転に関しては国家あるいは国際的な枠組みでの取り組みが必要になる可能性もある．宇沢（1995）や本書第 11 章が衡平性の観点を踏まえて提唱する比例的炭素税と大気安定化国際基金は，発展途上国の参加が前提となるため実現には時間を要すると思われるものの，その活用は技術開発・移転の促進を図るための一つの方法として検討できよう．

5. 結びにかえて──ジョン・スチュアート・ミルの定常状態に向けて

　温室効果ガスに限らず，あらゆる汚染物質について，環境と経済が両立する経済社会への移行が求められていることについては改めて強調するまでもない．ジョン・スチュアート・ミルは，1848 年の著書 *Principles of Political Economy* の中で定常状態（stationary state）について次のように述べている[21]．

---

21) Book IV; "Influence of the Progress of Society on Production and Distribution" における，Chapter VI; "Of the Stationary State" を参照．

第5章 持続可能な発展と環境クズネッツ曲線

It is scarcely necessary to remark that a stationary condition of capital and population implies no stationary state of human improvement. There would be as much scope as ever for all kinds of mental culture, and moral and social progress; as much room for improving the Art of Living, and much more likelihood of its being improved, when minds ceased to be engrossed by the art of getting on.

　このように，ミルの定常状態とは，物理的な資本ストックと人口の増加がゼロであるのに，精神的・文化的活動，道徳的・社会的改善が継続的になされる状態である．環境や生態系も継続的に改善することになる．物理的な成長は停止し，生産や消費などのマクロ経済的な変数は時間を通じて一定水準に保たれることになるが，質的な改善は継続している．そして，生産は資本ストックなどの交換のためにのみ行われることになる．その文脈からすると，これは安定的な社会の様相であって，単なるゼロ成長とは意味合いが大きく異なるものである．

　ミルはこの定常状態および質的な発展を古典派経済学の本質であると捉え，社会的に望ましい状態として高く評価していたと思われる．自然環境を社会的共通資本として考える立場からは，こうした点は注目に値しよう．一方，現代の主流である新古典派経済学は，主として量的な成長に焦点を当てるものであり，生産物やそれを生み出すための生産要素（労働や資本ストックなど）の時間を通じた最適な資源配分の問題として考えている．その結果として，定常状態（steady state）の成長率がどの程度であるかといった議論が行われており，ミルとは対照的である．

　第1節の脚注5で見たとおり，一般的な「発展」の概念には量的な成長の側面と質的発展の側面が含まれる．しかしミルに従うならば，環境と経済が両立する持続可能な発展とは，成長なき発展，つまり量的増加を伴わず，一定規模の経済社会における質的改善を意味するのかもしれない．こうした点の考察は今後の課題である．

参考文献

Agras, J. and D. Chapman (1999), "A Dynamic Approach to the Environmental Kuznets Curve Hypothesis," *Ecological Economics*, 28, pp. 267–277.

赤尾健一 (2002),「持続可能な発展と環境クズネッツ曲線」中村愼一郎編『廃棄物経済学をめざして』, pp. 52–79, 早稲田大学出版部.

Andreoni, J. and A. Levinson (2001), "The Simple Analytics of the Environmental Kuznets Curve," *Journal of Public Economics*, 80, pp. 269–286.

Arrow, K., B. Bolin, R. Costanza, P. Dasgupta, C. Folke, C. S. Holling, B. -O. Jansson, S. Levin, K. -G. Mäler, C. Perrings and D. Pimentel (1995), "Economic Growth, Carrying Capacity and the Environment," *Science*, 268, pp. 520–521. (Reprinted in *Ecological Economics*, 15, pp. 91–95, and in *Ecological Applications*, 6, pp. 13–15.)

Cole, M. A. (2003), "Development, Trade, and the Environment: How Robust is the Environmental Kuznets Curve?" *Environment and Development Economics*, 8, pp. 557–580.

Cole, M. A. (2004), "Trade, the Pollution Haven Hypothesis and the Environmental Kuznets Curve: Examining the Linkages," Ecological Economics, 48, pp. 71–81.

Cole, M. A., A. J. Rayner and J. M. Bates (1997), "The Environmental Kuznets Curve: An Empirical Analysis," *Environment and Development Economics*, 2, pp. 401–416.

Dasgupta, S., B. Laplante, H. Wang and D. Wheeler (2002), "Confronting the Environmental Kuznets Curve," *Journal of Economic Perspectives*, 16, pp. 147–168.

Dijkgraaf, E. and H. R. J. Vollebergh (2005), "A Test for Parameter Homogeneity in CO_2 Panel EKC Estimations," *Environmental and Resource Economics*, 32, pp. 229–239.

Dinda, S. (2004), "Environmental Kuznets Curve Hypothesis: A Survey," *Ecological Economics*, 49, pp. 431–455.

Forster, B. A. (1973), "Optimal Capital Accumulation in a Polluted Environment," *Southern Economic Journal*, 39, pp. 544–547.

Galeotti, M. and A. Lanza (1999), "Richer and Cleaner? A Study on Carbon Dioxide Emissions in Developing Countries,"*Energy Policy*, 27, pp. 565–573.

Galeotti, M., A. Lanza and F. Pauli (2006), "Reassessing the Environmental Kuznets Curve for CO_2 Emissions: A Robustness Exercise," *Ecological Economics*, 57, pp. 152–163.

Grossman, G. M. and A. B. Krueger (1991), "Environmental Impacts of a North American Free Trade Agreement," NBER Working Paper, No. 3914, NBER.

速水佑次郎 (2000),『新版開発経済学――諸国民の貧困と富』創文社.

Holtz-Eakin, D. and T. M. Selden (1995), "Stoking the Fires? CO_2 Emissions

and Economic Growth," *Journal of Public Economics*, 57, pp. 85-101.
John, A. and R. Pecchenino (1994), "An Overlapping Generations Model of Growth and the Environment," *Economic Journal*, 104, pp. 1393-1410.
Kuznets, S. (1955), "Economic Growth and Income Inequality," *American Economic Review*, 45, pp. 1-28.
Meadows, D. H., D. L. Meadows, J. Randers and W. Behrens (1972), *The Limits to Growth*, Universe Books.(大来佐武郎監訳(1972),『成長の限界──ローマ・クラブ「人類の危機」レポート』ダイヤモンド社.)
森田恒幸・川島康子 (1993),「「持続可能な発展論」の現状と課題」『三田学会雑誌』第85巻, 第4号, pp. 4-33, 慶應義塾経済学会.
羅星仁・植田和弘 (2002),「気候変動問題と持続可能な発展──効率性, 衡平性, 持続可能性」細江守紀・藤田敏之編『環境経済学のフロンティア』, pp. 20-55, 勁草書房.
Neumayer, E. (2002), "Can Natural Factors Explain Any Cross-Country Differences in Carbon Dioxide Emissions?" *Energy Policy*, 30, pp. 7-12.
Panayotou, T. (2000), "Economic Growth and the Environment," CID Working Paper No. 56.
Richmond, A. K. and R. K. Kaufmann (2006), "Is There a Turning Point in the Relationship between Income and Energy Use and/or Carbon Emissions?" *Ecological Economics*, 56, pp. 176-189.
Schmalensee, R., T. M. Stoker and R. A. Judson (1998), "World Carbon Dioxide Emissions: 1950-2050," *Review of Economics and Statistics*, 80, pp. 15-27.
Selden, T. M. and D. Song (1994), "Environmental Quality and Development: Is There a Kuznets Curve for Air Pollution Emissions?" *Journal of Environmental Economics and Management*, 27, pp. 147-162.
Selden, T. M. and D. Song (1995), "Neoclassical Growth, the J Curve for Abatement, and the Inverted U Curve for Pollution," *Journal of Environmental Economics and Management*, 29, pp. 162-168.
Shafik, N. and S. Bandyopadhyay (1992), "Economic Growth and Environmental Quality: Time Series and Crosscountry Evidence," World Bank Policy Research Working Paper, WPS 904.
Shafik, N. (1994), "Economic Development and Environmental Quality: An Econometric Analysis," *Oxford Economic Papers*, 46, pp. 757-773.
Stern, D. I. (1998), "Progress on the Environmental Kuznets Curve?" *Environment and Development Economics*, 3, pp. 173-196.
Stern, D. I. (2004), "The Rise and Fall of the Environmental Kuznets Curve," *World Development*, 32, pp. 1419-1439.
Stokey, N. L. (1998), "Are There Limits to Growth?" *International Economic Review*, 39, pp. 1-31.
Suri, V. and D. Chapman (1998), "Economic Growth, Trade and Energy: Implica-

tions for the Environmental Kuznets Curve," *Ecological Economics*, 25, pp. 195-208.
鈴村興太郎・蓼沼宏一（2007），「地球温暖化抑制政策の規範的基礎」清野一治・新保一成編『地球環境保護への制度設計』, pp. 197-228，東京大学出版会.
内山勝久（2007），「二酸化炭素排出と環境クズネッツ曲線——ダイナミック・パネルデータ推定による検証」『経済経営研究』第27巻，第3号，日本政策投資銀行.
宇沢弘文（1994），「社会的共通資本の概念」宇沢弘文・茂木愛一郎編『社会的共通資本——コモンズと都市』，pp. 15-45，東京大学出版会.
宇沢弘文（1995），『地球温暖化の経済学』岩波書店.
宇沢弘文（2000），『社会的共通資本』岩波書店.
Uzawa, H. (2003), *Economic Theory and Global Warming* : Cambridge University Press.
World Bank (1992), *World Development Report 1992: Development and the Environment*: Oxford University Press.
World Commission on Environment and Development (WCED) (1987), *Our Common Future*: Oxford University Press.（大来佐武郎監修・環境庁国際環境問題研究会訳（1987），『地球の未来を守るために』福武書店.）
矢口優・園部哲史（2007），「経済発展と環境問題——環境クズネッツ・カーブ仮説の再検討」清野一治・新保一成編『地球環境保護への制度設計』，pp. 55-86，東京大学出版会.
柳瀬明彦（2002），『環境問題と経済成長理論』三菱経済研究所.

第6章　地球環境と持続可能性
　　　──強い持続可能性と弱い持続可能性──

大沼あゆみ

1. はじめに

　"Chi va piano, va sano; chi va sano, va lontano"（静かに行くものは健やかに行く，健やかに行くものは遠くまで行く）．のち，1874年に『純粋経済学要論』を著し，現代経済学の基礎となる一般均衡理論を創始したレオン・ワルラスは，1862年，研究への途が閉ざされ失望に打ちひしがれていた29歳のとき，父親オーギュスト・ワルラスからの励ましの手紙の中に記されてあった冒頭のイタリアの諺を，何度となく繰り返しつぶやき自分に言い聞かせたという[1]．

　ワルラスに大きな励ましを与えたという，このイタリアの諺は，われわれにも示唆を与えている．今日，地球環境は刻々と悪化し続けている．とくに地球温暖化は，将来の地球環境を劇的に変化させてしまう，と予想されている．経済社会は，地球環境とのかかわりで健やかであるならば，遠い将来まで存続することができる．健やかでない経済社会は，地球環境の破壊により，やがて破綻してしまいかねない．地球環境を保全することと両立する健全な経済は，われわれがすみやかに築き上げなければならないものである．

　地球環境にとって健やかな経済とは，では，どのようなものであるのだろうか．健康を計る体温計のように，地球環境の健全さを示してくれるバロメーターが「生物多様性」である．地球環境は，森林，湿地，大気，水などの個々の自然資本により構成される．生物の多様性は，こうした個別自然資本をベースに定義できるものである．個々の自然資本が劣化すると，生物多様

---

[1]　安井（1937）参照．

性も減少する．地球環境がさまざまな点で損なわれつつあることが，生物多様性の減少の速度で見ることができる．

現在，約 175 万種が確認されているが，実際に存在する種は，1000 万とも 1 億とも言われている．そして今，第 6 回目の大絶滅時代とも言われるほどの種の絶滅が起きている．絶滅の速度は，自然の状態であれば，1 年に 1 ～ 10 種とも言われているが，今日では，その 1000 ～ 1 万倍が絶滅しているとする推定もある[2]．地球環境は不健全になりつつあるだけではなく，その速度を速めている．

種の絶滅の要因は，森林などの生態系の破壊や過剰な採取，あるいは外来種の移入である．さらに地球温暖化は，生態系を激変させ，生物種の絶滅を促進してしまうと予測されている．2004 年の *Nature* に掲載された論文で，トーマスらは，2050 年までに，地球温暖化により，最大で 35% の種が絶滅すると予測した[3]．

健やかな経済とは，地球環境の健全さのバロメーターである生物多様性を維持することができる経済であろう．こうした経済は，「持続可能な経済」と呼ばれてもいいだろう．地球環境と両立し，継続させることが可能な経済という意味である．しかし，経済学では，持続可能な経済は，必ずしもこのような意味だけで使われているわけではない．むしろ，人間の幸福を表す福利（well-being）に基づき，将来世代の福利が現世代の福利に比して著しく低いものとはならない経済を指すことが多い．

本章では，経済学におけるこのような持続可能性の定義が，具体的に何を経済に指示するのか，とくに，上で述べたような，地球環境を劣化させずに地球生態系を維持する経済が，その定義から導き出されるかどうかに焦点を当てながら考察を行う．経済学の立場からは，持続可能な経済とは，将来の人間の福利を増す限り他の形態の資本と代替させることで，地球生態系を劣化させることも容認するものであることを説明する．その一方で，地球生態系を劣化させずに維持する経済が指示され実現可能となるための，いくつか

---

[2] 井上・和田編（1988 年）第 5 章．Millennium of Ecosystem Assessment（2005）では，この数字を含めて，さまざまな生態系での絶滅速度について述べている．

[3] Tomas, et al.（2004）参照．

の方策を提示する．

2. 経済と地球環境とのかかわり

　経済と自然環境はどのようにかかわっているのであろうか．経済は，財（モノとサービス）の生産・消費を行うところである．生産されたものは，消費されるか，あるいは投資として資本ストックに付加される．

　経済は，地球環境から独立したシステムではない．モノの生産には，原材料や燃料など，自然システムからの「採取」が必要である．農業や牧畜などの生産活動を行うために森林を転換することも，採取に含まれるであろう．一方で，生産過程からは廃物が排出され，大気や水に捨てられる．さらに，生産され消費された後には，モノは地球環境に捨てられる．すなわち，「廃棄」が不可避である．このように，経済活動を行うと，地球環境からの採取，および自然環境への廃棄が必ず起こる．こうした採取・廃棄が地球環境にストレスを与える．

　経済活動の規模が小さいならば，ストレスは小さなものであり，地球環境は再生する．しかし，経済活動の規模が飛躍的に増大すると，採取・廃棄によるストレスは地球環境が再生できないほど大きなものとなり，地球環境は劣化していく．地球温暖化は，エネルギー利用による大気への二酸化炭素という廃物を，地球が浄化しきれなくなったために起こったものである．このままでは，経済社会はいずれ維持することが不可能になるのではないか．こうした懸念から，維持可能な経済社会をめぐる「持続可能性」の議論が生じた．

3. 持続可能な経済と持続可能な発展

　地球温暖化問題をはじめとして多くの環境問題への取り組みの基礎にある概念は「持続可能な発展」である．この概念は，さまざまな形で定義されている[4]．地球生態系を中心とする自然環境に焦点を当てる定義もあるが，代表的な考え方は，人間の福利の面での「世代間の公平性・衡平性」であ

る[5]．経済活動は地球環境と採取と廃棄の面でかかわっている．世代間公平性の規範を受け入れて長期間にわたる経済活動を決定するならば，将来世代に甚大な被害が及ぶものは，いかに今日の世代が高い福利を享受しようとも選択してはいけない，ということになる．その意味で，深刻な環境破壊を及ぼす経済活動は回避する，というのが持続可能性の要求となる．

ここで注意しなければならないのは，経済の望ましいあり方を，人間の福利に着目し，さらに将来世代の福利が著しく悪化してはいけないというものとして定義していることである．すなわち，「人間中心主義」をとっている．自然は侵してはならない存在であり，そのために守らなければならない，という立場とは異なる．

人間の福利は，消費（生活水準）と自然環境（地球生態系）に依存している．生態系は，われわれが快適に生きる基盤を提供してくれるだけではなく，自然の美を堪能させるアメニティー・サービスを生み出す．しかし，自然環境が劣化しても，消費が増大するならば，福利はむしろ増大する場合がある．たとえば，自然が少なくとも生活水準の高い都市に住むことのほうが，低い生活水準で自然豊かな地域に住むことより好ましい，と思う人も少なくないであろう．このように，高い消費は，福利の面で生態系の貧しさを代替することができる．注意したいのは，これが人間のあるべき姿である，というものではない．人間の幸福に関する状況を観察すると，自然環境はわずかたりとも減らしてはならないものというわけではない，ということである．

以上のような事実としての人間の福利の決定要因をベースに，規範としての世代間公平性を経済で実現することが，経済学で考える持続可能性ということになる．

これから，世代間公平性を実現するために，現世代の経済活動がどのようなものであるべきか，という問題を考えてみよう．この問題を考えるための便利な方法は，複雑な経済活動を一つ一つ規定するのではなく，経済活動の

---

4) 「持続可能な発展」のさまざまな定義については，ピアス・マルカンジャ・バービア (Pearce, Markandya and Barbier, 1989) の pp. 173-185 にまとめられている．
5) ここでは，経済活動による将来世代への福利の配分が，現世代の福利と比して不公平ではない，あるいは平等である，という意味で，公平性・衡平性を用いている．

結果，将来世代が現在の世代から受け継ぐことになるものに視点を置いて議論を行うことである．

過去の世代から受け継ぐもの・次の世代に手渡すものは，われわれ人間の福利が依拠するものと考える．それを減らしてしまえば，人間の福利が減少してしまい，将来世代の状況が悪化してしまうものである．

先に，われわれの人間の福利は，消費と自然環境で決まるとした．消費水準は，財・サービスを生産する基盤である人工資本ストックの水準と，それを利用して財・サービスを作り出す人々の労働の質や技術に依拠して決定される．しかし，それだけではないことに注意しよう．生産プロセスには，エネルギー・原材料など，自然資源から採取するものが投入される．また，生産のプロセスで出る廃物は，再利用されない限り環境に捨てられてしまう．自然資本が十分に利用できることも，生産の条件となることがわかる．

したがって，各世代の消費水準は，人工資本ストック，知識や技術水準，さらに自然資本ストックによって決定される．そして，自然環境は，それ自体，言うまでもなく私たちの生活全体の質を大きく左右するものである．存在する知識や技術を技術資本ストックと呼ぶと，私たちの福利を決定するものは，〈人工資本ストック，技術資本ストック，自然資本ストック〉であることがわかる．

現世代は，受け継いだ3形態の資本ストックを所与として経済活動を行う．経済活動による生産の大きさは，人工資本と技術資本の水準により決定されるが，自然資本を劣化させることでより大きなものとすることができる．生産物は，消費されるか，あるいは投資として将来の人工資本や技術資本を増加させる．将来に多くの人工資本と技術資本，あるいはより質の高い自然資本を遺そうとするほど，現世代の消費水準は低下することになる．

経済活動で定まる消費水準は，受け継いだ自然資本とあわせて現世代の福利を決定する．すべての資本ストックが，そのまま次の世代に遺されるような経済活動を行えば，各世代の消費水準と自然環境は一般に同一のものとなるから，同一の福利が実現され，世代間に不公平は生じないことになる．

このような理解の下で，持続可能性を定義していこう．

4. 資本ストック間の代替可能性と持続可能性

　持続可能性のもっともわかりやすい行動基準は，われわれ世代が過去の世代から受け継いだものを，減らすことなく次の世代に手渡していく，というものである．しかし，この基準は，3形態の資本ストックのすべてを減少させないで，次の世代に遺すことだけを指示するのであろうか．あるいは，何かの資本が減っても，別の資本が将来世代の福利を減らさないほど十分増えていればいいのであろうか．すなわち，ある資本で他の資本の減少を補うという，資本間の代替可能性を認めることは許されるのだろうか．

　持続可能性が何かを，自然資本ストックに視点を置き，さらに細かく見ていこう．自然資本ストックという言葉自体，包括的な概念である．さまざまな個別自然資本──大気，水，森林，動物，鉱物，石油・石炭資源など──がこの中に含まれている．私たちが生活する中で，これらの個別自然資本をすべて次の世代に遺すことは不可能である．たとえば，石油や鉱物を使えば，これらのストックは必ず減ってしまう．利用してしまえば減ってしまう個別自然資本ストックを，「非再生可能自然資本」と呼ぶ．

　これに対し，森林や魚，野生動物などは，自然の状態で増殖する．したがって，適度に利用してさえいれば，ストックが減らない自然資本である．大気は，汚染しても適度な大きさであれば浄化される．こうした自然資本は，再生可能である．再生可能な個別自然資本は相互に依存・連関しあっており，地球環境を構成している．

　次の考えは，持続可能性概念として代表的なものの一つである．

> **弱い持続可能性**　自然資本ストックのいずれか，あるいはすべてが減少していても，将来世代の福利が減少しないほど人工資本・技術資本ストックが十分に増加していれば，持続可能である．

　弱い持続可能性は，基本的には，すべての資本ストックとの間の代替可能性を認めている．自然資本ストックは，人間にサービスをもたらす資本スト

ックの一つに過ぎない．森林や湿地の面積が減少しても，工場や機械，道路や橋が十分に増加していれば，持続可能ということになるかもしれない．持続可能性を，人間の福利と世代間の公平性のみに基づいて定めようとすると，弱い持続可能性概念が出てくるのは自然であろう．地球環境を維持するというよりも，将来世代の福利が低下しないような結果が重要だからである．

しかし，地球生態系が，人工・技術資本ストックと代替可能とは考えられない，とする人もいる．それは，地球生態系はいわゆる生命維持システムであり，人工資本などの他の資本をいくら増やしても，地球生態系の劣化は補償されるものではないと考えるからである．彼らは，地球生態系のような，生命にとってきわめて重要な自然資本ストックに焦点をあてて，こうした資本ストックを劣化させることは持続可能ではないとする．このような自然資本を「本質的な自然資本」（critical natural capital）と呼ぼう．この本質的な自然資本に基づき持続可能性を定義すると，次のものになる．

　　人工資本・技術資本ストックがいかに増えていようと，本質的な自然資本ストックが減少していれば持続可能ではない．持続可能であるとは，本質的な自然資本ストックすべてが減少していないことである．

この立場では，生命が依拠する地球生態系が減少しないことが必須である．これに対し，石油が枯渇すれば人間の快適な生活が失われるかもしれないが，生命が危機に瀕するというわけではないから，石油資源ストックは減少してもいい．しかし，その減少規模は，地球生態系を劣化させるものであってはならない．したがって，過剰に二酸化炭素を排出し，地球温暖化を進展させ地球生態系に被害を与えるような使用は認められない．そして，本質的自然資本だけが持続可能性を評価するものであるため，この自然資本ストックと他の資本ストックとの間の代替可能性は認められない．この考えを「強い持続可能性」という．

しかし，このような単純な定義だけでは，世代間公平性は実現されない．地球生態系を保全し，化石燃料を許容範囲で使用するような経済は，すべて持続可能とみなされるから，経済活動の果実をすべて消費しても構わない．

将来世代のために投資を行う必要は規定されていないからである．こうした経済活動が続いていけば，やがて化石燃料は枯渇し，遠い将来世代は，われわれの世代より，低い福利水準を受け入れざるをえないであろう．

こうしたことを考えると，人間の福利の側面と世代間の公平性の観点からは，強い持続可能性とは，次のように考えるのが適当であろう．

> **強い持続可能性**　持続可能であるとは，本質的自然資本が劣化していないことである．さらに，本質的ではない自然資本ストックが減少した場合，人工・技術資本ストックを十分増加させることで，補償がなされていることである．

化石燃料を枯渇させても，自然エネルギーなど他のエネルギーが利用可能となれば，将来世代は困らない．石油資源ストックは，技術資本ストックなどと代替可能である．

では，弱い持続可能性と強い持続可能性のいずれが適切と考えられるのか．人間の福利と世代間公平性に基づいて持続可能性を定めると，強い持続可能性の定義は無理があるように思える．生命維持システムの一部が喪失されることの不利益を，消費や科学技術が埋め合わせすることが不可能である，とは言い切れないからである．そのことをもう少し厳密に見ていこう．

5. 強い持続可能性と弱い持続可能性のどちらが望ましいのか

弱い持続可能性と強い持続可能性との間の差異は，地球生態系のような本質的自然資本が人間の福利にとって不可欠であるかどうかの認識にある．2つの持続可能性概念とも，さらに細かく立場が分かれるが，ここでは，人間の福利に与える生態系の影響をどのように判断するかが，強い・弱い持続可能性の差異であるとしよう．

どちらの立場が正しいのだろうか．弱い持続可能性は，環境保全を志向する人々にとって，生態系を破壊することが許容される，という点で，倫理的に受け入れられない部分があるかもしれない．しかし，生態系が劣化しても

経済成長が十分大きいならば,むしろ福利が増大する可能性がある.

現在から将来までの経済をつなぎ合わせたものを経済経路という.経済学では,異なる経済経路を比較する際に,その望ましさについて次の基準が広く受け入れられている.Aという経路で各世代が得る福利水準とBという経路でのそれらを比較すると,すべての世代でBでの福利がAでの福利を下回ることはないとしよう.さらに,少なくとも一つの世代についてBでの福利がAでの福利を上回るとする.この場合,Bを選択することがAを選択することより望ましい.この基準は,パレート基準と呼ばれる.Bはパレートの意味でAに優越する,と言う.生態系のような本質的自然資本を喪失させることで増大する生産量が,将来世代に人工・技術資本で十分な補償してもなおあまりあるほど大きい場合,将来世代の福利を増やしながら,現世代の福利を増大することが可能となる.この場合,弱い持続可能性経路は強い持続可能性経路に優越する.たとえば,生態系を劣化させることで生産が100億円増大するとする.一方で将来世代に生態系劣化を補償するために必要な人工資本投資が50億円とすると,60億円を投資し,40億円を現世代が消費することで,現世代・将来世代とも福利が増大する.

実際,人間の福利に関する先の前提の下では,強い持続可能性を満たす経路に対して,それにパレートの意味で優越する弱い持続可能性を満たす実現可能な経路が一般に存在することが示される[6].すなわち,弱い持続可能性のほうが強い持続可能性より望ましい,という結論が導かれる.

6. 弱い持続可能性の経済学

こうした理由からか,新古典派経済学者には,程度の差はあれ,弱い持続可能性を支持する人々が少なくない[7].たとえば,ソローは一般的体系の中

---

[6] 生産関数が人工資本 K_M,技術資本 K_T,自然資本 K_N および自然資本からの利用水準に依存するものとする.また,世代間公平性を各世代の等福利と定める.さらに効用関数が消費と K_N に依存するモデルを想定する.この場合,初期資本ストックを維持し続ける強い持続可能性を満たす経路には,パレートの意味で優越する,弱い持続可能性を満たす経路が一般に存在する.

で次のように広義の社会的資本ストックという概念(本章のモデルの3形態の資本ストックの総体と同等)を定め,代替可能性を主張している[8].

> 持続可能性とは,広義の資本ストックをそのまま維持することである.これは,あらゆる一つ一つの資本ストックをそのまま維持することを意味しているのではない.代償したり代替したりすることは,許容できるだけではなく,不可欠でもある.

一方で,生態系の劣化を市場価値の面で過不足なく他の資本ストックで補償していく経済経路では,すべての世代の福利が同一となる,すなわち福利の点でシンプルな形の世代間公平性が実現されることが理論的に示されている.このことも,弱い持続可能性が経済学者に輝きを持って見える理由である[9].

世界銀行は,ジェニュイン・セイビング(Genuine Savings)という指標によって,世界の諸地域や各国経済の弱い持続可能性を評価している.この指標は,毎年の自然資本ストックと人工・技術(人的)資本ストックの変化を評価するものである.それぞれの資本ストックの増減分を金銭換算して足し合わせている.この指標の符号がプラスであれば,金銭換算で,今の経済

---

7) 弱い持続可能性概念は,新古典派経済学体系に,きれいにはめ込むことができる.$(\Delta K_M, \Delta K_T, \Delta K_N)$を人工,技術,自然資本ストックの変化を表し,$(\lambda_M, \lambda_T, \lambda_N)$をそれぞれのウェイトとする.このとき弱い持続可能性は,$\lambda_M \Delta K_M + \lambda_T \Delta K_T + \lambda_N \Delta K_N \geq 0$があらゆる時点で成立することと定式化される.ウェイトの比率が資本間の代替率を表している.

3形態の資本ストック(K_M, K_T, K_N)を所与とする割引功利主義的社会的厚生関数の最大値をWと定義する.すなわち,Wは資本ストックベクトルの社会的価値を表す.このとき,最適成長経路上で,Wの価値が時間とともに減少しないことは,弱い持続可能性が満たされることと同値となる.各時点での資本間の代替率は,最適経路上の影の価格(競争市場価格)の比率として表される.さらに,最適成長経路上で各世代の効用が時間とともに減少しないための必要条件も,弱い持続可能性が満たされることである.詳しくは,大沼(2002)を参照.

8) Solow, R. M. (1993)参照.邦訳は筆者による.

9) これをハートウィック・ルールという.Hartwick (1977)で提示された.なお,ここでの経済経路はパレート効率的,すなわち,他のどの経路にも優越されないものを前提としている.

は，自然資本の劣化分以上の投資を人工・技術資本に行っていることになり，弱い持続可能性を満たしているとみなされる[10]．

しかし，この弱い持続可能性評価を無条件で受け入れてしまうと，環境を劣化させることが魅力的なものに見えてしまう．たとえば，炭素1トンを排出することは，1トンにつき20米ドルの損害を生むものとしている．すなわち，たかだか数千円と計算される．これに対して，排出はどれだけの便益を生み出すのであろうか．炭素1トンを排出することで増える利益を炭素排出の限界利益（または，限界削減費用）という．日本の炭素排出の限界利益はきわめて高く，IPCCの第3次報告書では，炭素換算で400ドルほどにもなる．すなわち，炭素排出からの限界利益の一部分，たとえば1万円でも人工・技術資本の投資にまわし，残りを消費したとしても，弱い持続可能性評価からは持続可能性を十分満たす行為とみなされる．1万円を補償すれば，将来世代の福利は上昇するからである．

しかし，炭素排出の被害はもっと大きく，1万円程度ではとうてい補償できない，と言う人もいるかもしれない．では，環境を劣化させたときの将来世代の福利の減少に対する補償額が十分か不十分かは，どのように正確に判断できるのだろうか．生態系を劣化させることで，現世代の生産・所得が増える．これはお金に換算できる．しかし，福利の減少はどうであろうか．実は，これもお金に換算することができる．環境劣化による福利の減少を環境評価という手法を用いて貨幣換算することが行われている．

では，もし，こうした手法で導出された被害評価額が増える所得よりも大きければ，生態系は劣化させず保全するほうがいいのだろうか．たとえば，炭素排出を増やした結果，所得が100億円増大し，一方で，地球温暖化による地球生態系の被害が100兆円増えるならば，炭素排出による便益は100億円，被害費用は100兆円ということになる．この場合，炭素排出政策をとっても，新たに得られる便益だけでは被害を補償できないから，炭素抑制策が

---

[10] なお，この指標において，自然資本として，大気（劣化をCO_2排出で表す），森林，石炭・石油・鉱物などの代表的な非再生可能資源を扱っているが，生態系や生物多様性は含んでいない．詳しくは，世界銀行ホームページ (http://www.worldbank.org) を参照．

選ばれることになる．

　しかし，炭素排出の被害は今すぐにではなく，遠い将来に現れるとしよう．今，仮にそれが200年後だったとしよう．すると，この将来に生じるお金（被害費用）を，そのまま今のお金（便益）と比較することはしない．この場合，将来の被害を現在に割り引くという作業を行う．割り引くことは次のように説明付けられる．

　今の100億円のお金を利子率5%で運用すれば，200年後には173兆円の価値を持つ．このように，200年後に生じる100兆円の費用と比較するために，現在の便益である100億円を200年後の価値に変換すると，便益のほうが73兆円ほど大きいことになる．

　割り引くとは，これとは逆のこと，つまり，将来の100兆円は今いくらの価値（現在価値）になるか，すなわち利子率が5%であれば，今，一体いくらのお金があれば200年後に100兆円になるのかを考えることである．これは，わずか58億円である．被害額が便益の1万倍であっても，割引によってその額は便益の0.58倍と極端に小さくなってしまう．この場合，5%の割引率で割り引いているという．割引率が高いほど，現在価値は小さくなる．

　今，炭素排出によって増えた100億円の便益のうち，たとえば60億円を将来に遺してやり，残りの40億円を現世代が享受すれば，現世代と将来世代の両者の福利が増大するとみなされる．だから，環境を劣化させる政策は，その被害が現れるのが将来であるほど，この費用便益分析で割引という追い風を受けることになる．一般に，地球環境が変化する時間はゆっくりであるため，こうしたことが起こりやすい．

　しかし，ここでさらにいくつかの疑問を抱く人がいるかもしれない．環境政策に用いる割引率は，利子率と同一のものであってよいのだろうか．もっと低くても，場合によってはゼロでもいいのではないだろうか．ゼロであれば，将来の被害額とその現在価値は変わらないものとなる．

　しかし，次のように考えると割引が正当化される．所得が高い国の人と低い国の人では，1万円の所得喪失により減る福利の大きさは異なる．所得の低い人のほうが大きい．仮にその大きさの比率が10倍だとしよう．すると所得の高い人が1万円を失った場合，その被害の真の大きさ（福利の減少）

は，所得の低い人にとっては，1000円を失う被害と同等のものとなる．明らかに，所得の低い人は高い人の被害を割り引いている．環境を劣化させる場合，弱い持続可能性のもとでは，将来の人ほど所得が高くなければならないから，彼らの被害や便益の真の大きさは，今日のわれわれには割り引いて評価する必要がある．したがって将来の環境被害額も割り引いて考えなければならない．

環境の経済的評価は，名もなき生態系の重要性を教え，開発を押しとどまらせる場合も多い．しかし，両刃の剣である．いったんお金に換算されるや，将来の環境劣化の被害は常に割り引かれるからである．そして，お金の大きさで比較して，経済的な便益が大きい場合は，環境を劣化させることが逆に正当化されてしまうのである．

このように考えると，環境を正確に金銭価値に評価できれば強い持続可能性が実現されるわけではないことがわかる．強い持続可能性への道を拓いてくれるのではなく，むしろ弱い持続可能性の暴走を防ぎ，信頼性を向上させるものであろう．

7. 弱い持続可能性は実現可能か——強い持続可能性の経済学

弱い持続可能性では，地球生態系が劣化しても，一方で，消費水準を成長させ，将来世代の福利を低下させない．しかし，本当にこのことが実現可能であるのか疑問を抱く人も多いだろう．経済活動が自然環境に依拠している限り，生態系を劣化させながら経済活動の規模を増大させ続けることは不可能ではないだろうか．

弱い持続可能性を満たす経路であっても，地球生態系がなくなれば，高い消費水準が維持できないどころか，将来世代は生きてはいけなくなるから，地球生態系の劣化にはそれ以上は決して許容されないという水準があるはずである．したがって，世代間公平性を条件とする持続可能な経路でも，一定の地球生態系は保全しなければならない．そうすると，そこでは，われわれより十分高い消費水準を維持する必要がある．なぜなら，世代間公平性が実現されるためには，将来世代はわれわれと少なくとも同等の福利を享受しな

ければならないからである.

　こうした条件を満たす経路は,標準的な経済学のもとでは実現可能である.人工・技術資本が十分蓄積されれば,少ない自然資本利用のもとで高い消費水準を維持し続けることができる.実は,この実現可能性の背後には,生産において人工・技術資本と自然資本利用が代替関係にあるという前提がある.この前提があると,自然資本が少なくなっても,人工・技術資本ストックが十分増えてくれれば,生産は増えるのである.

　逆に,これらが補完関係にあればどうだろうか.補完関係とは,人工・技術資本ストックが増大して,これらを利用しようとすれば,必然的に自然資本利用も増えることを指す.この場合,自然資本ストックを少ししか利用できない状況では,いくら人工資本が蓄積されたとしても,生産は増えない.

　弱い持続可能性を否定する強い持続可能性が依って立つ前提の一つは,この補完性である.こうしたことを含めて,強い持続可能性の理論を概観しよう.

7.1　定常経済と環境容量——デイリーの主張

　ハーマン・デイリーは,経済は地球環境に依存したシステムであるという明確な認識のもとで,持続可能性を検討する[11].こうした認識に対して,「環境容量」という自然資源管理における重要な概念を用いることができる.環境容量とは,一定の環境に対して最大限維持可能な生物人口を言う.たとえば,餌が一定である漁場に生息できる魚の量の上限を漁場の環境容量と言う.

　これを,よりマクロ的な視点で捉えて,一定の地球生態系が維持可能な人間社会規模,およびその人口規模による経済活動を考えることができる.人口規模や経済規模がこのマクロ的に定めた環境容量を超えてしまえば,採取や廃棄は過大なものとなり,逆に地球生態系が維持不可能となってしまう.環境容量の範囲内にある経済のみが,持続可能なのである.したがって,人工資本が蓄積され,規模の大きい経済活動を維持する状態は,環境容量を超

---

11)　ここでのデイリーの議論は,Daly (1990), Constanza and Daly (1992) および Daly (1999) に依る.

えることから，持続可能ではない．

こうした主張は，生産に対する人工資本と自然資本利用の関係を代替的というよりも，むしろ補完的であると想定していることに基づいている[12]．補完的であるならば，人工資本を蓄積して経済を大きくしようとすることは，自然資本をより多く投入してしまうことを意味し，劣化を加速してしまう．

デイリーは，「定常経済」(steady-state economy) と名付ける経済の必要性を主張している．これは，人口と人工資本ストックが一定であって，しかも自然環境への処分水準が低い経済である．デイリーによれば，定常経済は，地球システムの資源供給および廃物吸収能力の制限内に経済活動が収まるものである．換言すれば，定常経済は，地球生態系が再生しながら機能し続けることを可能とするほど十分小さい規模の，環境容量の範囲内の経済である．本質的資本ストックである地球生態系が未来永劫にわたって持続していくためには，経済規模がある水準を超えてはならない[13]．

デイリーの認識からは，弱い持続可能性は実現不可能である．なぜなら，地球生態系の劣化が，経済規模が過大であるために起こると考えると，いったん経済規模が大きく生態系を劣化させてしまうと，弱い持続可能性の実現のためには，さらに大きな経済規模が必要となる．より高い消費を実現しなければならないからである．しかし，大きな経済規模は，補完性の仮定のもとでは，さらに生態系を必然的に劣化させる．したがって，弱い持続可能性を実現させるために経済成長を持続させるならば，いずれ生態系は必要最低限水準を下回ってしまい，人間社会は破滅してしまうことになる．

デイリーの想定からは，強い持続可能性のみが実現可能であり，世代間公

---

[12] 強い持続可能性の重要な論拠として，このような代替可能性の否定の他に，「物質収支原則」や「熱力学の法則」があげられる．こうした原則・法則のもとでも，太陽エネルギーなどの再生可能エネルギーの利用技術が向上するほど，経済の拡大は可能となる．以上の点を含めた，物理学に基づく強い持続可能性の展望は，Ruth (1999) を参照．

[13] 定常経済の定義それ自体から，長期的な経済成長は不可能なものであることになる．もし，定常状態で享受する生活水準が十分低いならば，持続可能性のためには，低い生活水準を人間社会がとり続けなければならないことを意味する．定常経済は，『経済学原理』のなかで，ジョン・スチュアート・ミルによっても提唱されている．しかし，ミルは，人間の十分な福利が保証される場として，この定常経済を定義した．この点は，たとえば宇沢 (2004, 2008) を参照．

平性を実現するものとして定常経済が提唱されるのは，自然である．また，環境容量という観点からは，デイリーのように人口規模や採取・廃棄について，一定の制約を課した経済を想定することは当然である．

しかし，デイリーの定義は，環境容量を固定的に定めてしまっているため，科学や技術の発展によって，環境容量が変化する可能性を重視していない．技術は自然資本利用と代替的であることが少なくない．技術資本を蓄積させることで，人工資本を増大させながらも，自然資本利用を抑制することが可能である．この可能性により，経済規模は拡大可能である[14]．この可能性を認めるならば，弱い持続可能性は必ずしも不可能ということにはならない．この点を，次のアロウらの議論から考えてみる．

7.2 レジリアンスと攪乱──アロウらの主張

以上の，デイリーの定常経済論に対して，生態系のレジリアンス（復元力）という概念に基づき，より洗練された議論を展開するのが，生物学者らとの共著であるアロウら（Arrow et al., 1995）である．アロウらによれば，環境容量より有用な，持続可能な経済規模を推定する指標は，生態系のレジリアンスである．

彼らは，生態系の動態の中で，局所的に安定な均衡（平衡）点が複数存在すると想定する．局所的に安定とは，その状態が攪乱されたとき，つまり生態系にストレスがかかったとき，攪乱がある大きさ以下であるならば，元の均衡状態に戻ることをいう．レジリアンスとは，攪乱が生じたときに，ある均衡点が他の均衡点に移らないような攪乱の大きさの上限値とする．したがって，生態系が吸収できるこの攪乱の規模が大きいほど，生態系の持つレジリアンスは大きい．健全な生態系は十分大きなレジリアンスを持つが，生態系が劣化するとともに，レジリアンスは低下する．アロウらは，レジリアンスの大きさは，生物や生態系サービスの多様性に反映されるとしている．

攪乱の大きさがレジリアンスを超えてしまうと，地球生態系は劣化してし

---

[14] 人工資本と自然資本利用の代替可能性や技術進歩の可能性についての肯定的および否定的な研究について，Neumayer（2003），ch. 3 が詳細な展望を行っているが，断定的な結論は得られないとしている．

まう.ある経済が持続可能であるとは,その経済が引き起こす攪乱が,地球生態系のレジリアンスを超えないものと定められる.レジリアンスを弱めない,という意味で,この持続可能性の考えは,強い持続可能性と見てよい.

経済による攪乱は,経済活動での採取と廃棄が地球生態系にストレスを与えることから生じる.アロウらの概念に基づけば,持続可能な経済は必ずしも定常的である必要はない.レジリアンスの制約があっても,経済規模1単位あたりの攪乱の大きさ,すなわちGDP 1ドル生産するのに必要な攪乱の大きさ(以下,攪乱所得比率)が下がることで経済成長は可能となるからである.

同じ規模を持つ経済であっても,攪乱所得比率が低い経済ほど,攪乱の大きさは小さくなる.すなわち,攪乱所得比率が低い経済ほど,より大きな持続可能な経済規模を持つ.したがって,時間と共にこの比率が低下していくならば,持続可能な経済は成長可能であることになる[15].

攪乱所得比率は,技術資本ストックが増大することにより実際に低下する.たとえば,モノの軽量化,リサイクル,省エネ,代替エネルギー導入を進展させることがそうである.これらは,環境からの資源採取を減らすこと,および環境への経済活動の残余物の廃棄を減らすことの両者を通じて,環境への負荷,すなわち攪乱を軽減することになる[16].

アロウらの議論は,強い持続可能性概念に一つの洞察を与えている.すなわち,持続可能な経済の大きさを定めるものはレジリアンスである.アロウらの主張は,持続可能な経済を設計する上で,レジリアンスを維持するという意味で本質的には強い持続可能性に力点を置きながらも,技術資本ストックの成長により,経済をより柔軟に,また規模を拡大させることの可能性を

---

[15] 攪乱所得比率をθで表わすと,攪乱の大きさ$(Z)=\text{GDP}\times\theta$である.GDPが増大しても,$\theta$が十分に低下すれば,$Z$を増大させないことが可能となる.

[16] その実現のために,大きな攪乱を引き起こす廃物を環境に排出した際に課す税である環境税の導入は効果的である.攪乱の大きい経済活動を費用がかかるものにする一方で,小さい攪乱しかもたらさない経済活動を相対的に経済的に有利にする.したがって,後者の経済活動が増えるだけではなく,攪乱の小さい経済活動を促進するような技術への研究・開発が起こるだろう.そして,それがさらに攪乱の小さい経済活動を安価にし,経済全体での環境利用をより効率的なものにしていく.

論拠付けている．言い換えれば，科学技術の進歩によって環境容量が増大する可能性を示している．

さらに，生態系のレジリアンスを維持するという主張は，強い持続可能性理論の解釈を拡張するものとなっているだけではなく，その必要条件として生物多様性を保全することを正当なものとしている．

アロウらの想定のもとで，弱い持続可能性，すなわち生態系を劣化させながら，世代間公平性を満たす経済成長は実現可能となるであろうか．上に述べたように，十分速いスピードで技術資本を増大させることができれば可能である．経済規模を拡大させても，それを上回る率で攪乱所得比率を低下させていくならば，攪乱の大きさは増大せず，むしろ小さくなることに注意しよう．こういう状況のもとでは，経済の拡大によっていったんレジリアンスが低下してしまったからといって，さらに経済を拡大させたときにレジリアンスが大きく低下するとは限らず，人間にとって最低限必要以上の生態系のレジリアンスを保ちながら経済成長を行うことが可能となる[17]．生態系のレジリアンスをわずかでも低下させることが破滅的な結末を引き起こすのでない場合，技術資本の蓄積率（科学技術の発展）が十分であれば，弱い持続可能性の実現は成立するのである．ただし，技術資本の伸びが十分でなければ，生態系の劣化は加速し，やがて人間の生命にとっての必要水準を下回ってしまうだろう．

8. 弱い持続可能性から強い持続可能性へ

デイリーの議論を別にすれば，人間の福利のみに着目する限り，弱い持続可能性を排除し，強い持続可能性のみを受け入れなければならないということを導き出すことは一般にはできない．

弱い持続可能性では，人間が幸福になることが善であり，不幸にさえしなければ地球システムの劣化は認められる．生態系を完全に保全すべきだとす

---

[17] ただし，この場合でも，最終的にはある定常状態に到達することが，弱い持続可能性が実現可能であるための条件となる．その定常状態では，地球生態系は一定水準に保全され，一方で経済が攪乱所得比率の低下とともに成長することになる．

る主張が成立するためには，地球生態系を全面的に保全することが人間の福利を維持するために不可欠である，という結論を導き出さなければならない．どのようにして強い持続可能性の論拠を見出すことができるのだろうか．地球生態系を劣化させず，無条件で次世代に手渡すことは正当化できないことなのだろうか．

ところで，われわれ人間社会は，文化財については，将来世代に遺していくことを当然のこととして行っている．過去の人間社会が築いた重要な文化財（文化遺産）を，劣化させることなく次の世代に遺そうとすることに異議を唱える人はいない．また，われわれの社会はそのために最大限の努力を行おうとするだろうし，多くの人がそのために貢献しようともするであろう．弱い持続可能性を熱烈に支持する者であっても，歴史的建造物が消え去っても，道路や橋をたくさん作って将来に遺せば問題ない，とは主張しないに違いない．

一方で，文化財は人間の福利にとってなくてはならないもの，というわけでもない．歴史ある文化財に実際に触れられることは人生を豊かにするだろうが，だからといって，それを失うことが破滅的な被害をもたらす，ということでもない．

しかし，人間社会は可能な限り文化財を将来に遺そうとする．本章での概念で言えば，歴史的遺産に関して強い持続可能性を実現しようとしている．もしかしたら，われわれ社会，そしてわれわれ自身の中に，歴史を経て存在してきたものを，次の世代にそのまま引き渡すという「責務」や「義務」が内在しているのかもしれない．こうした責務や義務の規範は，実際，環境倫理学で議論されているものである[18]．これらの責務や義務をめぐる規範をいったん受け入れれば，強い持続可能性はただちに採用される．

しかし，倫理的な規範は世代間公平性の要求のみにとどめながら，これまでの経済学的視点の中で歴史的遺産を位置付けてみよう．地球の悠久の歴史の営みとともに複雑に発展し，さらに人間の生命にとって不可欠な地球生態系に対して，なぜ，文化財と同様のことができないのであろうか．

---

[18] たとえば，宇佐美（1996）では，将来世代への配慮から，文化遺産・自然遺産を引き渡す義務について論じている．

われわれのモデルで解釈するために，人間の福利の決定要因を拡張しよう．消費財と生態系に加えて，文化財のような歴史的重要性を持った文化的な資産（知的好奇心を高め，文化的なサービスを生み出す）にも人間の福利が依存するとしよう．つまり，人間は，古くから遺されてきたものが存在し，それに触れることに喜びを感じるのである．これを歴史資産と呼ぼう．歴史資産には人間が過去に築いたものだけではなく，自然が作ってきたものも含める．生態系は，人間に快適な環境を提供するだけではなく，歴史資産としても人々に貢献している．ただし，人間の福利にとって，やはり歴史資産は消費と代替的である．歴史資産は，多くの人にとって周辺的な存在であり，福利の点で消費と代替できないものではない．

弱い持続可能性のもとでは，歴史資産を劣化させても，将来世代に対して，より大きな人工・技術資本を遺すことで十分な補償を行うならば何ら問題はない．しかし，補償するためには，より大きな投資を必要とするから，生産を増やさねばならない．文化財については保全を選択し，生態系についてはそうならないことが多いのには少なくとも以下の理由が挙げられる．

第1に，典型的な文化財は重要性が明確であり，その存在理由や背景が明らかにされている．また，そうでないものであっても，その探求にすでに知的関心が寄せられているケースが多い．これに対して，典型的な生態系は，共生する人たちにとってはごくありふれたものであり，さらには生態系のメカニズム自体があまりにも未知のベールに覆われているため，文化財ほど具体的な知的関心をかきたてにくい．これは，生態系が劣化しても，人々の福利にとっての歴史資産としての重要性が文化財ほどはなく，必要とされる人工資本の補償が少なくてすむことを意味する．すなわち，文化財のほうが劣化を選択しにくい．

第2の要因——最も重要なことであるが——は，文化財は生態系のように密接に経済とリンクしていない，ということである．経済活動は，文化財にストレスをかけることを一般には必要としない．だから，文化財を保全することであきらめなければならない経済活動は微小なものである．こうした性質を，保全の機会費用が小さい，と言う．つまり，文化財を消失させることで何か経済活動を行っても，その利益は小さいのである．一方，生態系は，

採取・廃棄面で経済活動と密接に結びついており，生態系保全は大きな規模の経済活動をあきらめさせる．すなわち，保全の機会費用が大きい．

生態系を劣化させた代わりに将来世代への補償として必要とされる，人工・技術資本への投資分を上回るほど機会費用が大きければ，つまり劣化させることで得られる生産量が十分に大きければ，保全するよりも劣化させるほうが弱い持続可能性の観点からは望ましい．なぜならば，将来世代を十分補償しながら，さらに現世代の消費を増やすことが可能となるからである．

第3の要因は所有権に関わることである．ほとんどすべての文化財は，単一の主体に所有されている．これに対して，生態系の場合は必ずしもそうではなく，所有権が定められていなかったり，複数の国家にまたがっていたり，法的（デジュリ）には定められているが事実上（デファクト）誰しも自由に採取可能であるなど，その形態はさまざまである[19]．したがって，自然資本の保全政策をとるためには，利害関係者間の交渉が必要となる．保全の機会費用が小さくとも，交渉費用（取引費用）が十分大きいならば，将来への補償を行っても保全しないほうが望ましくなる．文化財は，その所有形態から保全の交渉費用は小さい．

自然生態系に関わる歴史資産であっても，非常に特徴ある自然環境や，あるいは絶滅の危機に瀕している種のいくつかに対しては，徹底的な保全努力が行われる．これは，重要性が一般に認知されていたり，保全の機会費用が小さかったり，あるいは保全決定のための費用が少なかったりすることによる．これらは，文化財と性質が類似していることがわかるであろう．一方で文化財であっても，時として他用途への土地利用のため破壊されることがあるのは，保全の機会費用が十分大きい場合である．

以上より，地球生態系が劣化されずに保全されるためには何が必要なのかがわかる．最も重要なことは，生態系を劣化させることで増加する生産量が，劣化させたことに対する将来世代への必要補償を上回らないようにすることである[20]．それには，生態系保全の機会費用を低めること，あるいは，生態系を保全することで得られる便益を高めることである　そうであれば，生

---

19) 自然資本に関わる多様な所有権の分類については，Schlager and Ostrom（1992）を参照のこと．

態系を維持保全することから劣化させたときに増える利益を低めることができ，弱い持続可能性を満たそうとしても将来世代を十分に補償できなくなるであろう．保全の機会費用を低めるには，たとえば生態系を過剰に採取することに税を課すことによって行うことができる．

一方で，生態系の存在自体が経済活動を創出するならば，保全することの便益は上昇する．このためには，生態系のもたらすさまざまなサービスを経済的に活用するのがよい[21]．たとえば，熱帯雨林は豊富な種を有しており，医薬品のもとになる未知の遺伝子資源に富んでいる．この遺伝子資源に対し，1992年に調印された「生物多様性条約」は，保有国にその所有権を与え，さらに先進国の製薬会社が遺伝子資源を利用して新薬を商業化した場合，利益の一部を保有国に移転することを明文化している．この条約によって，遺伝子資源の保有国と先進国の製薬会社が，共同で新薬の開発に取り組むプロジェクトである「バイオプロスペクティング」が行われるようになった[22]．

バイオプロスペクティングのような方策により，十分な報酬が遺伝子資源保有国に与えられれば，生態系を保全することの利益は，機会費用に比して十分大きなものとなるであろう．生態系のサービスを活用するこのような仕組みにより，生態系にストレスをかけるどころか，保全することが経済活動にとって必要となる．もちろん，保全することが効果的であるためには報酬が十分大きいだけでは不十分で，それらが住民に配分され，過剰利用や転換のインセンティブが生じないようにすることが必要である．

こうした条件が満たされると，今度は生態系が経済の一部を取り込み，保

---

20) これまでの議論を定式化すると，
　　将来世代への必要補償＞生態系劣化による利益（機会費用）－生態系保全の便益＋保全の取引費用

が成り立てば，弱い持続可能性のもとでも生態系保全が選択される．生態系保全の便益（劣化の損失）が劣化の利益と取引費用の和を上回ればこの条件は必ず成立するが，仮に下回っていても必要補償が十分大きいならば保全が選択される．世代間公平性の要求がない場合は，補償の必要がないため左辺はゼロであり，保全のためには，保全便益が右辺の2つの費用の和を上回る必要がある．

21) たとえば Pearce (1998), ch. 11 および Heal (2000), ch. 8 を参照．

22) バイオプロスペクティングの仕組みについては，ten Kate and Laird (1999) が詳しい．また，その経済学的意義については，Heal (2000), ch. 6 を参照のこと．

全することが経済発展をもたらすようになる．それはあたかも少なからぬ観光収入を生み出す文化財が経済に貢献していることと同等である．この場合，たとえ世代間公平性の規範を受け入れない場合でも，生態系は保全されることになる．

　他国の歴史資産であっても，多少の消費を犠牲にする程度であるならば，喜んで保全に貢献したい，という人々も多い．より多くの人の協力が得られるほど，保全のために1人当たり犠牲にしなければならない消費量は小さくてすむ．地球環境を保全するための国際的な体制とルールが確立され，より多くの国が参加するようになれば，人々が容易に貢献できるようになる．また，所有権がなかったり，複数の国家にまたがったりする自然資本の保全決定を行う際の取引費用を低める点でも，国際的保全体制の確立は効果的である．

　国際的な保全体制は，現在，地球環境ファシリティー（GEF）が生物多様性や気候変動に関する環境保全に対し資金を供給する国際的機関として存在しており，途上国の地球環境保全活動を支援している．資金は先進各国から拠出されており，2006年からのフェーズIVでは，約31億3000万ドルの資金提供が行われている．

　しかし，このような各国の裁量的な資金提供に依拠することは，経済状況の変化により，基金が維持できなくなる可能性をはらむ．あらかじめルールを定め，それに沿って着実に資金調達をする国際的な環境税の導入のほうが，長期的に維持可能であろう[23]．

　最後に，科学者が地球生態系の複雑さや機能を解明していくことは，歴史資産としての生態系についての人々の認識を高め，それを劣化させたときの将来世代に対する補償をより大きなものにしなければならないと気づかせるに違いない．

---

[23] 宇沢弘文は，大気保全のための税の導入による大気安定化国際基金の創設を提唱している．宇沢（2004），第11章を参照．

9. おわりに

ボルネオ島にあるマレーシア・サラワク州のランビル・ヒルズ国立公園のフタバガキの熱帯雨林では，数年に一度の不規則な周期で，多くの種類の樹木が同時に開花する「一斉開花」という現象が見られる．複雑に絡んだ糸を解きほぐすように，生態学者たちが，この現象の原因を探求している．百瀬邦泰は次のように書いている[24]．

> この辺の森林では，花や実の乏しい時期が何年も続き，突然お祭りのような一斉開花がやってくる．このことの持つ意味は大きい．花を訪れて花粉を媒介する動物，つぼみや花や未熟な果実を食べる動物，果肉を食べて種子を散布する動物，種子を食べる動物，芽生えを食べる動物，そしてこれらの動物の捕食者や寄生者などを合わせると，膨大な数の生物がお祭りに参加することになる．森林に生息するほとんどすべての生物の生活は，一斉開花という不規則で長い周期で起こるできごとに大きく制約されることになる．（中略）進化を考えるにも，多種が共存するしくみを考えるにも，保全を考えるにも，一斉開花という現象がからんでくるのである．

長い時間を経て，この不思議な現象を生み出すように森の生物が進化してきたことが生態学者でなくとも推察できる．なぜ，このような現象が起こるのだろうか．気象条件に着目し，降雨量や乾燥の周期と関連付けた仮説や，また，送紛者や捕食者との関連での仮説が提示されているが，どれが主要な要因かについては，まだ研究者の間で一致が見られない．しかし，この不思議な現象は，人々の知的関心をかきたて，多くの人が人間にとって有用かどうかにかかわらず，この森の歴史資産としての意義を認めるだろう．

しかし，ランビル・ヒルズ国立公園の周囲に目をやると，オイルパーム林

---

[24] 百瀬（2003），p.5 より抜粋．

が広がっている．マレーシアでは，熱帯雨林の転換によるオイルパーム・プランテーションが拡大している．植物油への世界的需要の高まりから，とくにオイルパームの世界生産は，1970年代前半から90年代後半まで，6倍弱増えた．その増加の半分がマレーシアによるものである[25]．今日，バイオ燃料の需要が増大する状況で，この国立公園維持の機会費用がさらに高まっているだろうことが，推察できる．

　こうした状況で，世代間公平性の規範は人々に受け入れられるだろうか．仮にもし，受け入れられたとしても，生態系を完全に保全して後世に引き渡す，という強い持続可能性に沿った行動が選択されるであろうか．強い持続可能性ではなく，原生林をオイルパームに転換することで収益を上げ，貧弱な社会インフラを改善して，質の高い人工資本や技術を子孫に遺してやろうとする弱い持続可能性を選択するのではないだろうか．生態系を完全に保全し将来世代の福利を守るという，強い持続可能性を自律的に実現しようとすることは，とりわけ発展途上国では容易ではないと感じられる．

　途上国の保全の便益を上げる意味で，保全に対する国際的な所得移転メカニズムの導入と拡充が求められる．保全しても，人々に劣化させることを思い留まらせるほど十分な収益を上げることができる生態系は，ごく限られたものであるからである．保全に応じて先進国から所得を移転することができれば，収益性の低い，消えゆきつつある多くの個々の生態系を救い出すことができるであろう．

　本章では，経済学で持続可能性として定義されることの多い，人間の福利に基づく世代間公平性の観点から，地球生態系を維持することが適切であるのかを見てきた．生態系を維持すべし，という指示は，この定義からは一般には導き出せない．

　強い持続可能性は，地球環境の劣化に心を痛める人々にとって，確かに魅力的である．では，その実現のために，世代間公平性だけではなく，さらに新たな規範を付け加えるのはどうであろうか．たとえば，自然の権利や動物

---

[25] FAO (2003) による．

の権利を認め，それを尊重することを人々に求める．こうした規範が社会に浸透するならば，強い持続可能性がすみやかに実現するだろう．しかし，規範とは経済活動に制約を付することであるから，要求される規範が多いほど，合意し浸透させるまでには長い年月や多大な行政費用がかかるだろう．合意が得られ，実際に実現するまでに，地球生態系はすでに取り返しのつかない状況になっているかもしれない．さらに，強い持続可能性における人間の福利は，一般には，弱い持続可能性によるケースよりも低いものになるだろう．

むしろ，制約度合いがより小さい規範である弱い持続可能性の立場に立ちながら，結果として自然資本を維持する性質が導き出されることが，人間の福利の面でも望ましい．そのような経済システムの構築が望まれる[26]．本章は，そのような経済システムの，すなわち冒頭の言葉で言えば，経済が健やかで遠くまで行くことができるためのいくつかの条件を述べたものである．

謝　辞

　一斉開花についてご教示下さった酒井章子氏，また，本章全体に対して有益なコメントをいただいた，有野洋輔，澤田英二，白須誠の各氏に感謝申し上げる．冒頭のワルラスの挿話は，著者の学生時代に芳賀半次郎先生に教えていただいたものである．

参考文献

Arrow, K., B. Bolin, R. Costanza, P. Dasgupta, C. Folke, C. S. Holling, B. O. Jansson, S. Levin, K. G. Maler, C. Perrings and D. Pimentel (1995), "Economic growth, carrying capacity, and the environment," *Science*, Vol. 268, No. 5210, pp. 520–521.

井上民二・和田英太郎編 (1988)，『生物多様性とその保全』，岩波講座「地球環境学」5，岩波書店.

Constanza, R. and H. E. Daly (1992), "Natural Capital and Sustainable Development," *Conservation Biology*, Vol. 6, No. 1. pp. 37–46.

Daly, H. E. (1990), "Toward some operation principles of sustainable development," *Ecological Economics*, Vol. 2, 1–6.

Daly, H. E. (1999), Steady-state economics: avoiding uneconomic growth, in J.

---

[26] 脚注6のモデルに即して言えば，K_N が十分大きな限界生産性を持つような生産要素となる生産関数に転換することである．

C. J. M. van den Bergh (ed.), pp. 635-642.
FAO (2003), *World Agriculture towards 2015/2030*, Earthscan.
Hartwick, J. (1977), "Intergenerational equity and investing of rents from exhaustible resources," *American Economic Review*, Vol. 66, pp. 972-974.
Heal, G. (2000), Nature and the marketplace: capturing the value of ecosystem services: Island Press. (細田衛士・大沼あゆみ・赤尾健一訳 (2005), ジェフリー・ヒール『はじめての環境経済学』東洋経済新報社.)
Millennium of Ecosystem Assessment (2005), *Ecosystems and human well-being*, Vol. 1: Island Press.
百瀬邦泰 (2003),『熱帯雨林を観る』講談社.
Neumayer, E. (2003), *Weak versus strong sustainability*: Edward Elgar.
大沼あゆみ (2002),「環境の新古典派的接近」, 佐和隆光・植田和弘編『環境の経済理論』岩波書店.
Pearce, D.W., A. Markandya and E. Barbier (1989), *Blueprint for a green economy*: Earthscan. (邦訳 D. W. ピアス, A. マーカンジャ, E. B. バービア,『新しい環境経済学——持続可能な発展の理論』, ダイヤモンド社, 1994年.)
Pearce, D. (1998), *Economics and Environment. Essays on Ecological Economics and Sustainable Development*: Edward Elgar.
Ruth, M. (1999), Physical principles and environmental economic analysis, in van den Bergh (ed.), pp. 855-866.
Schlager, E. and E. Ostrom (1992), "Property-rights regimes and natural resources: a conceptual analysis," *Land Economics*, Vol. 68, 249-262.
Solow, R. M. (1993), "Sustainability: an economists' perspective," in: R. Dorfman and N. Dorfman (eds.), *Selected Readings in Environmental Economics*, 3rd edition: Norton, New York.
ten Kate, K. T. and S. A Laird (1999), *The commercial use of biodiversity*, Earthscan.
Tomas, C. D., A. Cameron, R. E. Green, M. Bekkenes, L.J. Beaumont, Y. C. Collinngham, B. F. N. Erasmus, M. F. de Siqueira, A. Grainger, L. Hannah, L. Hughes, B. Huntley, A. S. van Jaarsveld, G. F. Midgley, L. Miles, M. A. Ortega-Heurta, A. T. Peterson, O. L. Phillips and S. E. Williams (2004), "Extinction risk from climate change," *Nature*, Vol. 427, pp. 145-148.
宇佐美誠 (1996),「将来世代への配慮」『法哲学年報1995』, pp. 139-150.
宇沢弘文 (2004),『社会的共通資本と設備投資研究所』
宇沢弘文 (2008),「地球温暖化と持続可能な経済発展」『環境経済・政策研究』Vol. 1, No. 1, pp. 3-14.
van den Bergh, J. C. M. (ed.) (1999), *Handbook of Environmental and Resource Economics*: Edward Elgar.
安井琢磨 (1937),「ワルラス」, 河合栄治郎編『学生と先哲』所収, 日本評論社.『安井琢磨著作集 第I巻——ワルラスをめぐって』(創文社, 1970年) に再録.

第Ⅲ部

温暖化対策の効力と展望

第7章　気候変動は抑制可能か
―― 道筋と選択 ――

> 「科学の総体は日常の思考の洗練以外の何ものでもない」
> アルバート・アインシュタイン『物理と実在』(1936年)

赤 木 昭 夫

　社会経済の展開は，展開の道筋とその途中での諸選択の差異によって，結果がいちじるしく異なる．そのことは歴史が教えるところである．

　気候変動によって，多くの生命とそれを支える自然が不可逆的損壊を蒙る．それだけに，くれぐれも後日になって，あのとき別の選択をしていればと悔いることがないように努めねばならない．それ故に，回避のためいかなる道筋をたどるべきか，その道筋に沿っていかなる施策を採るべきか，つまり，道筋と選択の2つをからめて見る視座から，採られる施策の帰結，さらにその先がどうなるかを見通しつつ，抑制策の究極的な是非を厳粛に判断しなければならない．

　その判断基準として，(1)事態の緊急性の認識，(2)温室効果ガス (GHG) の削減誘導策，(3)衡平性（割引率），(4)持続可能性，の4項目が挙げられる．これら4項目のすべてを適切に満たす道筋と途中での選択を採るならば，効率最大かつ最速で目標の達成，気候変動の抑制が可能になる．だが，それに反して，満たされない項目が多くなるほど，道筋と選択は彌縫的となり，経済学から見れば矛盾撞着の度合いが激しく，社会経済にとっては無用の混乱と資源や時間の空費をまねき，ひいては気候変動の抑制を不可能にする．

　ここでは評価の対象として，W・ノードハウス，N・スターン，A・セン，宇沢弘文の所説を選んだ (Nordhaus, 2008 ; Stern, 2007 ; Anand and Sen, 2000 ; Uzawa, 1991, 2005)．

　なお GHG 削減を強化していくための代替技術の基礎は，すでに研究済みか開発済みである．技術標準を含む規制によって，それを世界的に展開して

いけば，学習効果によってコストが安くなり，それらによって気候変動は抑制可能である．もちろんコスト増を伴うが，多くの試算によって，その負担には充分に耐えられることが明らかにされている（赤木，2008）．したがって，技術の研究開発支援策はここでは評価項目とならず，技術手段の不備のため気候変動が抑制不能だなどとして，問題の所在をはぐらかすことは許されない．この点を念のため指摘しておく．解決を妨げるのは，経済的競争力を守ろうとする政治的駆け引き，そして真の経済の追求の不徹底である．

1. 事態の緊急性の認識——2035年か2050年か

2006年10月イギリス財務省から発表された，いわゆる『スターン報告』は，世界が蓄積GHGの低減に転ずべき目標時期として2035年を設定し，大きな反響を呼んだ．早めの目標の設定はこれが初めてではなかったが，これを機会に，施策が実効を上げ得る目標時期が掲げられ，気候変動の影響と対策が費用対効果の面からあらためて量的に検討されるようになった(Stern, 2007; IPCC, 2007)．

気候変動は，1850年から現在までのGHGの蓄積が異常気象の頻発として現れる第1段階（1850年より平均気温1℃の上昇）を経て，現在から2035年ないし2050年にかけての倒壊点（チッピング・ポイント）にいたる第2段階（1850年より平均気温2℃の上昇）へと，事態は一段と深刻化しつつある．このような認識に基づく事態の緊急性を検討の起点としている点で，『スターン報告』はまずもって評価されねばならない．それに対しイェール大学のノードハウスは，2050年どころか，2100年について云々している．それでは「喧嘩すぎての棒ちぎれ」である．他方センは，気候変動が主題ではなかったため，正面から目標時期を問うてはいない．それらとは対照的に，早くも1991年から宇沢は，炭酸ガスの蓄積量が1850年の約2倍の560ppmになる時期——スターンが提案するのとほぼ同じ時期——を目標として設定していた．驚くべき卓見である．大気中の炭酸ガスが増加しない状態を持続させるための施策として炭素税を提案し，その税率を数理的に導き出すに当たって，式が成り立つ限界として560ppmを採ったのであった[1]．

『スターン報告』では，550ppm になる手前の時点で，値がより低い段階で（現在値は430ppm），温暖化を止めたいのは山々であるが，そのためには短期間に集中的に高コストの手段を採らねばならず，経済的負担が大きくなり過ぎると判断し，断念したのであった．すなわち，2035年の550ppmを限度とするのは，それ以上は遅らせることができない瀬戸際で，からくも気候の倒壊を回避する，ぎりぎりの選択なのである．

　他方，目標時期としての2050年は，気候変動に関する政府間パネル（IPCC）における共通の，しかし漠とした理解が下地になっている[2]．それをもとに，2007年6月ドイツのハイリゲンダムで開かれたサミットで，「世界の GHG の排出を2050年までに少なくとも半減することを真剣に検討する」ことで合意した．これまででもっとも踏み込んだのは，2007年12月のバリでの国連気候変動枠組み条約締結国会議（COP13）での共通理解——「先進国は2020年に1990年比25〜40％の削減が必要」——であった．しかし2008年5月のG8環境相会合では，「今後10〜20年間に世界の排出量を減少に転じさせるため，先進国が国別総量削減目標を掲げて率先して取り組む」となり，表面的にはいかにも前進したかのようであったが，逆に量的目標はぼかされ曖昧にされてしまった．それを受けての同年7月の洞爺湖サミットでは，当然ながら実質的な進展は見られなかった．アメリカの抵抗で押し切られてしまった．2009年末にコペンハーゲンで開かれる予定の COP15 での協議に期待するしかなくなった．

　仮に2050年半減が実現されたとしても，なお GHG の半分の排出が続く．それとそれまでの滞留分が加わり，そのため早晩さらに気温上昇が始まり，不可逆的変化が加速される．それでは取り返しがつかない．

　そんな落とし穴にはまらないためには，はるか手前のいくつかの時点で，大幅な削減を順次積み重ねていくプログラムとして，施策が計画され実行されねばならない．19世紀半ばから1世紀半あまりにわたって GHG の排出

---

1) Uzawa (1991) で $\hat{V}=560$ppm が挙げられている．
2) 「地球温暖化の限度としての前工業化時代より2℃の上昇は，次の10年間に排出量がピークをうち，2050年には現在のレベルの50％以下に低減されることを意味する」(IPCC, 2007, p. 100)．

を続けてきたのに対して，180度の転換，減らす方向へ，それも30年以内に世界をあげて切り替えるのは容易ではない．施策の道筋として許される道程はきわめて短く限られる．それ故に，誤った寄り道をしている余裕はない．それだけに施策の適否について厳しく見通すことが求められる．この前提的要件を満たしているのは，まだ残念ながら『宇沢論文』や『スターン報告』以外に多くはない．

2. 排出量取引か炭素税か——削減誘導策の選択

　排出量取引も炭素税も，GHGの排出に価格をつけることになり，それによって「史上最大の市場の失敗」（気候変動の原因物質を放出しても罰せられず無料）をやっと防げることになり，それぞれ長所もあれば短所もあるが，適宜に混用すればよいという方向（ポリシー・ミックス）へと大勢は傾いている．

　果たしてそれでよいのか．それは政治的な妥協や経済的な思惑のためではないか，経済学としては考察不足，判断中止のためではないか．この点が問題である．

　ノードハウスは徐々に率を高くしていく炭素税を唱えるが，後述するように高い割引率を擁護し，持続可能性を等閑視する点で辻褄が合わず，所説内部で自己矛盾に陥っている．スターンは，排出量取引と炭素税の2本建てを建前とする．センは，主題が持続可能性であるため途上国援助は強調したが，炭素税については述べていない．宇沢は世界でもっとも早く炭素税の妥当性を理論的に明らかにし，随所で一貫してその必要性を訴えてきた（宇沢，1995, 2000）．

　炭素税は，GHGを出す事業や，それを出す商品の消費などに課する税であって，排出を控えさせ，排出がより低いかゼロの生産と消費への切り替えを促す．より広く（より薄く），より透明で，より公平な抑制策になると期待される．その原理の妥当性は宇沢の論考で確かめられるので，以下では排出量取引がはらむ多くの重大な問題点を追及する．それによって，ますます炭素税の妥当性がきわだってくるからである．

第7章 気候変動は抑制可能か

　なおこの章では，明快化のためもっぱら問題が問題を引き起こし行き詰まる大筋をたどることに絞り，それを示す証拠のデータなどについては最終章にまわす．

　排出量取引とは，政府が排出枠を随時設定し，枠を超える事業体が，枠に対し余裕を持つ事業体から，その余裕分を買えば，それに応じて超過排出分の帳消しが認められる制度である．枠を超えたままであると事業体は罰せられるし，余裕分を売る事業体はそれによって利益が上がるので，コスト安のところから削減が進み，つまり，市場原理によって全体として低コストで削減が達成されると喧伝される．果たして謳い文句通りに成果が上がるかどうか．

　京都議定書では2008年から削減を本格的に実施することになっていたが，先鞭をつけるべくEUは，2005年1月から欧州連合排出量取引計画（EU ETS）を発足させた．域内の取引だけでなく，クリーン開発メカニズム（CDM）と呼ばれるが，削減義務のない途上国の排出削減的（？）計画に投資し，それによって削減相当量（？）を，域内での排出量として認めてもらえる仕組みが追加されている（JIと略称される「共同実施」については，量が少ないのでここでは省略する）．

　排出量取引推進論者はもっぱら市場原理で排出量の取引価格が決定されると持ち上げるが，市場が成立するかどうか，そして価格がいくらになるかは，実は政府が設定する排出枠の強弱次第である．枠が緩やか過ぎれば，排出量への需要が小さく，価格が低くなり，市場が成立しなくなる．排出量1トン当たりの相場は，EU ETSで2006年3月には30ユーロに迫ったが，4月になって突然10ユーロ台に下落した．当局の発表数値よりも業界の実際の排出量のほうが低く，当面それほどの需要のないことが判明したからであった．当局が値を吊り上げ，市場が盛況であるかのように見せかけたことになる．この内幕を知っているスターンは，アメリカ議会で「(排出量取引では)希少性，長期展望，情報によって調整できる公開性を強調したい」と証言した（United States Senate, 2007, p. 52）．排出量取引市場は作為的な市場であり，それ故に政府が一部の事業体に有利なように排出枠を操作できるし，情報の不均衡によって価格が歪められる．それらのため価格が変動するといっ

た不安定性を内蔵する．

　これまでのところ EU 内で排出量が問われたのは電力と製造業であり，陸海空の交通運輸は免れてきた．排出削減で大きな割合を占めたのは窒素酸化物（NO_X）であって，肝心の炭酸ガスそのものの削減で顕著な効果があったわけではない．EU 全体では，2020 年には 1990 年の 80％（20％減）にするという想定において，2002 年まではその線に沿って削減が進んだが，それ以降は期待通りには削減できていない（European Environment Agency, 2008, p. 11）．排出量取引によって順調に削減が進んでいるとは評価できない．

　他方，CDM では，2007 年の売り手のシェアでは，中国が 73％で第 1 位，次がブラジルとインドの 6％と続く．

　計画の中身では，2005 年と 2006 年は HFC-23（冷却媒体やテフロンの原料の生産で副生されるフッ素と塩素を含むガスで，温暖化とオゾン層破壊の原因になる）の燃焼による無害化が大きな比率を占めていた．2007 年から風力発電や水力発電などのエネルギー源転換が 40％へと伸び，首位になった．だが，肝心の石炭発電の改善は計画の対象になっていない．CDM として通用するには，計画ごとに売り手の国，買い手の国，そして国連 CDM 理事会の承認を必要とする．ただ排出量を売らんがための動機が不純な計画は認められない．「アディショナリティ」と呼ばれる条件で篩にかけられる．つまり，CDM の制度がなければ成立しない計画でなければならない．ところが，風力発電や水力発電でも，CDM としての適格性が疑われる場合も指摘される．排出量の取引だからその種の厄介な問題がつきまとう．それに反して，宇沢が提案するような炭素税の一部をプールした国際基金からの援助にすれば，その種の不明朗さは生じない．

　排出量取引が本格化すれば，国内・域内・国際間を問わず，その運用管理には膨大な事務を要する．すでに国連 CDM 理事会では計画の審査で大幅な遅れが生じている．推進論者が宣伝するように効率的かどうかは疑わしい．

　CDM を含め排出量の対象計画が契約通りに操業できない場合は，排出量は失効する．それを買っていた者は，免罪ではなくなるので，別の相手から急いで買い直さねばならない．そのための予備の排出量と，保証付きの排出量が必要になる．それに応えることを大義名分として，第 2 市場が形成され

る（第1市場では新規計画を売買する）．予め買ってプールされている排出量は，需要の多寡に応じて組み合わせたり，切り分けたりできねばならない．第1市場でもその仕組みが一般化する．スターンは，排出量の大口取引のためには「ホールセイル・メカニズム」が必要になると指摘する（Stern, 2008 a, p. 16）．豊富な資金にものをいわせてファンドや巨大投資銀行が排出量を買いあさる．それを安く売ることはないであろう．排出量が投機の対象になる．排出量の先物市場が活況を呈する．排出量値上がりのリスクに対しヘッジする金融商品が開発され，それがさらに投機の対象になる．そうなってくると，排出量取引を盛んにするため，投資機関に儲けさせねばならず，それを政府が煽らねばならぬ羽目に陥る．

　プールされた排出量に対して，サブプライム・ローン破綻の原因になった金融商品——債務担保証券（CDO）——と似た新商品が開発される．履行が確実な排出量は，リスクが低いので高く売れる．履行が不確実な排出量は，そのままでは売れないので，履行が確実なのと怪しげなのとが混ぜられた合成商品が組まれる．それが転売される過程でさらに組み替えられ，怪しげな排出量が濃縮された高リスクの商品が残る．それが割安なのに目がくらんで買うと大損する．サブプライム・ローンでは，劣悪なCDOを売り抜け損ねた金融機関が破産し，取り付けに見舞われたCDOの債務を負う住宅は競売に付され，ローンを返済しながらそこに住んでいた人々は追い出され，信用不安が拡がり，世界的な不況を引き起こした．それを仕出かしたウォール街やシティが排出量取引に乗り出してくるとすれば，サブプライム・ローンと似た事態をまた起こすのではないか．それが危惧される．

　排出量の帳消しばかりで実質的な削減がそれほど進まないとなると，宗教改革の火種になった免罪符にも等しい本質に対する疑問が高まり，いよいよ制度の正当性が問われるであろう．逆に，取引の大規模化によって削減が進めば，さらなる削減が技術的に経済的に次第に難しくなり，つまり，排出量への需要が高まる一方で供給が減り，排出量の市場価格の高騰が避けられなくなる．それにつけこんで巧妙な金融商品が開発され，投機が激化するに違いない．

　最終的には，排出量の供給が払底するため，取引による削減は頭打ちにな

るであろう．スターンは，2050年には排出量取引が半分，炭素税が半分になると予想する（Stern, 2008a, p. 20）．

先を見通すならば，排出量取引は行き詰まり，炭素税へと移行せざるを得ないことが見て取れる．

それを知ってか知らずしてか，いずれにせよ排出量取引を擁護するのは，排出量取引への投機を一大ビジネス・チャンスとして創生させたいと企図してのことか，アメリカやまだ削減義務のない諸国を巻き込む誘導策として，やむを得ない過渡的な必要悪と黙過してのことか，そのいずれか，あるいは両方を狙ってのことであろう．

3. 世代間の衡平性——低い割引率

なぜGHG排出を大幅削減しなければならないのか．現世代の勝手放題による損失を将来世代につけまわすことは許されないからである．人類が享受してきた安定した気候，それを支える安定した大気を，損なうことなく，損なった分は回復して，将来世代へ引き渡すのが当然の務めだからである．

そのためには，将来世代も現世代も同等に尊重され遇されねばならない．経済の根本において，世代間での衡平性が確保されねばならない．衡平性が，安定した大気，適度の消費の伸び，福利の増進など，経済のすべての面に行き渡らなければならない．煎じつめれば，気候変動の抑制は，経済としては世代間での衡平性の貫徹にゆきつく．

そのような衡平性とは，端的には価値（実質価格）が現世代でも将来世代でも変わらないことである．ところが，これまでの社会経済ではそうではなく，まったく逆である．将来はどうでもよくて，肝心なのは現在だとする選好から，同じ物でも，将来よりも現在においてのほうが，より価格が高いと計上される．つまり，将来の価格が現在の価格よりも高くあってはならないから，将来価格を現在価格に引き直す際には，将来価格は割り引きされねばならない．卑近な例では，割引率を年当たり4%とすれば，1年後の104円は4%の率で割り引かれて，現在の価格は100円と計算される．割引率は「現在と将来の費用や効果を比較して表わすとき，それらの将来の値を現在

の値に換算するために割引する率」などと定義される．気候変動を抑制するコストや気候変動による損失を考慮する際には，期間が長く多くの世代にまたがるだけに，期間を通じて衡平性を確保するため，割引率をいくらと設定するかは重大な問題である．僅かな差でも結果は大きく違ってくる．その点は複利の元利合計の計算を思い浮かべれば納得できる．

割引に対する経済学者の立場は二つに大別される．割引について，A・マーシャルは「知的かつ道徳的な欠陥」と評した．A・ピグーは「我々の見通し力の欠陥を意味し」，それが資源の不用意な蕩尽につながると批判した．またF・ラムゼイは，厚生経済学の出発点ともなった論文で，「後代での享受を，現在での享受よりも割り引くことを想定しなかった．それは倫理的に擁護できず，単なる想像力の弱さによって生ずるものだからである」との立場をとった．他方，経済で金融が幅をきかせ，個人の投資活動が盛んになるにつれ，割引が当然視され，より高い割引率が期待されるようになった．近年アメリカでは株の年利回りは平均7％が通念となり，政府の予算作成で採用する割引率も年7％となっている．2001年にハーヴァード大学のM・ワイツマンが，経済学者へのアンケートによって気候変動に関する割引率として平均4％を引き出し，それが経済学でのコンセンサスであるかのように言い立ててきた（Weitzman, 2001）．

この割引率をめぐっての，いわば経世済民か，利殖かの対立が，『スターン報告』をきっかけに火を噴いた．

割引率として1.4％という低い値が『スターン報告』で採用された．

その理由は，次のように要約されている．「将来世代の消費水準にかかわりなく，将来世代についてはほとんど考慮しないと倫理的にも判断するならば，効果がもっぱら長期にわたる投資は歓迎されないであろう．つまり，将来世代に対しほとんど配慮しないとすれば，気候変動について考慮しないことになるであろう．すでに論じたように，それは道徳的基礎を持つ立場ではなく，多くの人々には受け入れられないと判断されるであろう」(Stern, 2007, p. 54)．

『スターン報告』の立場は，(先進国では) 消費も成長も落とし，まずもってそれによってGHGの排出を削減することを根本とし，消費と成長を抑え

ることで生ずる余裕を気候変動抑制の施策（途上国への援助）に向けていくことをめざす．しかもそれを先送りせず，現世代が将来世代よりも大きいと思われる負担を敢えて負ってでも，早期に抑制の方向へ持ち込もうというのである．そうした決意が割引率の低さに凝縮されている．経済として論理が一貫している．

　それに反対した代表がノードハウスであった．彼は割引率として4％という高い値を主張する．

　彼の意図は，割引率をアメリカの高金利になるべく近く保つところにあり，次のように述べて，語るに落ちている．「資本にとっての実利潤こそが，効率的な排出削減を進める変数である．現在時点における排出削減の限界消費コストと，将来時点における損失削減による限界消費効果とを，等しいと置くときにからんでくるのが，まさに資本にとっての実利潤に他ならないのである」(Nordhaus, 2008, p. 177)．

　彼の排出削減策では，まず「最適」政策として，すべての国が削減に参加するもとで，産業分野ごとに，国ごとに，そして世代ごとに，最適な削減を進める．それでは削減目標を満たせないとなれば，炭素税によって削減を強化する．彼が持説の根拠とする計算モデル（DICE）もそのように動くように組み立てられている．つまり，まず金融を中心とする高成長ありきで，副作用の気候変動への対症療法として，炭素税が位置付けられている．宇沢が提唱する炭素税とは根本的に異なる．排出ガスの社会的費用を償うために課せられるのでは決してない．政治的抵抗を少なくするため炭素税の税率を最初は低く設定し，次第に高めていく．上昇を正当化するため，「リアル・カーボン・インタレスト・レート（炭素実利率）」なるものを想定し，事実上それは金利から大気中の炭素の減少率を差し引いたもので，金利そのものほどではないが，指数的に増大して当然だと主張する．したがって，ノードハウスの所説の本質は，修正高成長主義と性格づけられる．

　低い割引率を否定し正面から高い割引率を主張するのは，非道徳的とのそしりを受ける．そこで，それを避けてノードハウス一派は，低い割引率は，現世代にとって過大な削減コスト，諸世代にわたる削減コストの平準化による総削減コストの低減，そして気候変動による損失の過大評価などをまねく

ことになるから,削減推進派のための削減策だと,もっぱらこれらの点を挙げて『スターン報告』を非難した.

スターン側は,それこそ狙うところなので動じなかった.倫理的立場から選んだ低い割引率を前提として,2035年をピークとしてGHGの蓄積量を減らす方向へ転ずるためのコストは毎年世界総生産の1%程度で済むが,それを投じなければ損失は毎年世界総生産の5%以上,20%にもなるやも知れず,それが永久に続くことになるとの結論を変えなかった.

『スターン報告』では,割引率の高低の深刻な意味合いを弁えてもらうため,わざわざ次のような例を挙げる.割引率が0.1%であれば,10年後の人類の生存率は99%,100年後でも90.5%,つまり,100人中それぞれ99人,90人の生存を図ることになる.それに反して割引率が1.5%であると,生存者は86人,22人と激減する.つまり,それでも構わない現世代優先を意味する.『スターン報告』の1.4%ですらも,道徳的には割引率としてまだ高過ぎるのである.

なお上記の割引率は,それぞれ2つの項から成り立つ.δで表わされることが多い純時間選好割引率(RPTP: Rate of Pure Time Preference)と,ηgで表わされることが多い消費にかかわる割引率(CDR: Consumption Discount Rate)との和,$\delta + \eta g$から成り立つ.

RPTPとは,単に事柄が将来のことだというだけで現在と差別するための割引率である.経済のほうから出てくるのではなく,経済の在り方を決める者が,外から,むしろ倫理的判断に基づいて与える.つまり,外生的である.現在世代と将来世代を文字通り平等にするのであれば,RPTP(δ)=0とすべきであるが,それでは成長を論ずる際に数理的に難点が生ずるのと,僅かであっても将来世代の生存にリスクが伴うので,それらを勘案しスターンは$\delta = 0.1$(年%)と設定した.

他方,CDRは経済のほうから出てくる内生的な項である.gは1人当たりの消費の伸び率,ηは経済成長が割引率に及ぼす影響の大きさである.将来を度外視して,もっぱら現在の成長をめざし激しく消費を伸ばす経済のもとでは,ηgが大きく,割引率は大きい.逆に消費も成長も低く抑えられるならば,ηgは小さくなり,割引率も小さくなる.スターンは$\eta = 1$,$g = 1.3$

と低く設定した.

それに対しノードハウスでは,$\delta=1.5$, $\eta=2$, $g=1.25$ で, 高い割引率 4% が採用されている.

4. 持続可能性——究極の判断基準

ノードハウスは持続可能性（サステナビリティ）を口にしても, それを保証する経済の在り方がまったく視野に入っていないことは, 上述したように明らかである.

『スターン報告』は, 持続可能性そのものの追究を本旨としているわけではないが, 気候変動を抑制するため大気の安定を保つという点で, 社会の持続可能性を確保する施策を具体的に提案しているから, 実効的な持続可能性論になっていると評価できる.

そう判断してよい具体的な根拠の一つとして, 掲げられている気候変動抑制シナリオが挙げられる. それによれば, 京都議定書に従って GHG 削減を約束した先進諸国が 2050 年の排出量を 1990 年の 40%（60% 減）とすることをめざし, 2010 年前後から削減を続けるならば, 中国やインドを含む途上国が排出量を 1990 年から 2050 年にかけて 25% まで伸ばしても, 世界全体として 2035 年の 550ppm をピークとして減少へと転ずることが可能である. 大気が安定状態へと向い始める.

2009 年末のコペンハーゲンでの会議で, 先進国と途上国の削減率や目標時期が少々異なっても, 削減計画の構造として, 『スターン報告』のシナリオに近い協定が結ばれることが期待される. それに失敗すれば, 気候変動の抑制は絶望的に困難になるであろう（補論参照）.

補論・コペンハーゲン会議への期待

「主要排出国会議首脳宣言（2008 年 7 月 9 日）」が会議を導く原理となり, それは「共通だが差異ある責任と各国の能力に従い, 気候変動問

題に立ち向かう」と集約される．G8以外にオーストラリア，ブラジル，中国，インド，インドネシア，韓国，メキシコ，南アフリカも，「IPCCの野心的な複数のシナリオへの真剣な考慮を求め」，「対策を取らないシナリオの下で予想される排出レベルから離れるため……各国にとって適切な削減行動を追求する(1)」ことに同意している．ただし「先進国は，中期の国別総量目標を実施し，排出量の絶対的削減を達成し，まずは可能な限り早く排出量増加を停止する行動をとる(2)」ことが前提となる．(2)が先行して実績を上げるまでは，(1)への着手はない．したがって，アメリカを含め先進国が少なくとも2020年までに1990年の25～40％減という目標で合意できなければ，コペンハーゲン会議を開く意味がない．途上国が先進国の実施ぶりを確認するのが会議の最大の眼目になる．それが確認されるならば，「次に途上国が何年から何を基準として削減を始めるか(3)」をめぐって，そのための経済援助や技術援助の具体策を含めて初めて協議が始まる．コペンハーゲンでその入口に世界が立てるならば，会議は大成功であろう．

最近スターンは，(3)について，2020年から途上国も先進国と同様に

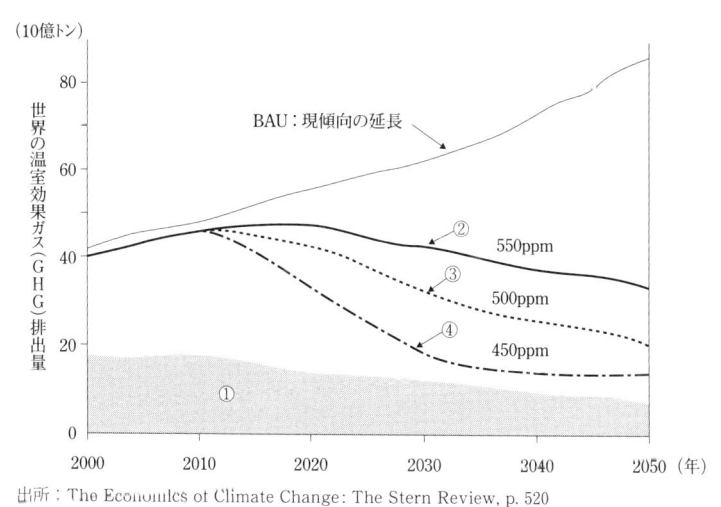

出所：The Economics of Climate Change: The Stern Review, p. 520

図7-1　気候変動抑制のシナリオ

> 年間1人あたりの排出量を2トン以下にするので可と述べている(Stern, 2008b).
>
> その結果として,『スターン報告』のシナリオ (図7-1) での②にかなり近い線が期待できることになるであろう.
>
> なお図7-1の①は京都議定書にしたがってGHGの削減を約束した (アメリカを除く) 先進40カ国とEUが, 2050年の排出量を1990年の40%とし, ②は中国とインドを含む途上国が排出量を25%伸ばし, ③は35%削減し, ④は70%削減した場合である.

　宇沢は農林水産から教育や医療, そして森林や大気まで, 広く社会的共通資本の持続可能性について具体的に追究を重ねてきた. ここでは気候変動を防ぐ彼の炭素税に絞って, 割引率と持続可能性の両点, それらの間の関係について確認しておく.

　彼の炭素税の額の定め方は, 骨子としては, (係数)×(消費によって決まる効用)×(炭酸ガスの影響の変化率) とほぐすことが許される. 消費が増し炭酸ガスの影響が大きくなりつつあれば, それを抑制するため, より多額の炭素税を課さねばならないことになる. それにかかる係数の分母には, 割引率と海中への炭酸ガスの吸収率との和が置かれている. それぞれが大きければ, その和で割られるので, 税額が低くなる. 手っ取り早く言えば, 将来世代よりも現世代を優先させるならば, 割引率を大きくし, 低い炭素税で構わないことになる. それでは削減しきれないので, 割引率を低くするならば, 税額が大きくなり, GHGの排出が抑制され, 将来世代のためになる. そのように読みとれるので, 彼の炭素税の定め方の妥当性は直感的にも首肯できる.

　宇沢は取るべき割引率として特定の数値を提案してはいないが, 持続可能性を念頭に置きGHGの排出を抑制するには, 当然ながら割引率を低く設定しなければならないことを論証している. またそれを数理として導くための前提をたどると, 冒頭ですでに紹介したが, GHGの濃度が閾値以下で持続可能であることをそもそもの条件としていたことがわかる. したがって, 彼は『スターン報告』の考え方を先取りして, 早くから低い割引率とそれに基

づく持続可能な社会経済を提案していたと評価される．

　他方，センは経済が持続可能であるための基本条件を追究した．当然だが，将来世代においても，消費，産出（収入），人的物的資本ストック，効用，福利などのいずれもが，僅かずつではあるが，恒常的に伸び続けることが，持続可能性にとって不可欠の条件であると結論する．

　「僅かずつ」というのは，これらの諸項目は互いに密接な関係にあって，どれか一つでも大きくなり過ぎれば，すべてが揃って常に伸びていく関係がたちまち崩れてしまうからである．つまり，成長は恒常的でなければならないが，ごく低率でなければならない．

　割引率との関連では，(1)資本の生産性（技術）の伸び率が大で，割引率が小であるほど，持続可能性が保証される．(2)人口が増加する場合，平均の福利となると，持続可能性はより困難になる．だが全体の福利では，割引率よりも技術の伸び率が大きければ持続可能である．(3)世代間の衡平を図る場合，持続可能性を高めるには世代間の不平等をできるだけ抑えねばならない．ただし徹底的な平等として割引率をゼロにすると，消費の伸び率がゼロになり，社会経済は文字通りの停滞にはまり，持続可能ではなくなる．

　これらの条件は現世代と将来世代との間の衡平性を図る場合である．一方，同世代間の衡平性（貧富の格差の是正）のためには，低成長であると，初期条件の消費や産出などが小さい場合，それらはもちろんだが，資本ストック，効用，福利などすべてが伸びず，いつまでも貧困から抜け出せないので，早期にそれらの水準をある閾値以上に大きくしなければならない．それが途上国援助の役割である．

　センは持続可能な社会経済であるための割引率として特定の数値を挙げていないが，それがかなり低い値でなければならないことを論理的に明らかにしている．

　これまでの成長論（開発論）では，それぞれの世代が消費を大きくし，それによって効用を大きくし，そして割引率を大きく取ることが，最適化の経路だとされてきた．しかし，センが証明するように，そのような最適化は必ずしも持続可能性につながるとは限らない．いわゆる最適化と，持続可能性とは，それぞれの基礎にある倫理基準がまったく異なり別なのである．同世

代間でも異世代間でも努めて衡平を図ることによって，それをセンは「ユニヴァーサリズム」と呼ぶが，つまり，貧富の格差を解消し，将来世代も等しく自然を享受できるように割引率を限りなく低くすることによって，換言すれば，そのような倫理基準に立つことによってのみ，持続可能性の実現へと向うことができるのである．この点を明らかにするのが，センの論文の趣旨であった．

5. 戒め——彌縫策の矛盾が集中する排出量取引

『スターン報告』の読み解きと，それとは対照的なノードハウスの主張の批判を経て，センや宇沢が説くところの衡平性（割引率）と持続可能性との関係にいたって，気候変動を抑制するための筋道とその途中での選択，そして究極の目標，それらを通じての判断基準がいかなるものでなければならないかが，一貫した論理として浮かび上る．

持続可能性のためには，割引率は低くなければならず，低い割引率が安定した気候の将来世代への引き渡しを可能にし，低い割引率と矛盾する高利を策する金融資本の排出量取引への進出は抑えられねばならず，その代わりとして炭素税の世界的な導入が急がれねばならず，それによって早期にGHGの濃度を低下させる方向への転換が可能になる．このように道筋と途中での選択は，矛盾がない一連のものとして在らねばならない．

そのような立場から排出量取引を再考すると，それが高成長を追求しながらGHGを削減しようという虫のよい彌縫策の矛盾の集中的現われであることが明らかになってくる．GHG削減の目的は，安定を取り戻した大気という社会共通資本（代替不能な気候）を将来世代へ引き渡すことである．その社会共通資本を私的な利益のための投機の対象にするほど矛盾したことはない．持続可能性と排出量取引ほど甚だしい矛盾はないのである．常人の常識でそうであるし，常識を洗練させた科学として経済学が存在するならば，論理的にそう結論される．

机上の排出量取引は素晴らしい制度のように思えても，投機に翻弄され，謳い文句通りの成果が上がらず，却って時間と資源を空費させ，気候変動抑

制を遅らせるように作用する危険がひそんでいる．排出量取引の暗部を予想せず警告を発しないのは，経済学としては考察不足，判断中止と断じられて当然である．ポリシー・ミックス論では，混ぜた不純物がいつ有毒物に転化しないとも限らないことを用心しなければならない．企業としては，排出量取引などを当てにして本格的に正面からGHGの削減に取り組まないようでは，いずれ競争力を失っていくであろう．

6. 排出量取引市場の構造と動向

EU ETSの現況は世界銀行の報告書にまとめられている（World Bank Institute, 2008）．

EU域内での排出量取引は，2006年のGHG11億トン（244億ドル）から2007年の20億トン（500億ドル）へとほぼ倍増した．またCDMは，5.6億トン（62億ドル）から7.9億トン（128億ドル）へと，量そのものよりも金額のほうが伸びて，ほぼ倍増となった．

CDMの売り手では，2007年の金額で見ると，中国が73％，ブラジルが6％，インドが6％，アフリカが5％であった．買い手では，イギリスが59％，他のヨーロッパ諸国が30％，日本が11％であった．イギリスの比率が突出しているのは，シティがブローカーの役割を果たすためである．

GHG1トン当たりの2007年の価格は，現物が16〜17ユーロ，先物（2008年末満期）が8〜13ユーロであった．先物で高いのは履行率が高くリスクが小さい排出量である．安いものとの差が5ユーロも開いているのは，排出量にはかなりのリスクがつきまとうためである．中国のCDMの価格は8〜11ユーロであった．

2008年は，年頭から京都議定書の遵守が始まったことと，EU ETSが第2期（2008〜12年）へ入ったこと，そして第2市場が本格的に動き出したことで，画期的であった．流入資金は，2007年が95億ドルで，2008年は138億ドルと推定される．

投機的な動きについて，報告書は次のように述べている．「投資家へ現金配当をしようとするファンドが増加し，計画の初期段階に投ぜられる資金量

規制
政府・国連CDM理事会

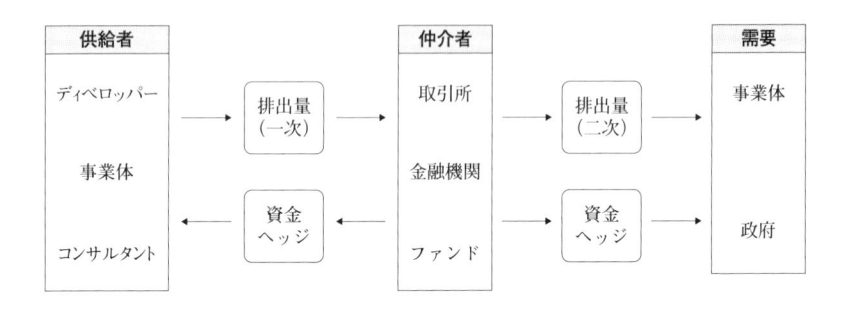

供給者: ディベロッパー、事業体、コンサルタント

仲介者: 取引所、金融機関、ファンド

需要: 事業体、政府

供給者 → 排出量(一次) → 仲介者 → 排出量(二次) → 需要
需要 → 資金ヘッジ → 仲介者 → 資金ヘッジ → 供給者

サービス
法務・調査・研究・コンサルタント

筆者作成.

図7-2 排出量取引市場の構造

が増加し,証券の形態を通じてより大きなリスクを取り,より大きな利潤を目当てにするファンドが増加した」

また2007年から登場した「ポートフォリオによる保証」について,次のように説明する.「典型的には市場集積者(マーケット・アグリゲター)であるが,第2市場の売り手が,炭素ポートフォリオの切り分けによる保証付き排出量契約(注,サブプライム・ローンのCDOに似ている)を売る.通常そうした保証は,第2市場の売り手が契約する格付けの高い銀行のバランスシートを通じて信用度が強化される.なかには,現物契約で排出量を設定し,他方で保証付き排出量先物契約を売り,マージンは安いが,大量取引をする銀行も出てきた」

こうした投資機関の動きを中核にして,排出量取引市場の構造が固まりつつある.それはアメリカの住宅金融市場の構造と瓜二つである(図7-2).

第2期の初期の排出量1トン当たりの価格は25ユーロ,末期は30〜35ユーロと値上がりし,2013年以降の第3期の当初の価格はさらに値上がりし,

40ユーロに達すると見られる．というのは，需要が高まるのに供給が追い付かないからである．第2期末の年当たりの不足分は少なくとも1億トン，平均では2億トンになると推定される．それでは排出量取引では間に合わず，削減が頓挫するか，炭素税の一斉導入となるか，いずれにしても波乱含みである．

CDMの売り手では今後とも中国が大きな率を占めると見られるが，その中身の国際的評価は芳しくない．この点についてはスタンフォード大学のM・ワラが報告している（Wara, 2006）．

2006年に国連CDM理事会に登録されたHFC-23の4つの削減計画で，中国は年当たり約3500万トンの排出量を売った．トン当たり10ユーロとすれば，毎年約525億円の収入となる．売ったのは淅江省，山東省，そして江蘇省の二つの化学メーカー，仲介したのは三菱商事，三井物産，JMD温暖化ガス削減株式会社（日揮，丸紅，大旺建設の共同出資），買ったのは東京電力をはじめとする日本の電力各社，そして新日鉄であった．

この場合，最終製品の価格（1.6ユーロ／キログラム）よりも，排出量の価格（3.41ユーロ／キログラム）のほうが約2倍も大きく，製品よりも排出量で利益を上げたことになり，結果的に生産は排出量を売るためであったことになる．しかも売上の65％が中国政府の収入として徴収された．

2008年6月までの集計では，天然ガス発電による排出量取引がイギリスとの間で計5件，年当たり約390万トン分が登録されているが，発効にはいたっていない．風力発電で年当たり約660万トン分が登録されているが，発効済みは24％である．水力発電で年当たり約740万トンが登録されているが，発効済みは6％，43万トンにとどまっている．6月にドイツの審査請負業者が，水力発電計画の一つに対して，取り下げを勧告した．計画の実現性に疑問があったり，またCDM制度が発足する前から計画されていて「アディショナリティ」の基準に反する場合があるからである．

なお政府の徴収分は，窒素酸化物の削減による排出量では30％，その他では2％と，中国の国内法で定められている．それらの収入の一部をまわして，2007年11月に「中国CDM基金」が設けられた．登録済みのCDM計画が発効すれば150億ドルの収入があり，そのうち30億ドルが基金に充て

られ,気候変動抑制に役立てられると,所管の国家発展改革委員会の副主任の解振華が発表している.150億ドルと30億ドルの差の120億ドルがどこへ振り向けられるかについては不明である.

2020年の世界の排出量取引市場の規模については,有力な調査グループのポイント・カーボンが予測している (Point Carbon, 2008).

取引は,EU以外に,アメリカ,日本,カナダ,オーストラリア,ニュージーランド,韓国,メキシコ,トルコなどでも行われる.高中低と三つのケースのうちの中位で見ると,取引量は380億トン,価格がトン当たり50ユーロ(78ドル)になるとすれば,金額は3兆ドルに迫る.世界市場に占める率は,アメリカが67%,EUが23%,残る10%を他の諸国で分けることになる.この予測の副題が「金融に支配されるか?」となっているように,3兆ドルの排出量を調達するのも,それを買う資金を貸すのも,金融機関ということになるであろう.2007年に世界が消費した石油の代金は,1バーレルが70ドルとして計算すると,2兆ドル強であった.それを上回るマネーが排出量取引で動く.今から2020年までの12年間には,4年に1度の景気変動を見込むと,3回は排出量価格のかなりの変動に見舞われることになる.それが経済全体に及ぼす影響は決して小さくはないであろう.そのたびに気候変動抑制の見通しには暗い影がさすと覚悟していなければならない.

付 記

本章は,赤木昭夫 (2008),「気候は売買可能か」『世界』9月号,pp. 56–70 に加筆したものである.

参考文献

赤木昭夫 (2008),「気候変動は回避不能か」『世界』5月号, pp. 40–57.
Anand, S. and A. Sen (2000), "Human Development and Economic Sustainability," *World Development*, Vol. 28, No. 12.
European Environment Agency (2008), *Annual European Community Greenhouse Gas Inventory 1990–2006 and Inventory Report 2008*, p. 11.
IPCC (2007), *Climate Change 2007 : Mitigation of Climate Change, WGIII* : Cambridge University Press.

Nordhaus, W. (2008), *A Question of Balance : Weighing the Options on Global Warming Policies* : Yale University Press.

Point Carbon (2008), *Carbon Market Transactions in 2020 : Dominated by Financials?*

Stern, N. (2007), *The Economics of Climate Change : The Stern Review* : Cambridge University Press.

Stern, N. (2008a), "Key Elements of a Global Deal on Climate Change," *The London School of Economics and Political Science*, p. 16.

Stern, N. (2008b), "Nicholas Stern," *Prospect Magazine*, Issue 148, July.

United States Senate (2007), *Hearing before the Committee on Energy and Natural Resources*.

Uzawa, H. (1991), *Global Warming Initiatives : The Pacific Rim*, in R. Dornbusch and J. Poterba (ed.), Global Warming : Economic Policy Responses : MIT Press.

宇沢弘文 (1995), 『地球温暖化を考える』岩波新書.

宇沢弘文 (2000), 『社会的共通資本』岩波新書.

Uzawa, H. (2005), *Economic Analysis of Social Common Capital* : Cambridge University Press.

Wara, M. (2006), "Measuring the Clean Development Mechanism's Performance and Potential," Program on Energy and Sustainable Development Working Paper No. 56, July.

Weitzman, M. L. (2001), "Gamma Discounting," *American Economic Review*, Vol. 91, No. 1, March.

World Bank Institute (2008), *State and Trends of the Carbon Market 2008*.

第8章 排出権取引制度の射程
―― 2010年代に向けての機能と限界 ――

岡　敏　弘

1. はじめに

　EUが導入したCO$_2$の排出権取引制度と同様の制度を日本も導入するべきかどうかについての議論が盛んになっている（岡，2007；岡・新澤・植田，2008；諸富，2008）．ここでは，排出権取引制度の利点も欠点もすべて洗い出し，その上で，地球温暖化問題の本質に照らして，2010年代にこの制度を持つことがどんな意味を持ち，現実にもまれてそれがどういう姿を呈するかを見通そう．

　次の節では，排出権取引学説史，次いで現実の制度導入の歴史を述べる．これらは，この制度の本質を理解し，将来の可能性を見極める上で重要である．次にEU排出権取引制度を説明し，現実の制度がどのように理論から離れているかを述べる．そして，離れる原因を考え，理想に近づけるとすればどういう案が考えられるかを述べる．それがもたらす困難を予想し，2010年代におけるその意義と限界を見極める．

2. 学　説

　標準的経済学は環境汚染を外部負経済と捉えるが，外部負経済は結局は市場の欠落という現象の一部であり，その原因が私的所有権の欠如に求められる（Arrow, 1970）から，環境汚染を外部負経済の問題と捉えることと所有権欠如の問題と捉えることとは同じになる．外部負経済と捉えたときの処方箋は，それを内部化するための環境財消費への課税政策となるが，所有権欠如と捉えたときの処方箋は，環境財への私的所有権設定となる．排出権取引

は所有権設定の着想を具体化する政策である．

　環境政策としての所有権設定への扉を開いたのはコース（Coase, 1960）である．コースは，ピグー派の経済学が外部性の問題と捉えているものは実は，被害者にどれだけ，加害者にどれだけの権利が与えられるべきかという権利配分の問題であると主張した．そして，それが基本的に効率性基準によって解決できるというのがコースの立場である．この考えを大気汚染の問題に適用して，大気に所有権が適切に設定されれば，大気の清浄さを求める人々は，彼らが欲するだけの大気の質が確保されるまで大気汚染者からその権利を買い取り，最適な大気の状態が自ずと実現するだろうという考えを表明したのは，クロッカーであった（Crocker, 1966）．しかし，大気には公共財という性格があるために，私的な利益だけを考える人々の支払意思だけでは，その質は過小にしか（多くの場合まったく）保護されない．

　水域の水質保全について，そのような所有権の自然な設定に期待することができないことに注目し，さらに，水域のアメニティ利用の便益の計測が困難なために，ピグーのように課税によって人為的に価格を付ける政策にも期待できないという考察を踏まえて，まったく新しい方法を提案したのがデールズである（Dales, 1968）．それは，水域をどのくらいアメニティのために保全し，どのくらい排水先として利用するかという，水域の利用についての資源配分は，市場に委ねるのを諦めて政府が決める，つまり，水質をどの程度に維持するかという，環境政策で最も重要なことは政府が決め，水質をその水準に維持するために必要な排水の抑制を誰がどれだけ行うかだけを市場に委ねるというものである．

　目指すべき水質が決まると，排出地点によって変わる貢献度を考慮した排水負荷の許容限度が決まる．その許容限度にちょうど相当する汚染権を発行し，それを競売に付すと同時に，保有する汚染権に相当する負荷しか排出してはならないという規制を行う．そして汚染権は余れば売ってもよいし，足りなければ買ってきてもよいとする．これが譲渡可能な排出権の制度あるいは排出権取引制度の構想の最初の提出である．競売市場およびその後の取引市場で成立する排出権価格が，水域の排水利用の稀少性を示す信号となり，それを支払ってもなお利益のある排水行動だけが行われるようになるという

作用を通じて，つまり，排出権を持つことの費用とそれと引き替えに得られる便益との比較という行為を通じて，排水先利用の便益が最大になる，言い換えると，排出削減の費用が最小になるという意味で，排水先としての利用が効率的になるのである．

　この効率性という特徴は，最初に政府が競売によって排出権を配ることに依存しない．実際，誰にどれだけの排出権を配分しても，その後の譲渡を自由にすれば，その取引市場で成立する価格が効率化の役割を果たすことになる．そこで，最初に無償で排出者にいくらかの排出権を配分するやり方が考えられるようになった（Tietenberg, 1980)．

　実際，ある理論的前提の下では，無償で配分しても競売で配分しても排出者の行動に変わりはない．というのは，排出権を1単位購入するための費用はちょうど排出権価格に等しいが，排出権を売らずに持っておくこともまた売って利益を得る機会を逸しているという意味で費用（「機会費用」という）がかかり，したがって1単位を売らないことの費用もまた排出権価格に等しいから，今どれだけの排出権を保有しているかにかかわりなく，現在の排出量から排出を1単位減らすためにかかる費用が排出権価格を下回れば排出が減らされるし，上回れば排出は減らされないということになるからである．

　すなわち，初期配分は効率性に影響せず，誰がどれだけ利益を得て，誰がどれだけの費用を負うか，つまり分配にだけ影響することになる．分配は効率性とは別の重要な問題であるから，効率性と分配とを切り離せるということは，政策手段としては有利な性質である．この性質は現実の制度で活用されることになる．はじめに排出権を無償で配分することによって排出者の負担を軽減し，かつ，排出権の取引を通じて効率性を達成しようということが可能になるのである．

3. 現実の制度

　排出権取引制度の実際の政策への取り入れは，1970年代後半の米国での大気汚染政策で始まった．それまでの硬直的な直接規制を柔軟化する措置の1つとして導入されたのである．例えば，環境基準未達成地域での新規排出

源の立地は通常認められないが，既存施設で排出を減らした場合には，削減分に相当する「クレジット」と呼ばれる排出権を譲渡された新規施設は立地できるという制度を導入した（Hahn and Hester, 1989；新澤，1997）．

　しかし，この制度にはいくつもの問題があった．まず，譲渡できる排出権は，排出の削減によって生み出されるが，「削減」とはどこからの削減なのかを定義する必要がある．それははじめにどれだけ排出する権利を持っていたかを決めるのと同じことだが，その決定は実は難しいので，商品としての排出権の中身が曖昧になったのである．削減が「過去に排出していた量からの減少分」と定義されれば，過去に排出していた量がはじめに持っていた権利ということになるが，それだと過去に多く出していた者ほど有利になるという欠点がある．一方，削減が「ある許可された量」との差として定義されれば，その問題はないが，その許可された量より元の排出量が小さかった場合には何も削減しなくても売れる排出権を得られることになり，これも不公平と思われた．そもそも許可排出量をどうやって決めるかは別の難問である．また，施設を閉鎖した場合には明らかに排出が減るが，これによる削減分をクレジットと認めるかどうかも争われた（Hahn and Hester, 1989）．

　そもそも大気汚染の場合は，被害が比較的局所的に現れる傾向があり，排出源の立地が，目標地点の大気の質に影響するから，どこの排出源で排出しても影響が同等とはいえない．排出権を譲渡すると大気の質への影響が変わってくるので，影響度を考慮して排出権の量を調整しなければならない．その計算が面倒なので，調整を必要とするような譲渡は行われなかったという報告がある（新澤，1997）．

　最後の立地による影響の差という問題は局所的汚染に特有の問題であるが，それを除けば，上に書いた問題点は，要するに，排出権という私的財産を公平に無償で配る方法は原理的に存在しないということに起因する．公平性の要件としては，過去の排出削減行為が考慮に入れられることと，排出の必要性が考慮に入れられることが考えられるが，必要に応じて配ることを徹底すれば，排出権を持つことの費用と便益との比較を真剣にやらなくなるから，効率性が損なわれる．この問題は，排出権の無償配分について回るもので，今日の地球温暖化政策としての排出権取引制度にもそのまま持ち越されるこ

第8章 排出権取引制度の射程

とになる.

　被害が広域的で排出源の立地点があまり問題にならない分野がこの制度に適しているが,そのような場合の最初の大規模な適用例は,米国の酸性雨プログラムである.これは,発電所からの SO_2 排出削減のために 1990 年に導入されたものである.排出権の無償配分は,投入エネルギー当たり一律の排出係数を設定し,これを 1985 年の投入エネルギーに適用して得られた排出量を排出権として与えるという方法で行われた.これは,エネルギー投入量で排出権の必要性を考慮し,一律の排出係数で過去の排出削減行為を考慮するという形で公平性の問題に折り合いを付けるというものである.さらに,閉鎖施設も排出権は保有するし,新規施設には無償配分はしない.つまり,配分後の必要性の増減は考慮しないということによって,効率性を損ねないようにした.

　それが可能だったのは,対象が発電所に限定されていたからである.生産物も生産方法も比較的均一で排出係数を定めやすかったし,電力産業は規制の強い産業で,自由競争の余地が小さく,新規参入や生産の増加に配慮しない配分をしても,あまり問題にならなかったと思われる.

　対象物質が地球温暖化の原因になる CO_2 となると,対象とすべき排出源が属する産業部門も多様になり,排出係数を定めるのが難しくなる.また,産業の盛衰が激しく,競争の渦中にいる企業にとって,成長の機会を逃す要素になる排出権不足は大きな問題となるから,必要性に基づく配分が求められる程度が格段に大きくなる.そこで,CO_2 排出権取引で初期問題をどう解決するかは注目すべきテーマであった.

　CO_2 を対象にした排出権取引制度は,イギリスで導入された(岡,2006,pp. 258-267).イギリスでは新たなエネルギー課税である気候変動税が 2001 年に導入されたが,同時に気候変動協定が導入され,気候変動協定を守った場合には気候変動税の税率が 5 分の 1 に軽減されることになった.さらに,気候変動協定を購入した排出権で満たしてもよく,また,協定を達成して余りある場合は,余分の排出権を売ってもよいことにした.気候変動協定が排出権の無償配分を与えることになるが,注意しなければならないのは,多くの協定が CO_2 排出原単位で与えられていることである.CO_2 排出原単位と

は，生産量1トン当たりの排出 CO_2 の量のような排出係数の値のことである．原単位を減らしても，ベースとなる生産量を増やせば，排出量は増える．それでも協定を守ったことになるから，この規制を基にした排出権は，総排出量を抑えるための本来の排出権とは異なる．量が増えてもよい排出権なら初期配分に困難はないともいえる．

以上が，EU の排出権取引より前に実施された排出権取引制度の概要である．排出権の無償配分をいかに行うかがこの制度にとって大きな問題であることがわかる．EU の制度ではどうしているかが注目される所以である．

4. EU 排出権取引制度

EU 排出権取引制度は 2003 年の EU 指令で導入が決まり，2005 年から実施された．2005 年から 2007 年が第 1 期，2008 年から 2012 年が第 2 期である．対象は，エネルギー生産，鉄生産，窯業製品生産，紙パルプ生産を行う一定以上の規模を持つ施設から排出される CO_2 であり，EU 域内からの全排出量の 40 数% を覆う．第 1 期の総配分量は約 23 億トンの CO_2 に相当する量であり，2005 年の実際の排出量 21 億 2220 万トンよりも多かった．第 2 期の総配分量は 20 億 8260 万トンである（第 2 期に新たに加えられる部門を含む）．

排出権の割り当ては，EU を構成する国ごとにその国独自の方法で行われたが，基本的に多用されているのは，過去のある期間の平均排出量に比例した量の排出権を配分するというやり方である．例えば，ドイツの第 1 期では，2000 年から 2002 年の平均排出量の 0.9755 倍に相当する排出権を各施設に割り当てた．第 2 期は，電力以外の産業へは 2000 年から 2005 年の排出量の 0.9875 倍に相当する排出権を割り当てた．第 2 期の発電所には，発電能力に稼働率と排出係数とをかけた量を配分した．イギリスでは，電力以外には，先に述べた気候変動協定と産業の成長率を考慮した上で，過去（第 1 期は 1998 年～2003 年，第 2 期は 2000 年～2003 年）の排出量に比例した量を配分した．第 2 期の発電所には，発電能力に稼働率と排出係数をかけた量に基づいて配分した．

一度配分された排出権は，生産活動に大きな変動がない限り，期間中は固定される．しかし，第1期には，生産が大幅に減少した場合に排出権の割り当てを減らされる国があった．施設が閉鎖された場合は，どの国でも例外なく，排出権の割り当てを停止される．一方，新設施設には，新たに排出権が無償で配分される．設備投資を伴う生産の拡張があった場合も，必要な排出権を追加で配分される．

米国の酸性雨プログラムの場合と異なるのは，単一の排出係数で割り当てを決めることができないために，過去の実績排出量に比例するものが多いということと，施設閉鎖と新設・拡張に伴って，排出権の再配分があるということ，そして，期が変わるごとに排出権は再配分されるということである．これらの措置は，排出権取引の効率化作用を損ねる．なぜなら，排出量の増加を伴う活動量の増加があるとき，必要な排出権を無償で与えられるとすれば，その意思決定に際して排出権費用が考慮に入らないからである．現在の活動量が，将来受け取れる排出権の量に影響するという期待も同じ効果を持つ．あるいは，活動を停止して排出を減らしても，排出権を持ち続けることができず，したがって売ることができないから，そのような排出削減は排出権節約の便益を排出者に与えない．そのことの弊害は，例えば，古い火力発電所を廃止して，最新の設備に変える場合や，火力以外の発電所に切り替える場合に顕著に現れる．火力以外の発電所は排出権取引制度の対象外なので，排出権を1単位ももらえないからである．

排出権を無償で配る場合には，配分を歴史上1回切りの恒久的なものにして，以後の配分のやり直しを一切しないことが，この制度がうたう効率的排出削減を実現するための条件である．EUの排出権取引制度はそうなっていない．そこには，公平性への配慮があると思われる．多種多様な生産物を作る多様な排出源を対象にする，CO_2の排出権を割り当てるには，何らかの形で過去の実績排出量に関係付けられた配分ルールを採用するほかない．似たような生産物を生産する産業のグループ（例えば電力産業のような）に，生産量当たり一律の排出係数を適用して産出した排出量に基づいて配分するやり方をしても，生産量は過去の実績または現在の生産能力によってしか決められない．そうすると，過去または現在にたまたまある量のCO_2を出して

いたというだけで，または，たまたまある量の生産をしていたというだけで，排出権という恒久的な財産を受け取るということになる．これはいかにも不公平である．それに対して，一度は配分するが，必要がなくなったら返上してもらうし，さらに必要になれば追加配分されるような財産を与えるのであれば，不公平さは緩和される．ここに，EU のような配分ルールの存在意義があると思われる．公平感のために効率性を犠牲にしているのである．

しかし，そのようにして不公平さを緩和したとしても，一時的であれ，過去の排出や生産の実績に基づいて配分すること自体の不公平さはなくならない．特に，過去に排出を減らすために特別の費用をかけた排出者にとっての不公平感は大きいものがある．一方で，効率性を犠牲にすること自体の問題点も，それが排出権取引制度のセールスポイントであることを考えれば，無視できない．現実の排出権取引制度はこのジレンマの中にある．

5. 理想的な制度

ジレンマを克服して理想的な制度に近づけるにはどうしたらよいかを考えよう．ここからは，日本でこの制度を導入することを念頭におこう．

上のジレンマを一挙に解決する方法がある．それは無償配分をしないということである．つまり，デールズが最初に考えていたように，排出権を競売によって有償で配分するというやり方である．そうすれば，ただで排出権がもらえるという事実がなくなるので，公平性の問題が生じないし，排出権の価格はその機能を十分に発揮し，効率的な排出削減をもたらすだろう．

実際，EU は 2013 年以降の第 3 期には，現在も部分的には行われている競売による配分を，主たる方法にすると提案している[1]．しかし，競売による配分には，排出者の費用負担が大きくなるという問題がある．無償配分であれば，それまでの排出量の例えば 90% しか配分されなかったとしても，10% の排出に費用をかけてでも減らせば，かかる費用は排出を減らすため

---

[1] 電力は 2013 年から全量競売制，その他の産業は 2013 年は 80% 無償配分だが，2020 年までに全量競売制にする．ただし，炭素漏出のありうる産業は無償配分を続けるという案であったが，無償配分が拡大しつつある．

の費用だけで，残り90%の排出には実際の費用はかからない（機会費用はあるが）．あるいは，排出を減らさないとしても，10%分の排出権を買ってくればいいので，かかる費用は10%分の購入費だけである．それに対して，競売によって排出権を配分されると，仮に10%削減したとして，その削減にかかる費用に加えて，残り90%分の排出権を購入する費用を負担しなければならない．これは，排出者から競売する主体である政府への純粋な所得移転である．

排出権取引の根拠を与えている経済理論は，暗黙のうちに，排出者は機会費用によって動くと仮定している．はじめに排出権をどれだけ割り当てられたとしても，十分与えられても，まったく割り当てられなくても，1単位の排出権を買うとすれば排出権価格だけの費用がかかるし，1単位の排出権を売らずに持っておけば排出権価格だけの収入の機会を手放すという意味で排出権価格だけの費用がかかるから，いずれにしても，その費用と1単位の排出を追加削減するためにかかる費用とを比較して，その大小で削減するかどうかを決めるというのである．そうであれば，はじめにどれだけの排出権を受け取るかは，排出行動に影響を与えないことになる．

この理論的前提は，平均費用ではなく限界費用が企業行動を決めるというのと同じである．しかし，実際には，限界費用ではなく平均費用が重要で，機会費用ではなく現実の費用が企業の行動を左右するという証拠は数多く提出されてきたし，それを支持する学説の蓄積も豊富である（伊東，1965；Lee, 1998）．そうであれば，排出権の最初の配分は企業行動に影響を与えるだろう．従来の排出量の100%かそれに近い量を与えられたときには，排出権価格がいくらになろうとも，ただで手に入れた排出権を保有し，それによって生産を続けるが，全量を競売によって買わなければならなくなったら，生産から撤退するか大幅に縮小するという事態は十分起こりそうなことである．

そのようにして生産が縮小しても，その生産物の需要が減退しない限り，世界のどこかで生産は続けられる．競売による排出権取得の義務のない地域がそれを担うことになるだろう．これは，競売制を導入した地域にとっては，産業の空洞化である．それと引き替えにその地域はCO_2の排出を減らして

いるが，他の地域で生産が拡大して排出量が増えるから，CO_2 の排出がある地域から別の地域へ移動しただけである．これを炭素漏出という．

炭素漏出を起こす環境政策は意味がないし，実際それは起こりそうだから，EU の 2013 年以降の政策の提案でも，炭素漏出の起こりうる産業部門には 2020 年まで無償配分を行うことになっている．どの産業がそれに該当するかはまだ決まっていないが，電力以外の主要排出産業はこれに該当すると思われる．

EU の 2013 年以降の制度がどうなるかはまだ決まっていないが，排出権のすべてを競売で配分するという理想的な制度を実現するには，世界全体をこの制度に引き入れる必要があるだろう．特に，中国やインドといった発展途上国をである．そうならなければ，重要な部門に無償配分を残さなければならない．無償配分となれば，割り当て方法が排出者の行動に影響を与え，効率的な削減を誘導するという期待は実現されない．

こうして道は 2 つに分かれる．世界全体で効率的排出削減を実現すると期待される「世界排出権取引制度」か，効率性をあきらめた「一国排出権取引制度」（または「特定地域排出権取引制度」）である．

6. 一国排出権取引制度

まず，効率性をあきらめた一国排出権取引制度にはどんな意義があるかを考えてみよう．排出権取引制度には，効率的な排出削減と別にもう 1 つの利点があった．総排出量を確実に目標値に抑えることができるという，削減効果の確実性がそれである．一国排出権取引制度にもこの特徴は明らかに存在する．しかし，削減効果の確実性が利点といえるためには，いくつかの条件がある．

第 1 に，目標とする削減量（あるいは排出量といっても同じことだが）に十分な客観的根拠があるということである．地球温暖化問題では，大気中の温室効果ガスの濃度をいくらで安定化させるために，いつまでに世界の排出量をいくらに抑え，そのための日本の分担がいくらだから，その量を確実に達成しなければならないという根拠が必要である．京都議定書ではこの根拠が

あまりに弱かったので、日本に割り当てられた目標を確実に守ることの意義が小さくなってしまった。この点は次期の枠組みの課題である。

第2に、日本の排出量目標を確実に達成するためには、日本の排出全体を対象とする排出権取引制度でなければならない。EU の現在の制度のように総排出量の4割程度しか対象としない排出権取引制度では、その部門だけの排出量を確実に抑えても、他の部門で増えたら意味がなくなる。これから導入するのであれば、是非ともすべての CO_2 排出を対象とする制度にしなければならないだろう。それは可能である。EU の制度が大規模な CO_2 排出源だけを対象としているのは、監視の容易さからと思われる。小規模な排出者の多い民生・運輸部門を対象にするには、CO_2 の排出を規制するのではなく、排出につながる燃料の販売を規制すればよい。いわゆる上流型の排出権取引制度である。そうすれば、ほとんどすべての排出を規制できるだろう。効果の確実性をねらうのであれば、そうしない理由はない。

上流型の場合、燃料の販売に際して排出権の保有を義務づけることになるが、燃料販売者に排出権を無償配分するのは好ましくない。排出抑制効果は燃料需要の減退を通じて現れるが、需要減退は価格高騰によってしか起こらないから、無償配分された販売者が燃料価格上昇の利益を得ることは目に見えているからである。その利益を競売によって政府が吸収する必要があるだろう。電力も需要の抑制は電力価格の上昇を必要とするから、電力供給者に対して競売によって排出権を配分する必要があろう。しかし、エネルギー集約的産業へは、炭素漏出を起こさないために、相変わらず無償で配分しなければならないだろう。

こうして、燃料の販売または CO_2 の排出に際して排出権の保有を義務づける、一国の全排出量を対象にした排出権取引制度が出来上がる。そこでは、排出量は確実に目標以下に抑えられるだろう。その制度の下でどのような社会が実現しているだろうか。

2010 年代の日本で、2000 年代の排出量から 10％～20％ 減らした排出量にすることを目標としてこの制度が作られているとしよう。産業は最新の省エネ設備を導入し、また、利用できる再生可能エネルギーを導入し、民生・運輸部門も、知られている既存の技術および今後数年で実用化するであろう技

術を最大限利用すれば，この水準の排出量は達成可能であるとしよう．都市・農村の構造や交通体系や生活様式の大きな転換はまだ起こらないとしよう．

この社会で CO_2 排出削減に大きな寄与をすると考えられる再生可能エネルギーの中の太陽光発電が，排出権取引によって普及するとすればどういう状態が実現していなければならないかを考えてみよう．現在，太陽光発電は火力発電に比べて発電単価が高く，そのままでは競争力を持たないので，自然には普及しない．しかし，排出権取引で炭素に価格が付けば，既存発電の単価が上昇して太陽光発電が競争力を持つようになる．これが排出権価格の効果である．

NEDO の資料によれば，住宅用太陽光発電システムの設置費用は 2003 年で 69 万円/kW であった[2]．これから NEDO の算式に従って発電単価を計算すると，55 円/kWh となる[3]．平均的な家庭の電気料金を 21 円/kWh とすると，これが 34 円/kWh 以上上昇しないと，太陽光発電を設置することが経済的に有利にはならない．このような上昇は，電力会社にとって排出権保有に費用がかかることによって作り出されうるが，需要電力当たりの CO_2 排出量が 381g/kWh である[4] とし，電力会社が排出権費用をすべて電力価格に転嫁するとすれば，これだけの電力価格上昇を起こすのに必要な排出権価格は 89,000 円/t$-CO_2$ である．

近い将来，太陽光発電システムの設置費用が下がるとして，52 万円/kW 程度になれば，発電単価は 41 円/kWh に下がり，現在の電力価格が 20 円/kWh 程度上がるだけで，太陽光発電が競争力を持ちうる．その際に必要な排出権価格は 52,000 円/t$-CO_2$ 程度に下がるだろう．ちなみに現在の EU

---

2) NEDO，住宅用太陽光発電システム価格．http://www.nedo.go.jp/nedata/17fy/01/g/0001g001.html

3) 耐用年数 20 年，割引率 4%，年々の維持管理費は設置費の 1%，発電効率は 12% とすると，設置費用に $[0.04/(1-1.04^{-12})+0.01]/(365 \times 24 \times 0.12)$ をかけたものが発電単価となる（NEDO，太陽光発電システムの発電コスト算出法 http://www.nedo.go.jp/nedata/17fy/01/g/0001g003.html）．

4) 電気事業便覧から，2006 年の 10 電力会社の需要電力量 889,423GWh と，汽力発電用燃料消費，石炭 79,523,000t，重油 8,978,000kl，原油 6,120,000kl，NGL19,000kl，LNG38,178,000t，LPG446,000t を得て計算．

の排出権価格は 3000〜4000 円/t−CO_2 であるから,これでも現在の常識的な価格よりも 10 倍以上高い.電力料金の値上がりと排出権競売を通じて,年々 18 兆円のお金が,電力消費者から政府へと移転するであろう.

排出権保有は電力以外の直接エネルギー消費または販売にも義務づけられており,炭素排出のうち 6 割程度が競売での排出権取得を要求されるとすれば,燃料消費者から政府へのお金の移転は年間 34 兆円程度になる.これだけの新たな政府収入の増加があれば,財政問題の解決に大いに寄与するが,この増税相当物を実現するのは,政治的にはきわめて難しいだろう.

実際,この排出権価格によっても,太陽光発電がようやく競争力を持ちうる状態になるにすぎず,経済生活には慣性が働くし,初期投資の大きさは行動を変えることへの制約となるから,多くの人は太陽光発電を利用していないであろう.そうすると,少しばかりの節電を行いつつ,高い電力料金を払い続けるだけになるだろう.家計調査によれば,家計支出に占める電力の割合は 3% 程度だが,ガスその他の燃料に 2.5%,ガソリンに 1.9% 支出しているから,エネルギー関係支出の家計支出に占める割合は 7.4% で,これが排出権費用によってほぼ 2 倍になるわけである[5].もっとも,価格上昇はいくらかの節約を促すから,生活が 7% 苦しくなるとはいえないが,節約自体が我慢や労力を伴えば,それも生活水準の低下に違いないし,さらにエネルギー価格の上昇による他の商品の価格上昇も生活水準を低下させる.

何も太陽光発電が競争力を持ちうるまで電力価格を上げる必要はないのではないかと思われるかもしれない.太陽光発電への補助金とか,太陽光で作られた電力を高い価格で買い取る制度とかを入れれば,電力料金一般が 2 倍も上昇しなくても,太陽光発電は普及するのではないかと.確かにそのとおりである.太陽光発電システムの設置費用が 52 万円/kW に下がっていれば,25 万円/kW 程度の補助金で,太陽光発電は競争力を持つようになる.例えば,10 年間で 1200 万 kW の太陽光発電システムを導入する(400 万戸に相当)として,必要な補助金総額は 3 兆円であり,1 年当たりにすると 3000 億円となる.財源は増税でも電力消費者に負担させる仕組みでもいいが,年

---

[5] ちなみに,ガソリンからの CO_2 排出は 2.32kg−CO_2/l であるから,52,000 円/t−CO_2 の排出権価格なら,その転嫁によるガソリン値上げは 120 円/l である.

間3000億円の所得移転で，太陽光発電は導入されることになる．排出権価格が電力料金変動を通じて引き起こす所得移転の60分の1である．

　これが補助金政策の著しい特徴である．つまり，わずかの所得移転しか引き起こさずに，ねらいを定めた機器や技術を普及させることができるのである．自動車税のグリーン化なども同様の効果を持つ政策である．排出権価格で低燃費車を普及させるためには，ガソリン価格に大きな変動を起こすような価格が必要になり，それは所得の大幅な移転を引き起こすが，税の差別化ならわずかの所得移転で同じ効果を上げることができる．

　そうした補助金政策も税の差別化措置も他のあらゆる措置も総動員して対処しなければならないのが温暖化問題であって，排出権取引もその1つとして導入すべきであるという意見が聞こえてきそうである．それこそまさに予想された事態であるが，問わなければならないのは，他のあらゆる措置が総動員されているとき，排出権取引もまた用いられなければならないのかどうかである．

　省エネの規制もやり，製品の規制もやり，建築規制もやり，補助金による誘導もやり，自主的取組もやり，発電のエネルギー源の規制もやり，土地利用の規制もやり，資源価格の外的要因による高騰の効果にもいくらか期待した上で，さらに排出権取引を導入する意義はどこにあるだろうか．議論の今の段階では，効率性をあきらめた排出権取引制度を論じているのだから，効率性の利点は対象外である．

　個別規制や補助金政策では起こらなくて，排出権取引の下でなら起こる排出削減とは，個別規制や補助金による誘導がねらいを定めることのできなかった削減行動である．機器の購入による削減ならねらいを定めることができるが，購入した機器の利用にはねらいを定めることができない．消費者が購入する自動車の種類については，個別規制や補助金がねらいを定めることができるが，購入した自動車をどれだけ使うかをそれらの政策で行うことはできず，ここに炭素価格を用いた政策の意義があると思われる．

　排出権価格の存在による燃料価格の高騰が，自動車利用の抑制をもたらす場合は確かにあると思われる．長距離の旅行には鉄道を使うようになるとか，毎日の通勤に公共交通を使うようになるといった場合がその典型である．こ

れらはそれほど高くない排出権価格の下でも起こるだろう．しかし，こうした行動が起こるためには，自動車に代わる代替交通機関が存在していなければならない．それがない地域，あるいは極めて不便な地域では，自動車をやめたいと思ってもやめることができないのである．自動車をやめるには，個人的には転居や転職を必要とするし，政策的には都市構造と交通体系の転換を必要とする．これは長期の課題であり，排出権価格ではどうしようもない．価格メカニズムで自ずから効率的な都市が出来上がることはないということは，歴史が証明している．

他に，排出権価格の作用で起こりそうな行動に，自動車をやめて自転車を使ったり歩いたりするとか，掃除機を使わずに箒と雑巾で掃除するとか，洗濯機を使わずに手洗いにするとか，掃除や洗濯の回数を減らすとか，冷暖房を切って暑さ寒さに耐えるとか，暗い照明の下で生活するとか，冷蔵庫にできるだけものを入れないようにして空っぽのときはコンセントを抜いておくといったものがある．こうした行動は費用がかからないように見えるが実は費用がかかっている．それは化石エネルギーの人間労働による代替だからである．排出権価格の作用でそれが起こるのは，単位当たり労働費用あるいは時間の価値が排出権価格よりも安い場合である．単位当たり労働費用あるいは時間価値は人によって異なる．それが安い人とは貧しい人であり，それが高いのは豊かな人である．よって，経済合理的な行動を仮定する限り，排出権価格が化石燃料の人力による代替を起こすとすれば，所得の低い人から順にその行動をとるはずである．健康上の理由とか，生活信条といった経済外的理由から人間労働の支出を増やす金持ちもいるだろうが，それはこの社会の主流ではないから重視する必要はないだろう．

このような行動の中には，生活の中に深く根を下ろし，現代生活で当たり前のようになった行動をとりやめるということが含まれている．これはかなり悲惨なことと受け取る人も多いから，排出権価格が低い間は，きわめて貧しい人でなければ，そういう行動はとらないだろう．排出権価格が上がって生活水準が低下してきても，上の行動をとる前に，もっと贅沢な行動を先にとりやめて生活を切りつめるだろう．それはエネルギー節約行動とは限らない．上のようなエネルギー節約行動をとる段階では，平均的な生活水準の低

下はきわめて深刻な水準に達していると思われる．

　排出権価格が作用しなければ起こらない排出削減とはこのようなものである．このような行動が起こる前に排出権価格の高騰は社会問題になっているであろう．そして，価格高騰を抑える措置が導入されるであろう．それは，総排出枠を緩和するか，外国から排出権を買ってくるかどちらかである．排出権価格に初めから上限を設け，それに達すると無制限に排出権を発行するといった措置も同様の効果を持つ．要するに，排出量の確実な抑制という大目標の放棄である．

　排出量が減らなければ困るので，先に述べた個別規制と補助金による誘導などの「その他の対策」が大きな意味を持つようになる．実質的な削減は，これらの政策が担い，効かない水準に排出権価格を抑えられた排出権取引制度が残るであろう．産業界は無償配分によって守られ，その範囲での生産活動の自由は保証されている．その範囲で省エネ投資や再生可能なエネルギー利用への投資をして排出を減らしているであろう．しかし，ここでも，低く抑えられた排出権価格ではとても導入されないような排出削減策がとられているだろう．

7. 世界排出権取引制度

　最後に，「理想的な」世界排出権取引制度がもたらす社会を見てみよう．世界中のCO_2排出者（あるいは化石燃料販売者）が，活動に際して排出権の保有を義務づけられ，かつ，それを無償では配分されず，競売を通じて取得しなければならない．排出権価格は世界共通である．

　国と国との間には国内とは比べものにならない貧富の差が存在しているが，現在と同じような貧富の差が存在している世界を考えよう．貧富の差は所得または賃金の差によって捉えられ，所得または賃金の差は時間価値の差を意味する．そこに，世界共通の排出権価格が現れるのである．人が経済合理的に行動するならば，人間労働による化石エネルギーの代替を通じた排出削減は，貧しい所から先に起こるという，上で述べた事態は，国内とは比べものにならない明白さで現実のものとなるであろう．

世界で成立する排出権価格はとても高くて，貧しい国の人は手を出せないから，そのような地域で排出削減が進む．それは，貧しい国の人が，化石燃料を用いた豊かな生活から排除され続けることを意味する．貧しい国が豊かにならなければ，確かに温暖化防止は容易になる．排出権取引はその意味で「有効な」政策である．

ただし，排出権を競売して得た収入を貧国に与えることによって，いくらかの再分配をすることはできる．しかし，貧富の差を埋めるほどの再分配を先進国が認めるはずもなく，また，生産の基盤のないところに，成果だけの再分配を行っても真の豊かさは移転されない．そして，相変わらず時間価値が低ければ，排出権を購入することはない．

いずれにしても，貧富の差のある世界で世界排出権取引制度ができる可能性はきわめて小さいであろう．

8. むすび

2010年代に排出権取引制度を持つことの意義がどこにあるかを追究した．技術が変わらない状況で，化石燃料の消費をただ我慢させるという局面で，排出権取引制度はその効力を発揮するということが浮かび上がった．そうなるのには理由がある．もともとこの制度は，量の変わらない天賦の稀少資源を各用途にいかに割り当てるかを主題とする「配分経済学」の産物だからである．その理論は，その割り当てを価格の作用に委ねれば，純便益の最も大きい用途にその稀少資源が利用されるようになると教える．

自然に存在する資源でその枠組に最もよく当てはまるのは土地である．しかし皮肉にも，土地こそ，価格の自由な作用に委ねることによって，資源配分に最も失敗した財なのである．需要と供給とのちょっとした不均等によって価格が大きく変動した．それを防ぐためには土地の利用を計画の下におかなければならなかったのである．供給量が厳密に一定に維持される財は，需要のちょっとした変動によって価格が大きく変わりうる．そして，それは予測できない．

配分経済学は，一定の資源を効率よく各用途に割り当てるという機能を担

うものとして市場を見た.しかし,それは市場の機能のうちで,小さくて重要でない部分である.そして,現実の市場はその機能をあまりうまく果たしていないが,そのことはそれほど問題になっていない.自由な市場のもっと重要な機能は発見と創造である.物と物との,物と用途との新しい組み合わせを発見し,新しい欲望と必要性を作り出すという機能である.

環境問題では,市場の失敗の結果として問題が起こり,何が必要かは公共的意思決定によって市場の外から与えられる.デールズが述べたように,最も重要な決定は公共が行うほかなく,市場がその必要性を新しく発見する必要はない.必要性が定まり,それに向かって規制や補助金などの政策がとられたとき,それに対応する中に,自由な経済活動の余地があり,それが新しい技術を生むだろう.しかし,それを行うのに排出権という人工的な稀少資源の価格信号に頼る必要はない.その作用によって期待できるのは,微小な重要性しか持たない静学的効率性なのである.

参考文献

Arrow, K. J. (1970), "The organization of economic activity: issues pertinent to the choice of market versus non-market alloction," in Haveman, R. H. and Margolis, J. (eds.), *Public Expenditure and Policy Analysis*: Markham.

Coase, R. H. (1960), "The Problem of Social Cost," *Journal of Law and Economics*, **3**, pp. 1-44, reprinted in Coase, R. H. (1988), *The Firm, the Market, and the Law*: The University of Chicago Press(ロナルド.H.コース『企業・市場・法』宮沢健一・後藤晃・藤垣芳文訳,東洋経済新報社,1992年),pp. 95-156.

Crocker, T. D. (1966), "The Structuring of Atmospheric Pollution Control Systems," in H. Wolsozin, *The Economics of Air Pollution*, New York: W. W. Norton & Co., pp. 61-86.

Dales, J. H. (1968), "Land, Water and Ownership," *Canadian Journal of Economics*, **1**, pp. 791-804.

Hahn, R. and Hester, G. L. (1989), "Where Did All the Markets Go? An Analysis of EPA's Emission Trading Program," *Yale Journal on Regulation*, **6**, pp. 109-153.

伊東光晴 (1965),『近代価格理論の構造』新評論.

Lee, F. S. (1998), *Post Keynesian Price Theory*, Cambridge.

諸富徹 (2008),「排出量取引制度を擁護する——岡・赤木両氏の排出量取引批判に答

えて」『世界』780（7月号），pp. 204-214.
新澤秀則（1997），「排出許可証取引」植田和弘・岡敏弘・新澤秀則『環境政策の経済学』日本評論社，pp. 147-190.
岡敏弘（2006），『環境経済学』岩波書店.
岡敏弘（2007），「排出権取引の幻想」『世界』771（11月号），pp. 245-255.
岡敏弘・新澤秀則・植田和弘（2008），「排出権取引は幻想か――岡論文をめぐって」『世界』774（2月号）.
Tietenberg, T. H. (1980), "Transferable Discharge Permits and the Control of Stationary Source Air Pollution: a Survey and Systhesi," *Land Economics*, **56**, pp. 391-416.

第9章 環境保全型社会の構築と環境税

日引 聡

1. はじめに——地球環境問題の現状

　私たちは，今，さまざまな地球環境問題に直面している．その中で，最も大きな問題の一つが地球温暖化である．二酸化炭素，メタン，亜酸化窒素などが地球温暖化の原因物質であるといわれており，大気中のこれらの物質の濃度が高くなると，温暖化が進行し，気温上昇により，海面水位が上昇，豪雨の増加などにより洪水が増える一方で，干ばつ被害を受ける地域が拡大したり，酷暑やハリケーンの増加，農作物への悪影響，生物種の絶滅などの被害が発生すると考えられている[1]．

　二酸化炭素などの温室効果ガスは，私たちの生活や経済活動に関連して排出されるため，その排出量を減らすことは容易ではない．たとえば，車に乗ったり，食事を作ったりすると，ガソリンやガスを消費するため，二酸化炭

---

[1] 国連の気候変動に関する政府間パネル（以下では，IPCCと略称する）は，2007年に，第4次評価報告書（第1作業部会，第2作業部会，第3作業部会）を発表した．このうち，第1作業部会および第2作業部会による報告書によると，
　①21世紀末の平均気温は，現状のように化石燃料（石油，石炭，天然ガス）に依存し，高い経済成長を続けていくと，1980〜1999年と比較して，約4.0℃上昇する．
　②その場合，海面水位は，平均26〜59cm上昇する．
　③熱帯低気圧はより強いものとなる．
　④地域の平均気温が，1〜3℃を超えて上昇すると潜在的な食糧生産量は，減少に転じる．
　⑤平均気温が，1.5〜2.5℃を超えて上昇すると，植物および動物種の約20〜30％が絶滅するリスクが増加する恐れがある．
　⑥海面水位上昇によって，2080年までに洪水被害を受ける人口が，数百万人の単位で毎年増加していく．
　詳しくは，環境省（2007a）および環境省（2007b）参照．

素は排出される．エアコンを使ったり，テレビを見たりすると，電気を消費する．私たち自身が直接二酸化炭素を排出しているわけではない．しかし，火力発電所では，発電のために石炭や石油，天然ガスなどの化石燃料を燃焼させており，二酸化炭素が発生している．私たちは肉や米を食べる．このことは，温暖化を促進する要因となる．牛は呼吸によって多くのメタンを排出しているし，米を作る水田でも多くのメタンが発生しているからだ．

　私たちが購入する製品やサービスに目を向けてみよう．さまざまな製品を生産する過程で，多くのエネルギーが使われている．その多くは，石油，石炭，天然ガスなどの化石燃料である．たとえば，ジュースを入れている缶はアルミや鉄でできている．ボーキサイトというアルミの原料からアルミを精錬し，アルミ缶を作るまで多くのエネルギーが必要だし，鉄鉱石からスチール缶を作るのにも同様に多量のエネルギーが使われている．

　また，過去10～20年の間に私たちの生活は随分と快適になった．コンビニに行けば，常に品揃いがよく，数は少なくてもさまざまな種類の商品が置かれている．在庫がなくなってもすぐに充足される．宅配便では，一部の地域を除いて，ほぼ翌日配送になり，おまけに受け取りの時間指定までできる．しかし，このことにより，背後でより多くの二酸化炭素が排出されていることを忘れてはならない．コンビニでは，消費者のニーズに応えるために，常に在庫管理を行い，在庫が不足するとすぐ充足できる仕組みとなっている．そのために，商品を運ぶトラックは，積載できる荷物がいっぱいでなくても，各コンビニに商品を届けるために，荷物を運んでいる．荷物が注文でいっぱいになるのを待ってから，配送すると，輸送費用を抑えることはできるが，品揃えが悪くなり，消費者のニーズに柔軟に応えることができなくなるからだ．宅配便も同様で，時間指定というサービスを提供するためにトラックが荷物でいっぱいでなくても，配送している．輸送費用がかかっても，顧客によりよいサービスを提供することによって収益を高めることができるからだ．このように，私たちがより快適なサービスを受けることができるようになった背後では，より多くの二酸化炭素が排出されている．

　一方，私たちはこのような生産活動から所得を得ていることも忘れてはならない．経済が成長し，所得が増加することで，私たちの消費生活は改善し，

生活水準は向上しているのである．

　私たちが温暖化を防止しようとすると，多くの二酸化炭素やメタンガスの排出量を減らさなければならない．このことは，温室効果ガスをより多く排出するような製品やサービスの消費・生産を抑制しなければならないことを意味し，私たちの所得も影響を受けることを意味する．その影響は決して小さなものではない．しかし，このように，生活の質や所得をある程度犠牲にしたとしても，地球環境を保全しなければ，将来の世代が温暖化によって受ける被害は，今，地球保全のために私たちが犠牲にするもの（生活の質（快適性）や所得）に比べると，比べ物にならないほど大きなものになるといわれている．

　環境問題の解決に，技術開発が重要だと考える人は多い．確かに，生産工程に設置する汚染物質除去装置や省エネシステムの開発，太陽光発電や風力発電，電気自動車などの開発は，汚染物質の排出を削減する上で，重要な役割を担っている．しかし，いくら環境を保全するという観点から望ましい技術が存在しても，開発された技術の導入費用が高ければ普及しない．たとえば，太陽光パネルを屋根に設置し，従来の電力消費をまかなう場合を考えてみよう．この場合，太陽光パネルを設置することのメリットは，それによって従来電力会社から購入していた電力を購入する必要がなくなり，電気代を節約できるようになることにある．各個人は，このメリットが，太陽光パネルを設置する費用を上回るならば，設置するようになるであろう．しかし，太陽光パネルの設置費用は高いので，設置のメリットよりも設置費用のほうが高くなり，多くの人は，太陽光パネルを設置しない．このように，いくら社会的に望ましい技術が開発されたとしても，それが社会に普及しない限り，これらの技術は汚染物質の削減に貢献できない．このため，技術開発だけでは環境問題を解決することはできない．

　また，環境問題の解決には，環境意識の向上やモラルの向上が不可欠であり，環境教育や環境倫理の大切さを訴える人も多い．環境意識やモラルを向上させ，人々の行動を変えていくことを通して，環境保全をしていこうというものである．しかし，このような対策は本当に有効だろうか？

　確かに社会にモラルや環境意識の高い人や企業ばかりなら，自主的に環境

汚染を抑制するように行動する結果，環境問題は解決するかもしれない．しかし，現実には，自分の利益を度外視してまでも環境保全に取り組むような人や企業はほんの一握りではないだろうか．仮にモラルや環境意識の向上に成功し，それによって環境負荷の低減に成功したとしても，そのような社会では，遠い将来にわたって持続的により良い環境を保ち続けることは難しいのではないだろうか．過去50年の間に経済成長に伴って人のモラルは低下していると言われる．仮に一時期モラルや環境意識の向上に成功したとしても，それを中長期にわたって継続していくことは難しい．他人が汚染物質排出を抑制してくれれば，それによって生じる環境保全の利益は自分にも及ぶ．このため，自分は排出抑制の努力をせず，他の人の排出削減努力に「ただ乗り」することが可能である．このような行動をとる人や企業が少しでもいると，モラルや環境意識の高い人や企業の努力は，無になってしまう．このように，人や企業のモラルや環境意識に頼る社会を構築することは，モラルの高い人が大部分を占めると環境は良くなるが，逆に，低い人が大部分を占めると，環境が悪くなることになり，非常に脆弱な社会にしてしまう可能性が高い．

　人のモラルや環境意識が高いということは，より良い社会を構築していく上で，非常に重要な要素ではあるが，より持続的に環境保全的な社会を構築していくためには，モラルや環境意識の低い人や企業が多かったとしても，汚染物質を排出することが損になる社会システムを構築していくことが重要である．

　この章では，環境を守るためにどのような社会を作り上げていくべきかについて解説しよう．

2. 加害者はだれか？

　地球温暖化に限らず，さまざまな環境問題は，企業の生産活動から排出される汚染物質によって引き起こされる場合が多い．このため，環境汚染の加害者は企業であると考える人は多い．加害者は企業だけなのだろうか？　消費者に責任はないのだろうか？　確かに，直接汚染物質を排出するのは多く

の場合企業である．しかし，企業の生産は，最終的には，消費者の消費ニーズに起因している．企業は大別して，消費者が消費する財を供給する企業（以下では，最終消費財生産企業と呼ぼう）と，他の企業に原材料を供給する企業（以下では，中間投入財生産企業と呼ぼう）に分けられる．たとえば，食品を生産する企業は前者に相当する．また，鉄鋼やセメントを生産する企業は後者に相当する．食品を生産する企業は，そのために工場が必要となる．工場建設のためには，セメントや鉄鋼が必要となる．食品の需要が大きいほど，その生産のために多くの工場が建設される．その結果，セメントや鉄鋼の需要が大きくなる．このため，消費の増加は，最終消費財生産企業の生産だけでなく，中間投入財生産企業の生産も増加させる効果がある．このように考えると，すべての企業の生産活動は，直接的，あるいは，間接的に，消費者の消費活動によって起因しているといえるだろう．このため，消費者のニーズあるいは需要が企業の生産活動を通して，汚染物質を排出させているといっても過言ではない．その意味において，消費者は，間接的ではあるが，加害者としての側面を持っている[2]．

3. 汚染ゼロは最適か？

　環境を保全する場合，どの程度まで汚染物質の排出量を抑えればよいだろ

---

[2] 生産工程に，汚染物質除去装置などを設置すれば，生産をしても汚染物質の排出量を減らすことができる．それをしないのは，企業の意思決定であるから，生産者に責任があり，消費者には責任がないと考える人も多いかもしれない．しかし，汚染物質の除去装置をつけない企業から製品を購入している消費者は，企業が除去装置をつけないことによって利益を得ていることを忘れてはならない．汚染物質除去装置をつけると，企業の費用負担が増加するため，その一部は価格に転嫁される．逆に，汚染物質除去装置をつけていなければ，費用が安くすむので，その分価格は低くなる．消費者は，「低い価格で購入できる」という利益を受けているのである．近年，環境によい製品が市場に出回るようになった．しかし，「環境によい」製品であっても，その価格が「環境に悪い」製品と比べて，高ければ，多くの人は環境に悪い製品を選択するだろう．このように，私たちはより大きな費用負担を逃れようとして，環境に悪くても価格の低い製品を選ぶ傾向にある．企業は，このことを知っているため，多くの場合，規制で決められた水準を超えてまで，汚染物質を除去できるような装置を設置しない．このように考えると，やはり消費者にも，間接的ではあるが責任の一端があると考えるべきだろう．

うか？　環境保全に積極的な活動家の中には,「排出量ゼロ」を謳う人もある.また, 近年,「ゼロエミッション」(排出量ゼロ) をアピールした工場団地の建設が進められているケースもある. 社会全体で, 汚染物質の排出量をゼロにすることは, 果たして望ましいのだろうか？

　汚染物質の排出は, 環境を悪化させ, さまざまな人や自然に大きな被害をもたらす一方で, 社会に利益をもたらす側面があることを忘れてはならない. 生産のためにはエネルギーが必要で, そのために二酸化炭素などの汚染物質が排出されるのは避けられない. 言い換えると, 汚染物質の排出は, 消費や生産という利益を生み出す要因となっている. たとえば, 温暖化を防止するために, 二酸化炭素の排出量をゼロにすると何が起こるか想像してみれば明らかだろう. 私たちの生産活動や消費活動は, エネルギーの消費に大きく依存している. 二酸化炭素の排出量をゼロにするために, 化石燃料の消費をゼロにしなければならないとすると, 機械は使えず, 多くの生産活動は労働力に頼らなければならなくなる. このため, 生産性は大きく低下し, これまでの生産を維持することができなくなる. その結果, 私たちの生活水準は大きく低下することになる. また, 二酸化炭素の排出量をゼロにするために, すべてのエネルギーは太陽光発電や風力発電などによってまかなったとしても, 問題は生じる. 天気が悪かったり, 風が吹かないと, 発電できないため, 生産活動は天候に大きく左右される.

　このような不利益は, ただ単に豊かな消費生活を送れなくなるというだけではない. 人として健康な生活を送れなくなるという不利益も発生する. これが, 病院だったらどうだろうか. 治療中に電気が使えなくなり, 人命に重大な影響を及ぼすことは明らかである. ガソリンが使えなければ, 急病人やけが人が発生しても救急車を使うことができない. 今日までの生産活動を通して生み出された技術革新 (医療技術の発達, それを支えるさまざまな社会インフラなど) があるからこそ, 私たちの命がより安全となり, 健康な生活を送れるようになったことを忘れてはならない. このように考えると, 汚染物質を排出することによって可能になる生産活動や消費活動が社会にもたらす利益の側面を軽視することはできない.

　汚染物質の排出量をゼロにするということはどういう意味を持つだろう

か？ 排出量をゼロにすることは，環境保全という利益をもたらす一方で，生産を極端に抑制し，消費の利益や生産の利益（最終的には，配当などを通して私たちの所得となる部分）を大きく損なう．このため，環境保全の利益が増加しても，その増加が消費の利益（健康的な生活を送ることのできる利益なども含む）や生産の利益が大きく減少する場合には，そのような環境保全は望ましくない．私たちの利益は，よい環境の下で生活するという利益（環境利益）と消費・生産活動から得られる利益（消費・生産の利益）から構成される．このため，一方だけの利益を確保することは，必ずしも利益全体（環境利益と消費・生産の利益の合計）を大きくすることにならず，むしろ低下させてしまう可能性も高いのである．したがって，できるだけ大きな社会全体の利益を実現するためには，環境問題が深刻にならない程度に汚染物質の排出を許容し，消費の利益や生産の利益を確保することが重要だといえる．このことから，環境保全を考えるとき，両者が調和するような水準にまで，汚染物質を抑制することが望ましいということになる．もちろん少量の汚染でも人命や人々の健康に大きな被害をもたらすような場合には，排出量をゼロにすることが望ましいことはいうまでもない．環境を保全することによる利益が，そのために抑制する消費や生産の利益を上回るからである．

では，どのようにすれば消費や生産の利益と環境の利益が調和するように排出量を抑制できるのだろうか？[3]

4. なぜ環境は守られないのか？——外部費用の存在と市場の失敗

自分たちの消費活動や生産活動が環境を汚染し，自分に不利益が生じるとわかっているにもかかわらず，なぜ人々や企業の環境保全の取組は十分でなく，環境は汚染され続けるのだろうか．社会の仕組みに問題はないのだろうか？

生産者や消費者が自分の生産活動や消費活動によって環境を汚染し，それによって，自分を除く他の企業や人に及ぼす被害の費用を外部費用と呼ぶ．

---

[3] より理論的な解説として，日引・有村（2002）が参考になる．

この外部費用には，健康被害によって発生する医療費やさまざまな物質的費用だけでなく，それによって受ける精神的な苦痛などの不利益（慰謝料的なもの）も含まれる．たとえば，喫煙によって生じる煙が他人の健康を損なわせる原因となった場合，それによって発生する医療費や精神的な苦痛，病欠によって失われる所得などは，外部費用の代表的な例である．ただし，この場合，自分自身が健康を害することによって自分に発生する費用などは外部費用に含まれないことに注意しよう．

通常，消費者や生産者は，自分の消費活動や生産活動を通して被害（外部費用）が発生したとしても，他人に及ぼした被害（外部費用）を補償することはない．もし外部費用を補償しなければならないとするとどのようなことが起こるだろうか？

以下では，企業が製品を生産する際に排出する二酸化炭素によって，温暖化が起こった場合を例に，この問題を考えよう．

企業がある製品やサービスを生産するとき，それによって社会に生じる費用（社会的費用という）とは何だろうか？　企業が生産を行うためには，投入した原材料や労働，設備，土地などの費用がかかる．これは，企業自身が負担する費用（以下では生産費用と呼ぼう）であるが，社会全体に発生する費用は生産費用だけではない．企業は生産に伴って温暖化を引き起こすため，それによって発生する外部費用も生産に伴って発生する社会的費用の一部である．したがって，社会的費用は，企業の生産費用と温暖化の被害によって生じる外部費用を足し合わせたものになる．温暖化が起こると，海面上昇，洪水やハリケーンの増加による災害の増加，干ばつによる水不足や農作物への被害，酷暑による健康被害，農作物への悪影響などの被害が発生する．これらの被害によって生じる費用が外部費用である．

いま，企業は自らの生産によって引き起こした分の外部費用を被害者に補償しなければならないものとする．企業が外部費用を被害者に補償するということは，社会的費用を負担しながら生産活動を行うことを意味している．このように，企業が生産に伴って外部費用も負担するならば，それを負担しなかった場合と比べて企業の総費用負担が大きくなるため，そのことを反映して，製品やサービスの価格が高くなるだろう．そうすると，そのような製

品の需要が減少するため，企業の生産は減少する．その結果，二酸化炭素の排出量は減り，温暖化の被害は縮小する．このことを逆に考えると，企業が外部費用を負担しなければ，負担する費用が低くなるため，価格も低くなる．その結果，製品の需要が大きくなり，企業の生産が増加し，二酸化炭素が過剰に排出される．

企業が外部費用を負担するということは，企業の生産だけでなく，汚染物質の排出抑制行動にも影響を及ぼす．二酸化炭素の排出量を減らすためには，石炭から石油や天然ガスへ転換したり，石炭などの化石燃料から太陽光発電や風力発電のような自然エネルギーの利用に転換するなど，より炭素含有量の少ない燃料あるいは二酸化炭素を排出しないエネルギーの利用を促進すればよい．あるいは，省エネ投資を行って，生産工程でのエネルギー効率を引き上げることによって，生産量あたりのエネルギー投入量を減らせばよい．ただし，このようなことを行うためには，余分な費用がかかる．

その一方で，企業は，二酸化炭素排出量を減らせば，負担しなければならない外部費用（補償額）は減少する．したがって，省エネ投資などのように二酸化炭素の排出量を減らすために費用が生じても，それによってより多くの外部費用を減らすことができれば，企業は，外部費用（補償）の負担を減らそうとして，クリーンエネルギーの使用や省エネ投資などに積極的になる．この結果，二酸化炭素排出量は減少し，より環境によい製品が供給されるようになる．

逆に，企業が外部費用を負担する必要がなければ（補償する必要がなければ），二酸化炭素の排出を抑制することによって，外部費用を低めることは企業にとって得策ではない．このため，わざわざ追加的な費用を負担して二酸化炭素排出を抑制しようとはしないであろう．

このことからわかるように，企業が外部費用を負担せず，生産費用しか負担しないことが，過剰生産および過剰消費を引き起こし，汚染物質の排出量を減らすような生産工程を構築するインセンティブを弱める結果，汚染物質の排出量を過剰にし，環境汚染の被害を深刻化させる要因となっているのである．

同様のことが，消費者が消費活動によって外部費用を発生させている場合

にも当てはまる．たとえば，自動車利用によって生じる二酸化炭素や窒素酸化物の排出によって，温暖化や大気汚染などの環境汚染が生じる場合がこれに相当する．消費者は自動車を利用するために，自動車の購入や燃料の購入などの費用を負担する一方で，さまざまな便益を受けている．このとき，もし自動車の利用によって生じる外部費用，すなわち，排出される汚染物質（二酸化炭素や窒素酸化物（NOx））による環境汚染の被害費用を消費者が負担しなければならないとすると，消費者はどのような行動をとるだろうか？[4]

　鉄道やバスなどの公共交通機関が利用可能な場合には，それらを利用するなどして，極力自動車を使うのを控えるようになるだろう．また，燃費の悪い大型車を購入する代わりに，燃費のよい小型車を購入しようとするだろう．なぜなら，燃費がよいほど，同じ距離を走った場合の汚染物質の排出量が少なくてすむため，負担する外部費用（汚染による補償額）が少なくなるからである．日本では，まだまだ，ハイブリッド車の普及率は低い．これは，同等の性能・快適性を持つ車と比較して，高燃費による燃料費用節約効果というメリットがあっても，車体価格が高いというデメリットがそのメリットを上回るからである．しかし，外部費用を負担しなければならなくなると，より多くの人がハイブリッド車を購入するようになるだろう．車体価格が高かったとしても，ハイブリッド車に乗ることによって排出量を大幅に減らすことができ，負担しなければならない外部費用を減らすことができるので，ハイブリッド車を購入することが得になるようになるからである．同様のことが電気自動車にも当てはまる．現在，電気自動車は車体価格が高いことや，充電時間が長かったり，一度の充電で走れる距離が短いなどの不便さが壁となって普及していない．しかし，外部費用を負担しなければならないとすると，従来の車を購入した場合の費用負担が外部費用の分だけ増加するため，相対的に電気自動車を選択することのメリットが大きくなり，電気自動車はより普及するだろう．

　さらに，自動車メーカーは，快適性の高い車の開発より，燃費のよい車の

---

[4]　自動車を利用する外部費用について，より詳しくは，宇沢（1974）が参考になる．

開発，環境負荷の少ない車の開発に，これまで以上に積極的になるだろう．なぜなら外部費用の負担によって消費者のニーズがそのように変化するからである．現在，自動車は排ガス規制が課せられている．しかし，外部費用の負担によって消費者のニーズが，より環境負荷の低い車に向けられると，メーカーは現在の排ガス規制値を大きく上回っても，よりクリーンな自動車を開発し，販売することに積極的になるだろう．

　もう一つ重要なことは，外部費用を負担すると，たくさん自動車を利用する人ほど，すなわち，環境を汚染する人ほど環境負荷の低い車を購入するインセンティブが高くなるということである．年間の走行距離の長い人ほど，燃費のよい車や排気ガスの少ない自動車を購入することによるメリットが大きくなるからである．たとえば，通常の自動車を利用すると，その利用によって，年間外部費用を20万円発生させている場合を考えよう．この車より50%燃費のよい車を購入すると，それによって排出量が半分になるので，生じる外部費用は10万円だけ低下する．このため，この人は自動車を10年間使用した場合，利子率を無視すると，100万円分の外部費用（補償額）を減らすことができる．したがって，通常の自動車より100万円ほど高かったとしても，この燃費のよい自動車を購入する利益は大きくなるのである[5]．

　このような効果は，渋滞のひどい大都市ほど大きくなる．なぜなら渋滞がひどい大都市では，そうでない地域で走行する場合と比較して，同じ自動車でも実際の燃費は大きく低下するからである．仮に，燃費が20%低下した場合，同じ距離を走行したとしても，排出量が20%増加するため，渋滞のひどい地域では，発生する外部費用が20%増加する．このため，通常の自動車を使用した場合の年間の外部費用は12万円になり，燃費のよい自動車を使用した場合の年間の外部費用は6万円となる．その結果，10年間燃費のよい自動車を使用することによって減らすことのできる外部費用（補償額の支払）は120万円となり，渋滞のない地域で走行した場合よりも大きくな

---

5) この他，燃料消費量も半分になるので，燃料費用も半分になるというメリットもある．このため，実際には，価格が100万円＋（燃料費用節約分）だけ高かったとしても，燃費のよい車を買う利益は大きい．しかし，以下では，説明を簡単にするために，燃料費用の節約効果については無視することにする．

る．以上から，仮に燃費のよい自動車の車体価格が通常の自動車より110万円高かった場合，渋滞のない地域で走行する人の場合，燃費のよい自動車を購入しないかもしれないが，渋滞のひどい地域で走行する人の場合，燃費のよい自動車を購入するメリットがデメリットを上回るため，そのような自動車を購入することになる．

このようにして，消費者が外部費用を負担しなければならない場合，多くの外部費用を発生させている人ほど，環境負荷の小さい自動車を選択するようになるのである．

しかし，実際には，企業や消費者が自主的に外部費用を支払うことはない．このため，現在の市場経済システムでは，環境を保全する十分なインセンティブを企業や消費者に与えることはできず，過剰な汚染物質が排出され，環境問題が深刻化するだけで終わる．このことを，市場の失敗と呼ぶ．

5. 環境税を導入した社会システム構築の必要性

これまでの説明からわかるように，企業や消費者に外部費用を負担させることが，環境を保全していく上で重要なカギである．しかし，現在の市場経済のシステムは，企業や消費者に外部費用を負担させる仕組みになっていない．したがって，何らかの政策が政府によって実施されない限り，民間の自助努力だけで問題を解決することはできない．そのためのカギとなる政策は，環境税である．環境税とは，汚染物質の排出者に対して，汚染物質排出量に応じて課される税金をいう．温暖化を例にすると，化石燃料の消費量に応じて二酸化炭素が排出される．このため，二酸化炭素を対象とした環境税（このような環境税を炭素税ともいう）を導入した場合，二酸化炭素を2倍排出する企業は総額で2倍の環境税を支払わなければならなくなる．このとき，汚染物質の排出量1単位あたり（たとえば，二酸化炭素1トンあたり）の環境税の水準を外部費用に対応して設定することによって，企業が外部費用を負担した場合と同じ効果を引き出すことができる．具体的には，汚染物質の排出量を1単位増加させることによって増加する外部費用に等しい額を環境税として設定すればよい．

第9章 環境保全型社会の構築と環境税

このように環境税という税制度は、外部費用の直接的な発生者（企業や消費者）に対して、強制的に外部費用と同じ額の費用負担を強いることによって、前節で説明したように、外部費用を負担した場合と同じ効果を企業や消費者に与えることができる制度なのである。この場合、環境税という費用を負担するのは、汚染物質の発生者だけではない。環境税が生産者に課された場合、環境税の一部は製品価格に反映されるので（このことを価格転嫁という）、直接汚染物質を排出しない消費者も価格転嫁を通じて、環境税の一部を負担することになる。

先にも述べたように、消費者は直接汚染物質を排出しなくても、間接的に汚染者としての側面を持っている。環境税は、価格転嫁のメカニズムを使って、環境汚染の直接的な原因者だけでなく、間接な原因者に対しても、費用負担という形で環境汚染の責任の一端を負わせるという機能がある。

では、環境税を導入すると社会はどのように変化するだろうか？ 温暖化対策としての炭素税を例として取り上げよう。ただし、炭素税は二酸化炭素の排出段階、すなわち、燃料が燃焼された段階で課されるものとする[6][7]。

---

[6] 二酸化炭素の排出量の把握は、硫黄酸化物や窒素酸化物などの排出量の把握と異なり、容易である。化石燃料の燃焼によって発生する二酸化炭素は、燃料に含まれる炭素分に比例して発生する。したがって、各企業が、どの燃料をどれだけ消費したか（あるいは、購入したか）という情報さえ政府が保有していれば、容易に排出量を計算でき、工場の煙突から出てくる排出ガスの成分をわざわざ分析する必要はない。硫黄酸化物や窒素酸化物の場合は、燃料の消費量だけから計算することはできないので、注意を要する。硫黄酸化物や窒素酸化物の場合には、生産工程から出てくる排ガスを除去する技術が存在するため、どのような装置を設置しているかによって、排出量が変わってくるからである。

[7] 代替的な方法として、化石燃料の輸入および生産段階で課すという方法もある。二酸化炭素の排出量は、燃料に含まれる炭素分に比例して発生する。このため、原油、天然ガス、石炭に含まれる炭素含有量に応じて課すという方法である。この場合、発生段階で課す場合と比較すると、炭素税の納税者は異なる。すなわち、発生段階で課す場合には、燃料を燃焼させる人が発生量に応じて納税することになる。しかし、輸入および生産段階で課す場合には、化石燃料の輸入業者あるいは国内の化石燃料生産者が炭素含有量に応じて納税することになる。このように、どの段階で課税するかによって納税者は異なるが、経済全体に及ぼす影響やさまざまな企業・消費者の負担に及ぼす影響は同じである。なぜなら、輸入・生産段階に課した場合、燃料価格は課税によって上昇するため、燃料を使って生産する製造業者などは、炭素税を直接支払わなくても、燃料価格上昇という形で費用負担が増加するからである。また、二酸化炭素の発生段階にかけた場合、炭素税のない場合と比較すると、化石燃料に対する需要は減少する。なぜなら化石燃料を使うことによって企業に発生する費用負担が炭素税によって増加するため、燃料

石炭より石油，石油より天然ガスのほうが炭素含有量が少ないため，燃焼したときの二酸化炭素の排出量は，石炭がもっとも多く，次いで石油，天然ガスの順となる．このため，炭素税を導入すると，燃料の価格が低い石炭よりも石油や天然ガスを利用することが相対的に有利になる．したがって，石炭から石油，あるいは，石油から天然ガスへの燃料転換を行う企業が増えるであろう．また，化石燃料の代わりに，太陽エネルギーや風力などの自然エネルギーなどの利用にこれまで以上に積極的になる企業も現れるだろう．さらに，省エネ投資をより積極的に行い，生産工程におけるエネルギー効率を上げることによりエネルギー消費量を減らそうとするだろう．さらには，省エネ技術やクリーンエネルギーの技術に対する企業のニーズは大きくなるため，その開発に成功すれば大きな利益を得ることができるようになり技術・研究開発に積極的になる企業も出現するだろう．また，炭素税を含むガソリンの価格が上昇するため，製品を輸送する費用が大きくなる．このため，輸送費用をできるだけ抑制するために，トラック1台あたりの積載効率を上げたり，新規に工場の立地を考えるときに，製品の需要地に近いところに立地し，輸送距離を短くするようになるだろう．このようなプロセスを経て，企業の生産システムは低環境負荷型へ移行していく．

　一方，消費者の行動はどのように変化するだろうか？　炭素税が導入されると，電気，ガソリン，ガスなど光熱費の価格が上昇する．このため，家電製品を購入する場合，エネルギー効率の高いものを購入しようとするだろう．電気代が高くなれば，無駄な電気をつけることもなくなるだろう．また，電力消費量の多い家庭では，太陽光パネルを屋根に設置するようになるかもしれない．燃費のよい自動車や電気自動車に対するニーズも大きくなるだろう．ガソリンの価格が高くなると，積極的にカーシェアリングをするようにもなる．先にも説明したように，できるだけ自動車を利用せずに，歩いたり，自転車を使ったり，公共交通機関を使うようになる．同じ製品でも，エネルギ

の消費量を削減しようとするからである．この結果，輸入業者や国内燃料生産者は燃料需要の減少に直面する．同様にして，輸入・燃料生産段階で炭素税を課した場合，燃料の需要者（すなわち，燃料を生産に投入して，二酸化炭素を排出する人）の燃料需要も低下する．炭素税を含む燃料価格が上昇するからである．

ー消費の少ない生産プロセスで生産された製品のマーケットシェアが増加するだろう．なぜならエネルギー消費の多い生産プロセスで生産された製品は，課税される炭素税が高いので，製品価格が高くなってしまうからである．このように，二酸化炭素の排出に対して課税することにより，人々は，環境に関心があるなしにかかわらず，エネルギー消費を節約したり，エネルギー消費の少ない製品を購入するようなライフスタイルに変えていくようになる．

最後に，日本全体の産業構造はどうなるだろうか？　炭素税を課されることによって，エネルギーを節約することに対する社会的なニーズは大きくなる．その結果，製造業，とくに，エネルギーを多量に消費する産業の生産量は相対的に減少する可能性は高い．その反面，エネルギー消費を抑制するような製品・技術・サービスに対する需要が伸び，いわゆる，環境産業と呼ばれるような産業では，大きく生産が伸びるだろう．その結果，長期的には，日本の産業構造は，エネルギー多消費な産業構造から，エネルギー消費の少ない産業構造へとシフトしていき，環境保全型の産業構造ができあがる．

以上の説明からわかるように，環境税（あるいは，炭素税）は，企業の生産構造や消費者のライフスタイルを環境保全型へ移行させ，産業構造自体も環境低負荷型に移行させる機能を持つ．この結果，これらの3つのプロセスを経て，社会全体が，エネルギー節約的で環境低負荷型の社会に導かれる．

6. おわりに

環境問題の解決に，技術開発が重要な役割を果たす．しかし，いくら環境を保全するという観点から望ましい技術であっても，開発された技術の導入費用が高ければ普及しない．社会的に望ましい技術であっても，それが社会に普及しない限り，これらの技術は汚染物質の削減に貢献できない．

また，人々や企業のモラルも重要である．しかし，環境問題の重要性がわかっていても，それが環境保全という行動につながらない限り，問題の解決は遠い．人々や企業のモラルだけに頼るような社会システムの下では，一部のモラルの高い人や企業の負担だけが大きくなり，それ以外の人が，他人の努力にただ乗りしようとする誘因が常に存在している．このような誘因が存

在する限り,環境問題の根本的な解決に至ることは難しい.

 私たちが,持続的に環境保全型の社会を作り上げていくためには,環境に悪い技術の普及が抑制され,環境によい技術が普及するような社会システムを構築していくこと,また,モラルの高い低いに関係なく,環境を汚染する行動を抑制するインセンティブを人々や企業に与えることが重要なポイントとなる.そのために,消費者や企業が,自分の消費活動や生産活動から生み出す外部費用を負担する仕組みを作り上げていくことが,大切である.環境税は,企業や消費者に外部費用を負担させる役割を果たしているのである.

 環境税の導入は,私たちの負担を大きくする.しかし,それは将来の環境汚染の被害によって発生する費用負担を抑制するための投資であることを忘れてはならない.

参考文献

日引聡・有村俊秀 (2002),『入門 環境経済学——環境問題解決へのアプローチ』中央公論新社.

環境省 (2007a),「気候変動に関する政府間パネル (IPCC) 第4次評価報告書 第1作業部会報告書(自然科学的根拠)の公表について」. http://www.env.go.jp/earth/ipcc/4th_rep.html

環境省 (2007b),「気候変動に関する政府間パネル (IPCC) 第4次評価報告書第2作業部会報告書(影響・適応・脆弱性)の公表について」. http://www.env.go.jp/earth/ipcc/4th_rep.html

宇沢弘文 (1974),『自動車の社会的費用』岩波書店.

第10章 地球温暖化問題と技術革新
―― 政府と市場の役割 ――

有 村 俊 秀

1. はじめに

　地球温暖化問題は，自然環境に大きな影響を及ぼす．そして，その自然にもたらされる変化は，人類の生活・経済活動に，甚大な被害をもたらすと予想されている．その被害を回避するために，我々はさまざまな対策をとらなければならないことは周知の通りである．

　それでは，どのようにして，地球温暖化問題の対策をしていくべきだろうか？ 温室効果ガス削減につながるようなライフスタイルの変更を求めるような声も聞こえるが，対策としては技術革新に期待するところが大きい．これは，温暖化対策に熱心なヨーロッパでも，それほど熱心でもなかった米国でも同様である．では実際，具体的にはどんな技術が期待されているのだろうか．第2節では，現在期待されている温暖化対策技術を概観する．

　技術革新については，二つの見方がある．一つは，市場が技術革新をもたらすという考え方である．需要があって技術革新が促進されるというものである．この場合，主要な研究開発の主体は民間企業になる．もう一つは，研究開発が技術革新をもたらすという考え方である．この場合，民間企業だけではなく，政府など公的機関にも大きな役割が期待される．第3節では，温暖化対策の技術革新を，研究開発の段階と開発された技術の普及の段階とに分け，それぞれについて，公共部門の役割，技術政策について考察する．

　温暖化対策の議論において，技術革新への期待が大きいのは確かである．特にブッシュ政権下の米国では，温室効果ガス排出の削減を目指す政策は行わず，技術革新のみによって温暖化問題に対応しようとしてきた．このように，温室効果ガス排出抑制政策を行わずに，新しい技術革新を待っていれば

よいのだろうか？ 第4節では，環境政策と技術革新についての実証研究を紹介しながら，温室効果ガス排出抑制と技術革新の関係を議論する．

なお，本章では，技術を直接の対象とする政策を技術政策と呼ぶこととする．これに対し，温室効果ガス排出削減を直接目指す政策を温室効果ガス排出抑制政策と呼ぶことにする．研究開発の補助などは前者に当たり，炭素税や国内排出量取引などが後者に相当する．

2. 温暖化対策技術

地球温暖化問題は，一つの革新的技術で解決されるわけではない．さまざまな技術を適切な地域で，適切なタイミングで用いることによって初めて温暖化問題に対処できるようになるであろう．

地球温暖化の現象を抑制させるための技術は，二つに分類できる．第1に，温室効果ガス排出を削減する技術が挙げられる．この技術はさらに，エネルギーの需要に関する技術と，供給側に関する技術に分類できる．需要側の技術は，既存の化石燃料の消費量を削減するための技術である．省エネルギー技術ともいえる．一方，供給に関する技術というのは，化石燃料に比べて温室効果ガスの排出が少ないエネルギーを供給する技術である．

第2の対策技術は，発生した温室効果ガスを大気中から取り除くという技術である．例えば森林管理による二酸化炭素の吸収源（シンク）の拡大はこれに当たる．さらに，化石燃料の燃焼時に発生する二酸化炭素を排ガスから隔離し，地中や水中に留める回収・貯留技術と呼ばれるものまである．

本節では，国・地域によって，期待される技術が異なることに配慮しながら，これらの技術について概説する．なお，紙面の制約から，レビューする技術の種類は限定的であることをお断りする．

2.1 エネルギー需要に関する技術──省エネルギー技術

省エネルギー技術（以下，省エネ技術）とは，既存の石炭，石油，天然ガスの従来の化石燃料を使いながらも，エネルギー効率の改善により，エネルギー利用の減少に貢献する技術である．化石燃料を用いる発電所の発電効率

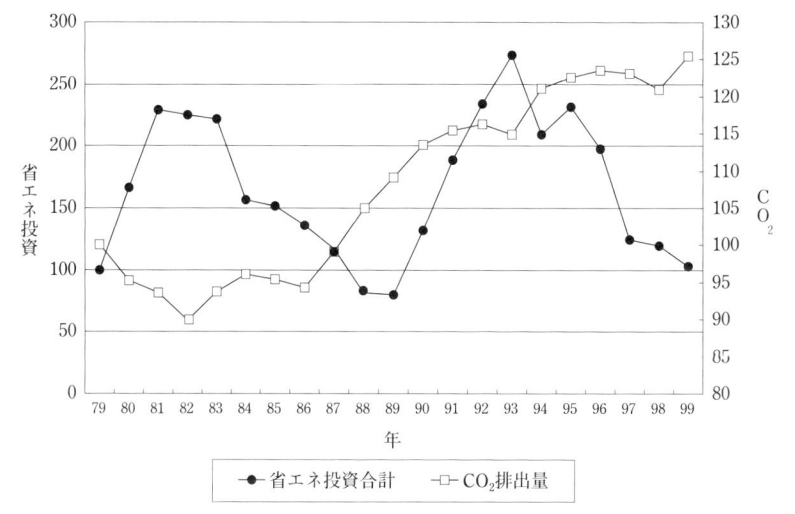

図10-1　省エネ投資と二酸化炭素排出量

出所：省エネ投資は設備投資調査（経済産業省），CO_2排出量はエネルギー経済・統計要覧．

の改善は，必要な化石燃料を削減する省エネ技術である．発電所以外でも，工業炉やボイラーなどの化石燃料を用いる機械にも省エネ技術は存在する．

省エネ技術は，温暖化対策においても重要な役割を果たすと期待されている．例えば，Pacala and Socolow（2004）は，エネルギー効率と省エネ技術によって，現在の炭素排出量の7分の1に相当する10億トンの削減が可能であるとしている．

日本における省エネ技術の導入を，省エネ投資額によって調べてみよう．図10-1には，日本経済における省エネ投資額と，二酸化炭素排出量の推移を示した．どちらの値も，1979年を100として基準化した．

このグラフには，1980年代初めに，省エネ投資が急増したことが示されている．そしてそれに反応して，1983年まで二酸化炭素の排出量が減少していることが示されている．省エネ投資は，温室効果ガス削減に効果的なのである．

その後，省エネ投資は1989年まで落ち込むが，1993年まで再び急激に増加する．しかし，この間，二酸化炭素排出減少はわずかである．そして

1993年以降,省エネ投資は再び減少し,二酸化炭素の排出量も漸増傾向にあることが分かる.この1990年代の動きは,省エネ投資の効果は温暖化対策として十分ではなく,今後さらなる省エネ投資の必要性があることを示していると考えられる.

80年代前半に二酸化炭素の排出量が抑制されたのは,工場における省エネ投資が化石燃料使用の削減に貢献してきたことを示していると考えられる.しかし,90年代以降の二酸化炭素の排出増加は,製造業ではなく,自動車に代表されるような輸送部門や,民生部門(家庭やオフィスビル)からの排出の増加によるところが大きい[1].したがって省エネ投資の効果が表れにくいのである.

今後,輸送部門や民生部門での省エネ技術の普及が必要となっていくだろう.民生部門では,エネルギー効率のよいビルや住宅の普及が期待される.家電も,さらに効率のよい製品の開発と普及が期待される.

京都議定書の目標基準年である1990年に比べ,輸送部門の二酸化炭素排出量は増加している.しかし,自動車燃費の改善に伴い,最近では輸送部門からの二酸化炭素排出が減少してきている.この背景には,ガソリン自動車の燃費改善に加え,ハイブリッド車の登場がある.ハイブリッド車とは,電気モーターとガソリンエンジン(あるいはディーゼルエンジン)を持つ自動車である.ガソリンの効率が悪い低速では電気モーターで走り,高速ではガソリンエンジンで走行する.その結果,従来のガソリン車に比べて燃料消費量が大幅に改善したことで知られている.このハイブリッド自動車に代表される燃費の改善も,エネルギー需要に関する技術革新である.しかし,今後さらなる燃費の改善と,高燃費車の普及が必要である.

ガソリン価格の高騰も手伝って,米国でもハイブリッド車は人気である.しかし,米国では近い将来の技術として,プラグイン・ハイブリッド車が注目を浴びている.プラグイン・ハイブリッドは,従来のハイブリッド車と異なり,自動車をコンセントにつないで充電する.その分,電気による走行距離が増加し,二酸化炭素排出も減少すると期待されている.ガソリン代より,

---

1) 環境省総合環境政策局環境計画課編(2006)「環境統計集」参照.

電気代の方が安くなるといこともわかっている.特に日本に比べて電気代の安い米国では期待が高い.ただし現状では,充電池の値段が高く,課題となっている.

2.2 エネルギー供給に関する技術──再生可能エネルギーを中心として

温暖化対策には,エネルギー供給に関する技術革新も必要となる.ここでは再生可能エネルギーを中心に紹介しよう.化石燃料に代わるエネルギー源として期待されている再生可能エネルギーは,太陽光発電,風力発電,水力発電,地熱発電,バイオマス燃料などである[2].再生可能エネルギーの多くは,価格が高く実用的でない,あるいは普及しにくいという背景がある.したがって,これら再生可能エネルギーの供給技術に対する革新が必要となってくるのである.

再生可能エネルギーとしての太陽エネルギーには二つの利用の仕方がある.一つは太陽光の熱を利用した温水器である.これは,既に,かなり普及している.もう一方は,太陽電池によって発電する太陽光発電である.太陽光発電もかなり早い時点から新エネルギーとして期待されてきた.価格が普及の妨げとなってきたが,当初に比べると価格は低下してきた.図10-2は,1993年から2002年にかけての太陽光電池の価格の推移と,累積導入量を示したものである.この10年間だけでも価格は5分の1に下がり,それに呼応するように普及も進んでいることがわかる.

日本の太陽光発電の発電容量は世界一といわれるが,電力全体に占める割合はまだ低い.日本の全発電容量3646万kWの2.3%を占めるに過ぎない.その原因は価格である.化石燃料発電やその他の発電に比べて,依然,コストが3～4倍高い.さらなる普及のためには,一層の価格低下が必要である.

米国より日本で太陽光発電の普及が進んでいる背景には,電力価格の違いもあると考えられる.例えば2002年における家庭用の電力料金は,日本で17.4セント/kWh[3]であるのに対し,米国では,8.5セント/kWhである.

---

[2] これらのエネルギーのより詳細については,(財)日本エネルギー経済研究所計量分析ユニット (2004)「改訂版図解エネルギー・経済データの読み方入門」などを参照.
[3] (財)日本エネルギー経済研究所計量分析ユニット (2006).

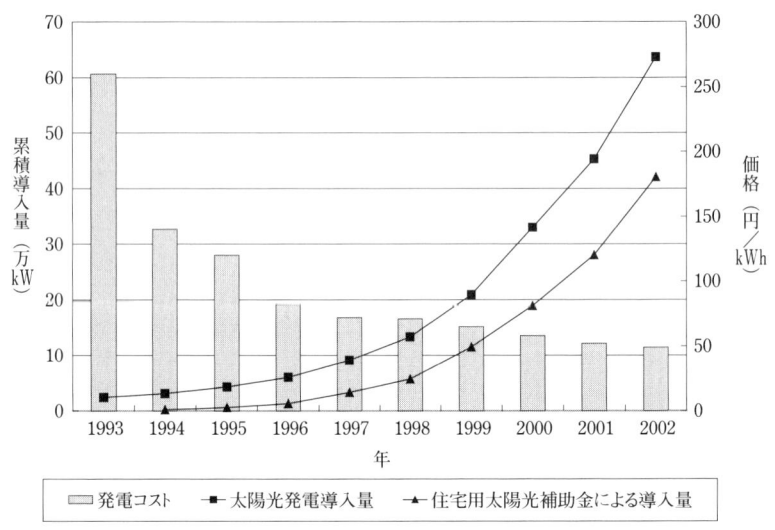

図10-2 太陽光電池の普及

当然,日本では太陽光発電を導入するインセンティブは高くなる.このように,一つのエネルギーが持つ潜在能力は,それぞれの国,地域で異なってくるのである.

　米国で大いに期待されているのはバイオマス燃料である.バイオマスとは,生物起源の資源である.燃焼すると二酸化炭素が発生するが,その二酸化炭素は光合成により大気中から吸収したものである.バイオマスが植物の成長などにより再生産される限り,原則として,燃焼前後で大気中の二酸化炭素の増加はない.バイオマス燃料には,木材燃料,廃棄物などが占める割が大きいが,近年,エタノールが大きな注目を浴びている.ブラジルでは,さとうきびから精製されたエタノールが利用され,米国では,とうもろこしから精製されたエタノールの生産増加が著しい.そしてこのエタノールがガソリンに混入されて使用され,温室効果ガス排出削減に貢献しているのである.

　しかし,エタノールが全く温室効果ガスを出さないわけではない.エタノ

---

4) http://www.nef.or.jp/photovolataicpower/joukyou01.html

ールの製造過程では様々なエネルギーを用いるからである．つまり，厳密に温室効果を把握するためには，製造過程から使用まですべての過程を分析する必要がある．このような分析のことを，ライフサイクル分析という．エタノールによる温室効果ガスの排出は，ガソリンに比べ20％削減程度というライフサイクル分析の報告もある．

ブラジルや米国では，温暖化対策とエネルギー自給率向上の観点から期待されているエタノールではあるが，日本では趣が異なる．日本におけるエタノールのライフサイクルの二酸化炭素排出を計算したある研究報告[5]によると，温室効果ガス削減につながらない可能性があることが示されている．日本では，米国やブラジルと異なり，とうもろこしや，さとうきびが十分にあるわけではないことも一つの問題であろう．これも，ある国や地域で望ましい新しいエネルギーが必ずしも他地域で上手くいくとは限らないことを示している．

もっとも米国でも，最近では，より二酸化炭素効率の高いセルロース性エタノールの開発に向けて政府が力を注いでいる．セルロース性エタノールは，作物の茎葉や廃木材などを原料にして作られる．この場合，ガソリンに比べて温室効果ガスが80％削減されるといわれている（Kopp, 2006）．

風力発電や地熱発電は温暖化問題解決に貢献する一方，景観破壊という新たな環境問題を引き起こすことも多い[6]．水力発電も，温室効果は小さいが，環境破壊など環境負荷が大きい．これらの発電は温暖化対策として一定の効果を持つだろうが，その容量には限界があるであろう．

再生可能エネルギーではないが，燃料電池は，温暖化対策として大いに期待されている．水素と酸素の化学反応によって生じるエネルギーから電力を取り出すのが燃料電池である．水素の燃焼の結果，発生するのは水だけであり，環境負荷が低い．しかも発電効率が高く，温暖化対策の技術として大変期待されている．燃料電池を用いた燃料電池自動車の研究も盛んである．大気汚染物質を発生しないので，大気汚染対策としても燃料電池自動車は期待できる．

---

5) トヨタ自動車(株)・みずほ情報総合研究所（2004）．
6) (財)日本エネルギー経済研究所計量分析ユニット（2004）．

燃料電池も燃料電池自動車も潜在的な効果は大変大きいと考えられるが，現状では値段が高く普及に至っていない．さらに，燃料の水素の確保，供給が課題である．特に，燃料の水素供給には，エネルギー投入により温室効果ガスが発生することにも留意が必要である．費用対効果の高い水素の供給方法も課題である．既に実用段階のエタノールや太陽光発電と異なり，実用まで中長期的な視野が必要である．

2.3　CO_2 回収・貯留技術

空気中の温室効果ガスの濃度を抑制するために，二酸化炭素の回収・貯留技術と呼ばれている新技術も注目されている．これは，化石燃料燃焼時に発生する温室効果ガスが大気中に放出されないように吸収し，それを地中や海中に固定するという技術である．

二酸化炭素の回収・貯留技術の研究開発は米国や欧州で盛んである．米国では，二酸化炭素の3分の1は発電所や大規模工場から発生している．そのため，二酸化炭素の回収・貯留技術が低コストで安全に利用できるようになれば大幅な温室効果抑制につながる．また，米国の発電量の半分は，国内石炭によって供給されている．この技術が利用できるようになれば，数百年は持つといわれる国内石炭を利用しながら温暖化対策もできるようになる．

米国ではエネルギー省を中心にこの技術の研究開発が進められている．現在の技術では炭素1トンあたり150ドル程度[7]かかるといわれて費用を，10ドル以下にしようというのが彼らの目標である．一口に，二酸化炭素の回収・貯留技術といっても，二酸化炭素の回収・分離，輸送，貯留というように，さまざまな段階に分類できる．実際に石炭発電所の排煙中の二酸化炭素の量は10〜12%に過ぎず，これをより高濃度に凝縮して捉える必要がある．

回収した二酸化炭素を貯留する方法にもいくつかの種類がある．一つは海洋隔離という方法である．深度数千メートルの海中に二酸化炭素を貯留する方法である．2つ目は，地中貯留という方法で，地中に二酸化炭素を圧入し，

---

[7]　http://fossil.energy.gov/programs/sequestration/capture/

長期にわたって貯留を行う方法である．日本では地下 1000 メートル程度の地中が考えられている．また，炭層固定といって，石炭層に二酸化炭素を吸着させる方法も研究されている．この場合，石炭層にあるメタンガスが押し出され，それを有効利用できるのではないかと期待されている．

このように期待の大きい技術であるが，課題も多い．固定化された二酸化炭素は，100 年以上にわたって固定化されていなければならない．そのような長期間にわたる管理を確実に行えるかどうかは，難しい課題である．例えば地中貯留の場合，二酸化炭素を地下に固定した土地の所有者は，土地の売買を自由に行えるのだろうか？ また，固定化するには膨大な土地が必要になるかもしれない．米国のように国土の広い国では，比較的容易かもしれないが，日本やヨーロッパの国土の小さい国では難しいだろう．さらに，仮にそのような広い土地があっても，所有者が複数になって，契約も難しいかもしれない．

さらに環境影響の問題も不確実性を伴う．二酸化炭素の固定化は，地底か海中で行うわけであるが，大量の固定化を行う場合，自然環境への影響が懸念されている．例えば地中に貯留した場合，地下の生態系に影響を及ぼすかもしれない．地下で二酸化炭素が吸収されたとき，地下の重金属や有害物質を移動させ，飲料水に影響を及ぼすかもしれない．地形を隆起させてしまうかもしれない．また，最終的には，地上に二酸化炭素が放出され，それまでの努力が無駄になってしまうかもしれない（Wilson et al., 2003）．

二酸化炭素の回収・貯留技術は，長期の管理の問題，環境影響の問題を考えると，普及まで障害が多い．エタノールや太陽光発電のように既に実用化されている技術と異なり，中長期的な視野を持って取り組むべき技術である．

3. 温暖化対策技術の革新と政府の役割——技術政策

本節では温暖化対策の技術革新と政府の役割を考察する．最初に研究開発，次に普及における政府の役割，技術政策を考察する．

3.1 研究開発と政府の役割

はじめに，技術革新の第一段階である新技術の開発における市場と政府・公共部門の役割を考えてみよう．温暖化対策技術の研究開発を担うのは，政府なのだろうか，それとも市場経済（民間企業）なのだろうか？ここ数年の傾向として，これまで公共部門で提供されてきたサービスが，民間企業に解放されることがしばしば行われてきた．しかし，市場に任せるだけでは，温暖化対策のための技術革新は十分には進まないのである．

これには大きく二つの理由がある．第1に，地球温暖化問題が，経済学における外部不経済（負の外部性）[8] といわれる市場の失敗の一例だからである．市場経済は，さまざまな面で効率的な社会制度だと考えられているが完璧ではない．市場経済はしばしば失敗するのである．その一例が，外部不経済といわれる現象である．たとえば，電気が石油で発電された場合，二酸化炭素が排出される．しかし，その二酸化炭素がもたらす将来の温室効果の被害額は，電力価格に反映されていない．この価格に反映さていない部分を外部費用，あるいは，外部不経済という．市場そのものには，外部不経済である地球温暖化問題を自動的に解決するメカニズムはないのである．特に，温暖化問題の場合，原因である世代と被害を受ける世代が異なるため，外部性の問題がさらに複雑になる．どうしても公共部門の介入が必要となるのである．

第2に，研究開発そのものの性格が，公共部門の介入を必要とする．新しい技術は開発されると，開発者以外も恩恵を受ける．開発に成功しなかった企業や国も，開発された新しい技術を比較的容易に習得・模倣できる可能性があるからである．対価を払わずに（つまり市場を経由しないで）技術を模倣することが可能なので，これも市場の失敗の一つであると考えられる．ただし，研究開発のもたらす市場の失敗は，他の人にとって望ましいので，正の外部性といわれる．温暖化問題が負の外部性を持つのとは対照的である．

正の外部性を持つということは，社会的に望ましいようなことだが，残念

---

8) 外部不経済のより理論的な定義については，日引・有村（2002）などを参照．

な結果ももたらす．研究開発は大変時間とお金のかかる営みである．企業が研究開発投資を行うのは，新技術が開発されれば，その売上から費用が回収されると見込むからである．しかし，新しく開発された技術は，他の企業に容易に模倣されてしまう可能性がある．そうだとすると，企業は，十分な利益を得られないことを恐れて，研究開発に十分なお金をかけない可能性が出てくるのである．「誰かが温暖化対策技術を開発してくれれば，それを簡単に利用できる」と皆が考えるようになると，誰も技術開発に取り組まなくなる可能性がある．これは，一種のフリーライダー（ただのり）の問題である．

政府が研究開発に寄与すべき理由は他にもある．企業は，短期的に利益になる技術の開発には積極的になるが，長い時間を必要とする技術の研究開発には慎重になる傾向がある．温暖化対策に貢献するような技術は，開発に長い時間がかかることが予想される．また，研究開発は成功するとは限らない．失敗の可能性の高い技術の開発に多くのお金と時間を費やすことには，企業の経営者は積極的になりにくいだろう．二酸化炭素の貯留・回収技術の開発は，このような理由で民間が簡単には取り組めない顕著な例であろう．以上の理由により，民間企業の温暖化対策の研究開発活動は，社会的に望ましい水準を下回ると考えられる．したがって，政府あるいは公共部門も，研究開発活動を推進・補助することが望ましくなる．

政府の関与の仕方はいくつかある．まず，政府が自らの研究所で研究を行う場合である．たとえば，初期の太陽光電池の開発は，政府が積極的に新技術開発に寄与してきた例である．

また，多くの国で，民間の研究開発に補助金を出したり，研究開発費の支出に対して税制上の優遇を与えたりすることが行われている．

政府やその他の公共部門が共同研究をコーディネートする場合もありえる．コーディネートの結果，複数の民間企業がお互いの技術と知識を提供し合ってあらたな製品が開発されることもある．たとえば，省エネ技術である高性能工業炉は，このようにして成功した開発例である（有村他，2006）．

新技術が開発された後に，実用段階で予想されるリスクも，民間企業が研究開発に躊躇する大きな理由になるだろう．2.3節で示したようにさまざまな法的な整備がなければ，二酸化炭素の貯留・回収技術は，実用には至らな

い．したがって，このようなリスクに対して法的な制度を整備することにより，民間企業が研究開発に参入する可能性は高くなると考えられる．これも研究開発を促進するための政府の役割である．

ただし，技術政策が成功するとは限らないことにも留意が必要である．たとえば，政府が適切な研究プロジェクトを選択できるかどうかは明らかではない．数年前のロケット打ち上げ失敗では，政府の研究支援に対する批判も出された．

国の補助金によって研究開発が社会的に望ましい水準まで増加する保証もない．企業は補助金を受けた分だけ，自らの研究費を減らしてしまうかもしれないからである．もともと補助金なしでも実施されたであろう研究開発を行うのに，補助金が利用される場合もあるかもしれない．

以上，関与の仕方にさまざまな注意が必要ではあるが，研究開発において国の果たす役割が大きいのは事実である．しかし，技術革新の普及の段階においては，民間部門の役割が大きくなっていく．これを次に説明する．

3.2 技術の普及と政府の役割

技術革新の2段階目である普及において，顕著な阻害要因は価格である．新技術の価格が高ければ普及は難しいであろう．しかし，新技術の値段が低下したとしても技術が望ましい水準まで普及するとは限らない．導入段階においても市場の失敗や，新技術普及のさまざまな阻害要因があるのである．エネルギー技術も例外ではない．投資費用を省エネによる燃料費削減で回収することが可能であるようなる場合でも，（少なくとも短・中期的には）省エネ技術がなかなか導入されていないことが知られている．これを Jaffe et al. (2002) はエネルギー・パラドックスと呼んでいる．以下にこの理由を説明しよう．

第1に，新技術の生産費用に関する学習効果がある．ある製品を生産する際，初期段階では費用が高くても，生産者が経験を積むにつれ，生産技術に習熟し，その費用が低下する傾向が見られる．これが学習効果である．たとえば，太陽光電池の価格は，過去10年で大幅に低下した（図10-2）．このように，新エネ技術・省エネ技術が初期導入時に価格が高くても，その生産

に学習効果がある場合，多くの人がその技術を導入すれば，結果的にその製品の価格が低下するのである．もし，値段が下がることを期待して，みなが他の企業や家庭が技術を導入するのを待つようになれば，新技術の普及が遅れるだろう．したがって，政府が新技術の導入にあたって補助をし，普及促進をすることが正当化される．このような普及の補助策は，普及のスピードアップを通じて生産を増加させる．すると，学習効果によって生産費用の低下が進み，さらに普及が促進されるという望ましい循環をもたらすことも重要な点である．

実際に太陽光発電の導入にあたっては，政府は長い間補助金を出してきて，普及に成功している．日本の太陽光発電容量は世界一である．米国の場合も，エタノールの普及のために1ガロン（約3.785リットル）あたり50セントという補助金を出している．これも，学習効果や技術革新による価格低下を促進するという点において，正当化される．

第2に，新技術導入過程に対するスピルオーバー効果・学習効果の存在がある．新技術を導入するのは，リスクを伴う難しい作業である．導入する側は，新しい技術について学ばなければならない．そして，導入にあたって，既存設備にさまざまな調整が必要なことが多い．この調整過程では，既に技術を導入した先行の企業から，後続の企業がその調整の仕方について得ることが大きいと考えられる（学習効果）．もし，他の企業が技術導入をしたことにより，自らの導入過程での調整を簡単に行えるのであれば，今すぐに新技術を導入する必要はない．このように考えるようになると，多くの企業が他の企業が新技術を導入するのを待つようになる可能性がある．これも市場の失敗の一例である．そこで，先発企業の技術導入が経済的なメリットを持つように政策を導入することで，技術の普及をスピードアップすべきである．

第3に，企業や家計の資金繰り（流動性制約）の問題が挙げられる．省エネ技術がもたらす燃料費削減により，長期的に導入費用が回収できるとわかっている場合でも，その資金を用意できないことが少なくないのである．実際，新技術導入の投資費用と，それによってもたらされる省エネによる費用削減を比較した場合，人々が前者を重要視することが知られている（Jaffe et al., 2002）．つまり，何年かの燃料節約で投資費用が回収されるとわかっ

ていても，人々はなかなかその技術を導入しない傾向があるということである．資金繰りの問題（流動性制約）が重要な要因であると考えられる．特に，中小企業ではこのような事例が見受けられるといわれている．有村ら (2006) は，高性能工業炉導入における流動性制約の問題を指摘している．政府・公共部門がなんらかの形で援助することが社会的に望ましい．

第4に，企業の持つ技術レベルの問題がある．新しい技術に対応する技術の知識・熟練がなければ，最新技術は導入できない．温暖化の国際的な議論では，しばしば発展途上国での技術導入が問題になることが多いが，先進国においても中小企業は同様の問題を持つ可能性が高いと考えられる．有村ら (2006) は，高性能工業炉導入におけるこの問題を指摘している．企業の持つ技術レベルと技術導入の間にある補完性は無視できないのである．このことは，公共部門が技術的援助を行うことの必要性の根拠となっている．

最後に，ロックイン・エフェクトが，技術普及の阻害要因になることがあることを指摘しておこう．ロックイン・エフェクトとは，既にある技術や製品が普及し，新しい技術に移ることが難しい状態をいう．温暖化の文脈でロックインの例を示そう．燃料電池車は水素を燃料とするため，燃焼後も二酸化炭素は発生せず環境に優しい自動車である．現在，値段が高く，ガソリン自動車に対して競争力は持たないが，仮に車両価格が下がったとしても，その導入は容易ではないと考えられる．これまで，先進諸国は，自動車の燃料（ガソリン）が安価に供給されるように供給システムを構築してきた．多くの企業が，ガソリンの供給システムに投資してきたため，そう簡単にガソリンスタンドを捨て，水素スタンドを設立することはできないというのである．これはロックイン・エフェクトの一つである．このように既存技術の普及が，新技術の普及の阻害要因になりうるのである．この場合も政策によって，新技術の普及促進が必要となるだろう．

以上，技術政策の重要性を示したが，政府の関与の仕方にも留意が必要である．本節で示した最初の二つの理由は新技術導入に政府が補助金を出すことの必要性を示しているが，補助金には実際上注意すべき点がある．新技術の価格が十分に低下したら補助金を停止すべきであるが，現実的には政治経済的理由で簡単に補助金を打ち切れない場合がある．たとえば，米国のエタ

ノールのケースで考えると，エタノールの生産費用の低下に伴い，補助金を早く終了すべきだという声も大きい（Kopp, 2006）．しかし，政治的な理由により，いったん開始された補助金の打ち切りは容易ではないようである．

また，新技術・省エネ技術導入に対する補助金のフリーライダーの問題も看過できない点である．省エネ技術の導入の対象である企業や家計は，通常，三つのグループに分類することができる．第1に，資金力，技術力があり政府の補助なしでも新技術を導入できるグループがある．先に紹介した図11－2は，補助金を受けないで太陽光発電を設置した家庭が多数あることを示しており，彼らは第1グループに属すると考えられる．第2グループは，補助金があればなんとか新技術を導入する（つまり，補助金がなければ技術導入は行えない）グループである．第3グループは，補助金を助成されても，全く技術導入ができないグループである．このグループは，長期的な経営の問題など根本的な問題を抱えていると考えられる．

補助金の有効利用のためには，第2グループに補助金を与えるべきである．第1グループで補助金を受け取っている企業や家計は，補助金に一種のフリーライドをしていると言え，このグループへの補助金の効果はゼロである．彼らは補助金無しでも技術導入を行えるからである．しかも，通常，補助金の総額は限られていて，第1グループに補助金を与えることは，第2グループの補助金受給を減らすことになる可能性が高い．このためにも第2グループに補助金を集中するべきであるが，潜在的な対象者から第2グループのみを探し出すことは難しく，現実の政策でどう対応していくべきか課題が残る．

また，次節で紹介するように，技術の「勝ち組」を政府が見極めることは難しいことにも留意が必要である．次節の例が示すように，特定の技術を補助金の対象としても，人々はその技術を導入しないかもしれない．あるいは，誤った技術を補助対象とすることにより，本来普及されるべき技術が普及しないかもしれない．したがって，特定の技術を補助金の対象とすることには危険が伴う．むしろ，特定の新技術を補助対象とするのではなく，温室効果ガス排出削減量に応じて補助金を出すなどの工夫が必要であり，今後の課題である．

4. 温室効果ガス排出抑制策と技術革新

これまで技術革新における技術政策の重要性を説明した．それでは，公共部門が研究開発を促進し，技術普及政策を行うだけで温暖化問題に対応できるのだろうか？　米国のブッシュ政権が行ってきたように，温室効果ガス削減に貢献すると考えられる技術の開発に資金・補助金を提供していれば，それでよいのだろうか？

本節では，炭素税や国内排出量取引等の温室効果ガス排出抑制政策が，温暖化対策の技術革新に及ぼす影響を考察する．温暖化問題政策の事例はまだ蓄積されていないため，以下では環境問題全般の事例[9]にも依拠しながら，この問題を考察しよう．

4.1 温室効果ガス排出抑制策と技術の普及

温暖化問題解決の技術革新を促進するためには，技術政策を行うだけではなく，温暖化対策の技術の需要（市場）を創造することが必要である．そのためには，温室効果ガスの削減義務を消費者や企業に負わせるか，あるいは炭素税や国内排出量取引のように二酸化炭素を削減するようなインセンティブを企業や家計に与えることが必要である．たとえば，炭素税が導入されれば，石油火力発電の費用上昇が大きく，太陽光発電の価格上昇は小さい．その結果，相対的に太陽光発電の魅力が増し，太陽光発電の導入が進む可能性が高まる．そのことを見越した企業は，ますます太陽光発電の技術革新に資金を投入する．そして，太陽光発電の価格低下はさらにスピードアップし，普及が進むであろう．このように，適切な温室効果ガスの規制は，温暖化対策技術の需要を増加させ，温暖化対策技術の普及を促進するのである．

4.2 温室効果ガス排出抑制策と研究開発

炭素税や国内排出量取引のような温室効果ガス排出抑制政策は，技術普及

---

[9] 有村（2006）に環境政策が技術革新に及ぼす，その他の事例も紹介されている．

に貢献するだけではなく，温暖化対策の研究開発も促進するとも考えられる．このことは，より広い環境政策の文脈で指摘されている．Jaffe and Palmer (1997) は，米国の実証分析を行い，環境規制は研究活動を活発にするということを示した．温暖化対策の場合でも，同様の効果が期待される．

それでは，ただ温室効果ガス排出抑制策を厳しくすればよいのだろうか？実は，温室効果ガス排出抑制策はどのような規制でもよいというわけではない．環境規制は，直接規制といわれるような柔軟性の低い規制と，炭素税のように，企業や人々に高い柔軟性を与える規制に分類できる．柔軟性の低い規制というのは，汚染削減をするための技術を指定するような規制である．たとえば，ガソリンにエタノールの含有を義務付けるような政策がブラジルや米国の一部では行われているが，これは企業に他の選択肢を与えないという直接規制である．一方，柔軟性の高い規制というのは，炭素税や排出量取引のように，規制を受ける側が規制遵守手段を自由に選択できる規制である．

Popp (2003) は米国で行われた二酸化硫黄排出規制の事例を通して，柔軟性の高い規制の重要性を明らかにした．米国では，従来，二酸化硫黄対策として，新しい発電所には脱硫装置という技術の利用を義務付けていたが，1995 年に国内排出量取引を導入した．同研究は，柔軟性の高い規制（国内排出量取引）を導入した後のほうが，脱硫装置の技術革新が促進されたことを明らかにした．

二酸化硫黄の排出削減には，脱硫装置の設置の他，硫黄分の多い高硫黄石炭から硫黄分の低い低硫黄石炭への燃料転換の技術という手段もある．排出量取引の導入は，この燃料転換技術と脱硫装置との間の競争を促進し，脱硫装置における技術革新をもたらしたのではないだろうか．このように，柔軟性の高い環境規制は，技術間の競争を促し，技術革新を促進すると考えられる．

これを温暖化対策の文脈で考えてみると，炭素税・国内排出量取引に代表されるような柔軟性の高い政策が，温暖化対策の技術革新を促進しやすいということであろう．特定の技術やエネルギーを指定しない柔軟な規制のほうが，技術間の競争を促進し，研究開発も促進されるのである．

規制的手段のもう一つの問題点は，どの技術が「勝ち組」になるか，事前

に予測することは難しいということである．直接規制は間違った技術を選択してしまうかもしれないのである．誤ったインセンティブを与えて，失敗した米国の事例を Gillingham et al. (2006) から紹介しよう．米国では，ゴールデン・キャロット・プログラムと呼ばれる政策があった．馬ににんじん（キャロット）を与えてやる気を起こすように，メーカーに金銭的なインセンティブを与えて，燃料効率の高い製品の開発・普及をしようという取り組みであった．特に有名なプログラムは，1990年代前半の高性能冷蔵庫プログラムと呼ばれた取り組みである．電力会社が，消費者の消費電力を抑制するために，電器メーカーに高性能の冷蔵庫の開発・普及を促進しようとしたものである．電力会社は，電器メーカーに新型の高性能冷蔵庫の開発と販売促進計画を提出させ，競争させた．14社が入札し，そのうちワールプール社を選んだ．電力会社は，この新製品に1台当たり120ドルのリベートを用意した．しかし，この高効率の冷蔵庫は期待に反してあまり売れることはなかった．失敗の原因は，誤ったサイズの商品の開発であった．ワールプール社は，新型開発にあたって，大型の高級冷蔵庫を選んだ．競争入札において，1台あたりの省エネ量が大きい冷蔵庫を優先するという方針がとられたからである．大型の冷蔵庫のほうが，小型よりも省エネ量は大きいため，大型機種の開発を選択したのである．その結果，同社の開発した新型冷蔵庫は市場で売られているものの平均に比べ，30%も容量の大きい冷蔵庫だったのである．そのような大型の冷蔵庫を購入する消費者は少なく，販売も苦戦したのである．

この事例は，炭素税や排出量取引といった価格メカニズムを利用せずに，新技術の基準を任意に設定し，誤った技術開発を誘導した失敗例である．炭素税や国内排出量取引が導入されていれば，メーカーは市場で売れるであろうサイズの中から，温室効果ガス排出の少ない冷蔵庫の開発をしていただろう．この事例は技術開発において「勝ち組」を選択することの難しさを表すと同時に，柔軟な規制により，市場で「勝ち組」を選択させることの重要性を表している．

また，最近では，OECD 7カ国での調査を用いて，柔軟性の高い規制に直面する企業で，環境関連の研究開発が盛んなことを示す研究報告もある

(Arimura et al., 2007)．炭素税や排出量取引のような柔軟性の高い規制が，より技術革新を促進すると考えられるのである．

それでは，仮に，炭素税を導入するとして，技術革新を促進するためには炭素税額をどの程度に設定するべきであろうか？　炭素税の導入は技術革新を促進するので，いくらでも高い炭素税を導入すればよいのであろうか？

炭素税を高く導入すれば，温暖化対策の研究開発が盛んになるであろう．しかし，温暖化対策の研究開発の機会費用を無視することはできない．人々が温暖化対策の研究開発に資源を集中することにより，その他の研究開発が犠牲になる可能性があるのである．たとえば，Popp (2004) は，省エネ関係の研究開発は，その他の研究開発を犠牲にして行われたことを明らかにしている．温暖化，省エネに特化した研究開発の補助は，より生産的な他の研究開発を阻害してしまうかもしれないのである．適切なレベルの炭素税，あるいは国内排出量取引が必要なのである．

5. 結　論

本章では，温暖化対策に必要とされる技術革新の考察を行った．はじめに，さまざまな温暖化対策技術を紹介し，一つの技術が問題を解決するのではなく，多様な技術がさまざまな国で，さまざまなタイミングで用いられるだろうことを紹介した．

次に，温暖化対策の技術革新において公共部門と市場が果たす役割を考察した．そして，政府が二つの政策を実施する必要があることを説明した．第1に，政府は，研究開発および技術普及の技術革新の二局面において，技術政策を実施しなければならない．しかし，政府の研究開発，技術普及への関与には問題もあり，効率的な政策の実施には，まだ克服しなければならない課題も多い．

第2に，温暖化対策の技術革新のためには，技術政策だけではなく，温室効果ガス排出抑制政策が必要である．温暖化排出ガスを抑制する政策は，直接的には技術革新に影響はないように見えるかもしれないが，民間の研究開発を促進するだろう．さらに，抑制策があって初めて，適切な規模の温暖化

対策技術の需要が生まれる．温暖化対策の技術革新には，技術政策だけでは十分ではなく，温室効果ガス排出抑制政策が必要なのである．

また，温暖化対策には甚大な費用が避けられないため，効率的に技術革新を促進する必要がある．そのためには，温室効果ガス排出抑制政策は，技術間の競争を促す柔軟性に富む政策が有効である．政府が技術政策によって事前に技術の「勝ち組」を予測することは難しく，市場が「勝ち組」を選ぶようにすることが重要である．

柔軟な温暖化対策の中でも，炭素税や国内排出量取引がもっとも有効な政策手段であると考えられる．これらの政策手段は，価格メカニズムを通じて技術革新の適切なインセンティブを与えることができるからである．今後の温暖化政策の制度設計にこのような技術革新の視点が取り入れられることに期待したい．

謝　辞

本章の作成には，安部フェローシップによる研究助成を得ている．また，データ入手において，上野貴弘氏，岩田和之氏，児玉小百合氏にご協力いただいた．ここに謝意を記す．

参考文献

有村俊秀（2006），「環境政策論のフロンティア」『環境経済・政策研究の動向と展望（環境経済・政策学会年報　第11号）』東洋経済新報社，pp. 41-54.

Arimura, T. H., A. Hibiki and Nick Johnstone（2007），"An Empirical Study of Environmental R & D : What Encourages Facilities to be Environmentally-Innovative?" A chapter in *Environmental Policy And Corporate Behaviour*, Edited by Nick Johnstone: Edward Elgar Publishing, pp. 142-173.

有村俊秀・岩田和之・原野啓（2006），「省エネ法の効果分析ならびに高性能工業炉に関する諸政策の効果分析」財団法人政策科学研究所編［2006］『平成17年度経済産業省委託調査　平成17年度国際エネルギー使用合理化基盤整備事業（地球温暖化対策の費用対効果に関する政策評価調査）報告書』，pp. 54-76.

Gillingham, K., R. Newelland and K. Palmer（2006），"Energy Efficiency Policies: A Retrospective Examination," *Annual Review of Environment and Resources*, Vol. 31, pp. 161-192.

日引聡・有村俊秀（2002）『入門 環境経済学』中央公論新社．

Jaffe, A., R. Newell and R. Stavins (2002), "Environmental Policy and Technological Change," *Environmental and Resource Economics*, Vol. 22, pp. 41–69.

Jaffe, A. and K. Palmer (1997), "Environmental regulation and innovation : a panel data study," *The Review of Economics and Statistics*, Vol. 79, pp. 610–619.

環境省総合環境政策局環境計画課編 (2006)『環境統計集』ぎょうせい.

Kopp, R. (2006), "Replacing Oil : Alternative Fuels and Technologies," *Resources*, No. 163, pp. 15–18.

Pacala, S. and R. Socolow (2004), "Stabilization Wedges : Solving the Climate Problem for the Next 50 Years with Current Technologies," *Science*, 305 (5686), pp. 968–972. August 13, 2004 and its Supporting Online Material.

Popp, D. (2003), "Pollution Control Innovations and the Clean Air Act of 1990," *Journal of Policy Analysis and Management*, 22(4), Fall, pp. 641–660.

Popp, D. (2004), "ENTICE : Endogenous Technological Change in the DICE Model of Global Warming," *Journal of Environmental Economics and Management*, 48(1), pp. 742–768.

トヨタ自動車株式会社・みずほ情報総合研究所 (2004)「輸送用燃料の Well-to-Wheel 評価：日本における輸送用燃料製造 (Well-to-Tank) を中心とした温室効果ガス排出量に関する研究報告書」. http://www.mizuho-ir.co.jp/research/wtwghg041130.html

Wilson, E., T. Johnson and D. Keith (2003), "Regulating the Ultimate Sink : Managing the Risks of Geologic CO_2 Storage," *Environmental Science & Technology*, Vol. 37, pp. 3476–3480.

財団法人日本エネルギー経済研究所計量分析ユニット編 (2004)『改訂版図解エネルギー・経済データの読み方入門』財団法人・省エネルギーセンター.

財団法人日本エネルギー経済研究所計量分析ユニット編 (2006)『エネルギー・経済統計要覧』財団法人・省エネルギーセンター.

第11章　比例的炭素税と大気安定化国際基金
―― 京都会議を超えて ――

宇 沢 弘 文

1. 排出権取引市場の虚構

　京都会議で提起された温暖化対策のうち，もっとも喧伝され，また現実に実施されているのは排出権取引市場である．しかし，この制度ほど京都会議の基本的考え方の反社会性，非倫理性を表わすものはないといってよい．

　二酸化炭素は，植物の生育に不可欠な役割を果たし，すべての生命の営みの過程で大気中に放出され，また人間のすべての営みに重要なかかわりをもつ．たまたま，自らへの割当が必要とする量より多かったとき，それを排出権と称して，市場で売って儲けようとすること自体，倫理的な面からも，また社会正義の観点からも疑義なしとはしない．

　排出権取引市場の意味を明確にするために，簡単な仮想例を考えてみよう．いくつかの経済主体の間で二酸化炭素排出量の割当てを交渉するケースを想定する．イメージを鮮明にするために，2つの国の場合を例として，それぞれA，Bと呼ぶことにする．Aはaggressiveな国，Bはdecentな国を象徴する．まず，この2つの国の間で全排出量を決める．たとえば，10億トンに決まったとする．じつは，この全排出量の枠をどう決めたらいいかという問題が地球温暖化対策を考えるとき，もっとも重要な，そして困難な問題である．というより，事前に (a priori) その最適な大きさを決めることは本質的に不可能である．決して各国が自国の利益をむき出しにして交渉するような場で決めたり，あるいは具体的な政策ないしは制度の裏付けなしに単なる政治的なスローガンとして掲げるべきではない．

　次に，この全排出量10億トンを2つの国の間でどう配分するかを交渉で決めるわけであるが，Aの割当は8億トン，Bの割当は2億トンに決まった

とする.この前提の下に排出権取引市場が開かれて,市場均衡を求めて,取引が行われるわけである.その結果,Aが7億5000万トン,Bが2億5000万トン,二酸化炭素排出権の市場価格が100ドルになったとする.因みに,この市場均衡は,もっぱら各国の実質的な経済的,技術的条件,そして全排出量の枠によって決まってくるものである.決して排出権割当の初期条件によって影響を受けるものでないことを指摘しておきたい.結局,BはAから5000万トン分の二酸化炭素排出権を購入することになり,Aに対して50億ドルを支払い,それぞれ最適と考える経済活動を実行に移すわけである.

しかし,よく考えてみると,BがAに対して50億ドルの支払いをせざるを得なくなったのは最初の割当がおかしかったからである.Aが交渉の過程で強引に,aggressiveに行動して,その経済活動の水準に相応しくない排出量8億トンを獲得し,Bは節度を保って,decentに対応した結果,2億トンしか割当てをもらえなかったからである.

排出権取引市場に執着している人は,市場の取引が終わった段階でAは仮想の利益50億ドルをBに返還すればいい.排出権取引市場の機能は経済的効率性に適い,また社会的公正という観点から望ましい二酸化炭素排出量の配分を見いだすための方便に過ぎないというかも知れない.しかし,市場の取引が終わった段階で,得られた利益は返還するというルールを設けたら市場自体成立しなくなってしまう.

同じような状況は,これまでのそれぞれの国における二酸化炭素排出の実績を基準として決めるというケースについても当てはまる.すでに実行に移されているケースはもちろん,計画中のものもすべて基本的には,過去の実績から何%削減するかというかたちで決められている.

Aはこれまで二酸化炭素排出を抑制する政策をほとんど取ってこなかったと仮想しよう.質の悪い石炭の埋蔵量が無尽蔵にあって,エネルギー価格を安く抑えて,Aの産業を支えている.そして極端な自動車中心の都市構造,生活のスタイルという超エネルギー浪費型の経済,社会がAの象徴である.これに対して,Bは民間の企業を中心に省エネルギー対策に力を入れてきたため,Aの二酸化炭素排出量はBの4.4倍,GDP当たりで1.5倍となっていると想定する.

このような状況の下で，二酸化炭素排出の実績を基準として排出権割当を決めるとすれば，A 8億1000万トン，B 1億9000万トン程度となる．この前提の下で排出権取引市場が開かれるわけであるが，その市場均衡は上の場合と同じで，Bの排出量は2億5000万トン，Aは7億5000万トン，二酸化炭素排出権の市場価格が100ドルである．今度はBはAに対して60億ドル支払わなければならなくなる．つまり，二酸化炭素排出抑制のために何もせず，怠けに怠けてきたAは報われ，これまで省エネルギー対策を全力を尽くしてきたBは大きな損失をこうむることになる．これが，排出権取引市場の本質である．

じつは京都会議を通じて，この考え方が基調となっていた．京都会議の結論が反社会的，非倫理的であると同時に，現実には地球温暖化，気象条件の不安定化に対する有効な対策とはなり得なったのはこのためである．

2. 反社会的，非倫理的，そして実効性の全くない京都会議の結論

京都会議の反社会性，非倫理性をもっとも象徴的に現わしているのが，京都議定書の核心的な取り決めを要約した第1条「数量目的」である．

それは，主要な国が1990年を基準として，2008年から2012年までの間に二酸化炭素をはじめとする温室効果ガスを何％削減するかを各国間の交渉によって決め，しかも，その実行可能性については全く考慮せず，また各国が約束を果たさなくても，何のペナルティもない．常識では信じられない取り決めである．

京都会議では事柄の本質に全くかかわりのない，枝葉末節にかかわる細事にもっぱら終始し，しかもアメリカ政府を中心として，顕示的パーフォーマスのみ目立った．紆余曲折を経て決まったのは，日本6％，アメリカ7％，EU全体で8％という取り決めであった．

この取り決めを炭素税で実現しようとしたらどうなるであろうか．日本とアメリカで何人かの経済学者たちがこの計算を試みた．正確な数字を求めるのはたいへん困難で，ごく大ざっぱな試論的数字しか出されていないが，日本の場合，どんなに少なく見積もっても，1トン当たり300ドルから400ド

ル，アメリカの場合は多く見積もっても20ドルから30ドルであった．なぜ，このように大きな差が出るのだろうか．

　日本はオイルショックを契機として，主として民間の企業が中心となって省エネルギー対策に全力を尽くしてきた．これ以上，省エネルギー対策を進めて，温室効果ガスの排出量をさらにカットしようとするとき，どれだけの痛みを伴うか．その痛みの大きさを象徴するのが300ドルから400ドルという炭素税である．それに対して，アメリカは何一つ省エネルギー対策をとってこなかっただけでなく，都市と農村の別なく，また，ほとんど全産業にわたって，よりエネルギー消費的な方向に突き進んでいた．それを象徴するのが，20ドルから30ドルという極端に低い炭素税である．

　ここにも，労するものは報われず，怠けるものは救われるという京都会議の基本的性格が鮮明に現われている．京都会議の準備段階で，アメリカ政府は，炭素税をテーブルに載せることに対して，徹底的に抵抗した．それは，京都会議の核心的な取り決めを炭素税の視点に立って考えると，この極端な社会的不公正がだれの目にも明らかになってしまうことを怖れたからであった．アメリカの大学には，このことを冷厳に見据えることのできるすぐれた経済学者が少なくない．しかし，かれらの多くは政府の中枢的なadviserになって，このことに一切触れないで，政府の公的な考え方をひたすら弁護し，擁護することに力を注いでいる．ノードハウスが，その典型である．しかも，アメリカは，あとになって，自国の経済に損失を与えるという理由で京都会議から脱退した．これほど国際信義にもとる行為はない．

3. 京都会議に何が期待され，求められていたか

　しかし，京都会議に本来期待され，求められていたのは，その帰結とは全く異なったものであった．

　1980年代を通じて，地球環境に大きな変化が起きつつあった．気象条件も大きく変動しつつあることが，数多くの気象学者，海洋学者たちによっても指摘された．世界中いたるところで，異常気象が起こり，ハリケーン，サイクロン，台風がいずれも，これまでとは異なった強さとルートをもって頻

繁に発生し，雨の降り方が大きく変わり，海水面の上昇もいっそう高いペースで起こりつつあり，海流の流れにも大きな変化がみられはじめた．地球的規模で起こりつつある自然環境の大きな変化は地球温暖化という現象に集約される．地球温暖化の主な原因は大気中にある二酸化炭素をはじめとする温室効果ガスの濃度が異常なペースで高くなっているためである．化石燃料の大量消費と森林，とくに熱帯雨林の消滅がその原因である．地球環境は取り返しのつかないかたちで破壊され，人類の将来を危うくする危険をもつ．

この危機意識を共有する経済学者たちがローマに集って，地球温暖化についての，世界で最初の国際会議を開いたのは1990年10月のことであった．その会議で私が提案した比例的炭素税の考え方は，スウェーデン，西ドイツを中心とするヨーロッパの経済学者の間で圧倒的な賛同を得た．そして，比例的炭素税を基調とする地球温暖化対策に関する国際会議への動きが起こって，京都会議に繋がっていったのである．京都会議はもともと，理性的，科学的な討議を経て，社会的合意の得られるような制度的ないしは政策的枠組みを模索することをその主要な目的として企画された．しかし現実は，各国が空虚なスローガンを掲げて，露骨に自国だけの利益を主張し，政治的な取引を行う醜い場になってしまった．

4. 社会的共通資本としての大気を守る

地球温暖化は，大気という，地球全体にとって共通の，大切な社会的共通資本をどのようにして管理するかという問題に関わる．日本だけで，あるいは少数の国だけでこの問題を解決することはできない．どうしても世界中の国々が集まって協力しなければ，地球温暖化の問題の解決の緒を見いだすことはできない．

1988年6月，カナダのトロントで開かれたトロント・サミットの際に，大気変化に関する国際会議も同時に開催された．この会議で2005年までに二酸化炭素の排出量を20％削減するという計画が提案された．ついで1989年11月にオランダで開かれた世界環境大臣会議では二酸化炭素の排出量をできるだけ早い機会に現在の水準に凍結することが決まった．

この他にも，地球温暖化あるいは地球環境一般について，数多くの国際会議や政府間交渉が持たれ，数多くの協定が結ばれ，宣言が出された．ところがこれらの協定，宣言のなかで実行が期待されるものはほとんどなかった．それまでの国際協定，宣言が実行をともなわないのは，それらがいずれも二酸化炭素や他の温室効果ガスの各国の総排出量を何％削減するとか，あるいは何年の水準に維持するという類いのものだったからである．たとえば国際会議で各国の政府が，二酸化炭素の総排出量を現在の20％削減すると約束しても，それを単なる政治的スローガンではなく，効果的に実行に移す行政的，経済的手段を持たないのが一般的だからである．

地球温暖化は要するに，大気という，すべての人々にとって，むしろすべての生命を持つものにとって共通の，大切な財産をどのように管理したら持続可能なかたちで保全できるかという，社会的共通資本のマネージメントに関わるものである．このとき，もっとも効果的であり，社会的コンセンサスを得られやすい政策手段はいうまでもなく，炭素税の制度である．しかし，当時世界の多くの経済学者，とくにアメリカの経済学者が主張していた一律の炭素税は大きな欠陥を持っていた．

大気中の二酸化炭素は速い速度で循環している．したがって，経済学者が普通考える炭素税は大気中への二酸化炭素の排出がどの国でなされていても，同じ率の炭素税を掛けようというものであった．たとえば化石燃料を燃焼して，大気中に二酸化炭素を排出するとき，含有炭素1トンあたり300ドルの炭素税をかけたとする．化石燃料の燃焼が日本で行われていても，アメリカで行われていても，またインドネシア，フィリピンで行われていても一律に1トンあたり300ドルの炭素税が課せられることを意味する．以下の議論との比較を容易にするために，2005年のデータを使うことにすれば，日本の場合，温室効果ガスの排出量は炭素に換算して，約2.7トン，1人あたりの炭素税額は810ドルとなる．1人あたりの国民所得31,000ドルのうち，810ドルの炭素税はほとんど意識されないであろう．アメリカの場合も，1人あたりの国民所得42,000ドル，炭素税1770ドルで，これも無視できる額である．ところが，インドネシアでは，1人あたりの国民所得3,100ドルのうち，炭素税510ドルという高い割合を占めることになる．中国の場合，4,100ド

ルのうち，330ドル，インドの場合，2,200ドルのうち，90ドルとなる．

　一律の炭素税の制度は，経済的合理性，国際的公正という観点から問題があるだけでなく，発展途上諸国の多くについて，人々の生活の基盤を脅かし，経済発展の芽を摘んでしまう危険を持つ．一律の炭素税の制度が提案されるとき，発展途上諸国が必ず強く反対するのは当然である．

5. 比例的炭素税と持続可能な経済発展

　経済的合理性と国際的公正という視点を充分考慮に入れて，しかも各国の持続可能な経済発展を実現するためにもっとも有効な政策的手段は比例的炭素税の制度である．先に述べたように，比例的炭素税の制度は1990年，地球温暖化に関するローマ会議で私が提案したもので，炭素税の税率を各国の1人当たりの国民所得に比例させようとするものである．このローマ会議は，地球温暖化に関する世界で最初の経済学者の集まりで，地球環境問題に対する経済学者の関心を高める上で歴史的な意味を持つ会議となった．

　炭素税の社会的，経済的に望ましい水準は，簡単に言ってしまうと，大気の帰属価格に他ならない．大気の帰属価格は，社会的共通資本としての大気中の二酸化炭素の蓄積が自然的，ないしは人為的要因によって限界的に1トンだけ増えたときに，大気がもたらす自然的恩恵や人間の経済的，社会的，文化的側面での価値の限界的減少（場合によっては限界的増加）を評価したものである．大気中に排出された二酸化炭素は長い期間にわたって大気中に留まるから，単に現在の時点についてだけでなく，現在から将来にかけての長い期間にわたって，この限界的評価を予測し，適当な社会的割引率で割り引いた割引現在価値を取らなければならない．

　このような限界的価値がもともと計測可能か，否かについても経済学者の間で見解の相違がある．ましてや，遠い将来のことについてはっきりした予測をすることは不可能である．この点に充分配慮して，持続的経済発展の下における帰属価格をどのようにして求めたらいいかを論じたのは，社会的共通資本の経済理論である．詳しいことはUzawa (1991, 1993, 2003, 2005, 2008)，宇沢 (1995a, 2008[1])，宇沢・國則 (1993) にゆずって，ここでは，

この理論的考え方を地球温暖化問題に適用したときの結論だけを簡単に述べておきたい.

大気中の二酸化炭素の蓄積の各国 ν における帰属価格 θ^ν は,次の公式によって与えられる.

$$\theta^\nu = \frac{\tau(V)}{\delta + \mu}$$

ここで,$\tau(V)$ は,地球温暖化のインパクト係数,δ は社会的割引率,μ は CO_2 の海洋への吸収率,y^ν は各国 ν の1人あたりの国民所得である. 地球温暖化のインパクト係数 $\tau(V)$ は,すべての国について共通の値を持つと考えてよい. 地球温暖化のインパクト係数 $\tau(V)$ は通例,次のような値を取ると考えられている.

$$\tau(V) = \frac{\beta}{V^* - V}$$

ここで,V^* は大気中の二酸化炭素の蓄積のクリティカル・ポイント,β はすべての国に共通のパラメータで,0.01 の値を想定する. ローマ会議では,クリティカル・ポイント V^* は産業革命時の二酸化炭素の蓄積の2倍とした. すなわち,$V^* = 560$ ppm.

2005年のデータについてみると,比例的炭素税の下での,1人あたりの国民所得,炭素税率,1人あたりの炭素税額はそれぞれ,日本31,000ドル,310ドル/Ct,840ドル,アメリカ42,000ドル,420ドル/Ct,2,500ドル,インドネシア3,100ドル,30ドル/Ct,50ドル,中国4,100ドル,40ドル/Ct,40ドル,インド2,200ドル,20ドル/Ct,7ドルとなる(表11-1). 全く同じようにして,育林に対する補助金を計算することができる(表11-2).

比例的炭素税は,大気というすべての人々にとって共通の,大切な社会的共通資本をすべての人々が協力して守り,地球温暖化を効果的に抑制し,同時にすべての国における持続的経済発展を可能にするためにもっとも効果的であり,また行政的コストも低く抑えられることを改めて強調したい.

---

1) 本書第4章として再録.

第11章 比例的炭素税と大気安定化国際基金

表 11-1 温室効果ガスの帰属価格（2005年）

国	1人あたりの国民所得（ドル）	温室効果ガスの年間増加量 1人あたり（Ct）	帰属価格（ドル/Ct）	評価額 1人あたり（ドル）
アメリカ	42,000	5.90	420	2,500
カナダ	34,000	6.20	340	2,100
イギリス	32,000	3.00	320	950
フランス	31,000	2.20	310	680
ドイツ	31,000	3.20	310	980
イタリア	28,000	2.20	280	600
オランダ	35,000	3.60	350	1,200
スウェーデン	32,000	1.90	320	610
ノルウェー	48,000	1.60	480	760
フィンランド	31,000	2.00	310	610
デンマーク	34,000	3.20	340	1,100
インドネシア	3,100	1.70	30	50
日本	31,000	2.70	310	840
韓国	21,000	2.60	210	560
マレーシア	11,000	1.90	110	210
フィリピン	3,200	0.30	30	8
シンガポール	40,000	3.20	400	1,300
タイ	6,900	1.20	70	80
インド	2,200	0.30	20	7
中国	4,100	1.10	40	40
オーストラリア	33,000	7.10	330	2,300
ニュージーランド	23,000	3.50	230	790

出所：UNFCCC, World Development Indicators 他.

6. 大気安定化国際基金

　炭素税率を，1人あたりの国民所得に比例させる比例的炭素税の制度は，地球大気の安定化に役立つだけでなく，先進工業諸国と発展途上諸国との間の不公平を緩和するという点で効果的である．

　この制度の下では，化石燃料の消費に対して，排出される二酸化炭素の量に応じて炭素税が掛けられると同時に，森林の育林に対しては，吸収される二酸化炭素の量に応じて補助金が交付される（表11-2）．

　しかし，戦後の60年間を通じて，先進工業諸国と発展途上諸国の間の経済的格差は拡大する傾向をもち，南北問題はますます深刻化しつつある．もともと炭素税自体，発展途上諸国の経済発展を妨げるものであって，比例的

表 11-2 「育林」の帰属価格 (2005年)

国	森林面積 (百万 ha)	年間育林量 (千 ha)	帰属価格 (1ha あたり)	評価額 合計 (百万ドル)	評価額 1人あたり (ドル)
アメリカ	303	159	42,000	6,627	22
カナダ	310	0	34,000	0	0
イギリス	3	10	32,000	321	5
フランス	16	41	31,000	1,264	21
ドイツ	11	0	31,000	0	0
イタリア	10	106	28,000	2,929	50
オランダ	0	1	35,000	35	2
スウェーデン	28	11	32,000	351	39
ノルウェー	9	17	48,000	808	175
フィンランド	23	5	31,000	153	29
デンマーク	1	3	34,000	102	19
インドネシア	88	−1,871	9,300	−17,120	−77
日本	25	−2	31,000	−62	0
韓国	6	−7	21,000	−149	−3
マレーシア	21	−140	33,000	−4,679	−179
フィリピン	7	−157	9,600	−1,507	−18
シンガポール	0	0	40,000	0	0
タイ	15	−59	20,700	−1,220	−19
インド	68	29	2,200	64	0
中国	197	4,058	4,100	16,678	13
オーストラリア	164	−193	33,000	−6,319	−310
ニュージーランド	8	17	23,000	388	94

熱帯雨林のある国：インドネシア，マレーシア，フィリピン，タイ
出所：World Resources Institute 他．

炭素税の制度をとったとしても，南北問題に対して有効な解決策とはなり得ない．

　地球大気の安定化を図り，地球温暖化を効果的に防ぐとともに，先進工業諸国と発展途上諸国の間の経済的格差をなくすために，有効な役割をはたすことを期待して考え出されたのが，大気安定化国際基金 (International Atmospheric Stabilization Fund) の構想である．

　大気安定化国際基金は，比例的炭素税の制度を使ったものである．各国の政府は，比例的炭素税の税収から育林に対する補助金を差し引いた額のある一定割合（たとえば5％）を大気安定化国際基金に醵出する．大気安定化国際基金は，各国の政府からの醵出金を集めて，発展途上諸国に配分するが，その配分方法は各発展途上国の人口，1人あたりの国民所得に応じて，ある

一定のルールに従って行われるものとする.

各発展途上国は,大気安定化国際基金から受け取った配分額を,熱帯雨林の保全,農村の維持,代替的なエネルギー資源の開発などという地球環境を守るために使うことを原則とする.しかし,大気安定化国際基金は,各発展途上国に対して,配分金の使い方について制約条件を設けることはしないようにすべきである.地球環境の保全は決して,先進工業諸国の立場から発言すべきではないからである.先進工業諸国のこれまでの経済発展の歴史が,球温暖化をはじめとして,地球環境の危機を招いたことを私たちは心に止めておくことが大切だからである.

付 記

この論稿の一部は『Wedge』(2008 年 10 月号) に掲載された.

参考文献

Mill, J. S. (1848), *Principles of Political Economy with Some of their Applications to Social Philosophy*, New York, D. Appleton [5th edition, 1899].

Uzawa, H. (1974), "Sur le théorie économique du capital collectif social," *Cahiers du Séminaire d'Économétrie*, pp. 103-122. Translated in *Preference, Production, Capital : Selected Papers of Hirofumi Uzawa*, Cambridge and New York : Cambridge University Press, pp. 340-362. 1988.

Uzawa, H. (1991), "Global Warming : The Pacific Rim," in *Global Warming : Economic Policy Responses*, edited by R. Dornbusch and J. M. Poterba, Cambridge and London : MIT Press, pp. 275-324.

Uzawa, H. (1993), "Imputed Prices of Greenhouse Gases and Land Forests," *Renewable Energy*, **3** (4/5), pp. 499-511.

Uzawa, H. (1994), "Global Warming and the International Fund for Atmospheric Stabilization," in *Equity and Social Considerations related to Climate Change, Proceedings of IPCC WG III Workshop, Nairobi 1994*, Nairobi : ICIPE Science Press, pp. 49-54.

Uzawa, H. (2003), *Economic Theory and Global Warming*, New York : Cambridge University Press.

Uzawa, H. (2005), *Economic Analysis of Social Common Capital*, New York : Cambridge University Press.

Uzawa, H. (2008), "Global Warming, Imputed Price, and Sustainable Develop-

ment," unpublished.
宇沢弘文 (1995a),『地球温暖化の経済学』岩波書店.
宇沢弘文 (1995b),『地球温暖化を考える』岩波書店.
宇沢弘文 (2008),「地球温暖化と持続可能な経済発展」『環境経済・政策研究』Vol. 1, No. 1, pp. 3–14.
宇沢弘文・國則守生編 (1993),『地球温暖化の経済分析』*Economic Affairs*, No. 3, 東京大学出版会.

エピローグ

宇沢弘文
細田裕子

　本書は *Economic Affairs* No. 3『地球温暖化の経済分析』(宇沢弘文・國則守生編, 1993年, 東京大学出版会) に続いて, 地球温暖化研究センターを中心とする, 地球温暖化問題にかかわる, 自然科学的, 政策的視点をも含めた総合的研究の一端を紹介するものである.

　はしがきに述べたように, 地球温暖化研究センターは1990年ローマで開かれた世界で最初の地球温暖化に関する経済学者を中心とする国際会議の成果を踏まえて, 日本開発銀行設備投資研究所のなかに創設された.『地球温暖化の経済分析』は, 地球温暖化研究センターにおけるそれまでの研究成果を世に問うとともに, 地球温暖化を防ぐための制度的, 政策的諸条件について重要な示唆を与えるものであった. しかしその後, 1997年に開かれた京都会議では,『地球温暖化の経済分析』で提起された問題意識, 政策的ないし制度的方向性はもちろん, それまでの膨大な地球温暖化にかかわる自然科学的, 社会科学的知見についてのアカデミックな蓄積の多くが無視されて, 地球温暖化を防ぐ効果に疑問を残すような取り決めしか国際的な同意を得られなかった. しかも旧ソビエト連邦共和国, 中国, インドをはじめとする発展途上諸国については, 京都会議の取り決めの対象から除外されてしまった. その上, アメリカは, 自国の経済に損失を与えるという理由で京都会議の枠組みから脱退した. その結果, 地球温暖化は野放しに近い状態になってしまった. これを何とか防ぐために, 各国が力を尽くしてきたが, 有効な道を拓くことはいまだできていない.

　この閉塞的状況の下, 本年12月にはコペンハーゲンで国際会議が開かれ, 京都会議での取り決めとその帰結について根本的な検討を加えた上で, 新し

い地球温暖化対策のあり方が討議される．このたび，デンマークの経済学者ビョユルヌ・イェンセン教授が中心となって，比例的炭素税と大気安定化国際基金を基調とする地球温暖化対策の考え方をコペンハーゲン会議に提案する方向で準備が進められることになった．『地球温暖化の経済分析』，『地球温暖化の経済発展――持続可能な成長を考える』の2冊が，このようなかたちで，地球温暖化を防止するために役立つことは，編者としてこれほど嬉しいことはない．

執筆者紹介 （五十音順，*は編者）

赤木昭夫（あかぎ あきお）	著述家，元慶應義塾大学環境情報学部
有村俊秀（ありむら としひで）	上智大学経済学部
宇沢弘文*（うざわ ひろふみ）	同志社大学社会的共通資本研究センター，東京大学名誉教授
内山勝久（うちやま かつひさ）	日本政策投資銀行設備投資研究所
大沼あゆみ（おおぬま あゆみ）	慶應義塾大学経済学部
岡　敏弘（おか としひろ）	福井県立大学大学院経済・経営学研究科
緒方俊雄（おがた としお）	中央大学経済学部
関　良基（せき よしき）	拓殖大学政経学部
日引　聡（ひびき あきら）	国立環境研究所社会環境システム研究領域環境経済政策研究室
細田裕子*（ほそだ ゆうこ）	日本政策投資銀行設備投資研究所
守田敏也（もりた としや）	同志社大学社会的共通資本研究センター

地球温暖化と経済発展
——持続可能な成長を考える——

2009年3月16日　初　版

［検印廃止］

編　者	宇沢弘文・細田裕子
発行所	財団法人　東京大学出版会
代表者	岡本和夫

113-8654 東京都文京区本郷 7-3-1 東大構内
http://www.utp.or.jp/
電話 03-3811-8814　Fax 03-3812-6958
振替 00160-6-59964

印刷所　株式会社理想社
製本所　誠製本株式会社

©2009 Development Bank of Japan Inc.
Research Institute of Capital Formation
ISBN 978-4-13-040243-9 Printed in Japan

R〈日本複写権センター委託出版物〉
本書の全部または一部を無断で複写複製（コピー）することは、
著作権法上での例外を除き、禁じられています。本書からの複写
を希望される場合は、日本複写権センター（03-3401-2382）にご
連絡ください。

Economic Affairs 発刊にさいして

　20世紀は，その最終のディケイドに入って，いっそう不透明の度を増しつつあるようにみえる．それは，経済的な諸要因を縦糸とし，文化的，社会的，政治的要素を横糸として織りなされるものであって，既成の経済学の枠組みを大きく超えて，新しい社会科学的発想の必要をつよく迫っている．この世紀末ともいうべき現象を的確に分析，解明し，21世紀へ向けて新しい地平を切り開くことが可能であろうか．

　設備投資研究所は，初代所長に下村治博士を迎え，日本開発銀行の調査研究機関として，1964年，高度経済成長がまさにその頂点に達しようとした時に設立された．以来四半世紀にわたって，わが国経済の発展とともに，その動向，課題を踏まえつつ，設備投資およびそれと関連のある経済諸問題につき，幅広く理論，実証両面にわたって研究，調査を積み重ねてきた．この蓄積をもとに，設備投資研究所は，設立25周年を記念して『日本経済：蓄積と成長の軌跡』（東京大学出版会，1989年）を刊行するなど大学における研究者等との共同研究を行ってきた．

　ここに刊行する *Economic Affairs* は，日本の経済，社会が直面する諸問題を，新しい視点と新しい分析手法をもって解明し，日本経済の今後の方向を示唆するとともに経済学における新機軸の展開に資することも願って発刊するものである．

　なお，当 *Economic Affairs* の論文における意見，見解は，いずれも個々の執筆者のものであって，その属する機関の考えを反映したものではないことはお断わりするまでもない．

　最後に，このシリーズの刊行をお引き受けいただくとともに，有益な示唆をいただいた東京大学出版会に感謝の意を表したい．
　　1991年3月
　　　　　　　　　　　　　　　　　　　　　　　　日本開発銀行設備投資研究所

　Economic Affairs シリーズは，日本開発銀行設備投資研究所が企画，刊行してきたが，上記の発刊の趣旨を継承し，かつ21世紀において経済社会が直面する諸問題を解明するための新たな展望を求めて，日本政策投資銀行設備投資研究所がその任を引き継ぐものである．
　　2009年3月
　　　　　　　　　　　　　　　　　　　　　　　　日本政策投資銀行設備投資研究所